★ 出版业科技与标准综合重点实验室课题成果

★ 信息技术类课程新形态一体化教材

JAVA 企业级软件开发

主　编　唐　权　胡文杰　潘成均

副主编　蔡　刚　陈　印　骆文亮　邓　林

梁　琰　袁　超　于中海　王　鹏

李薇佳　肖勃飞

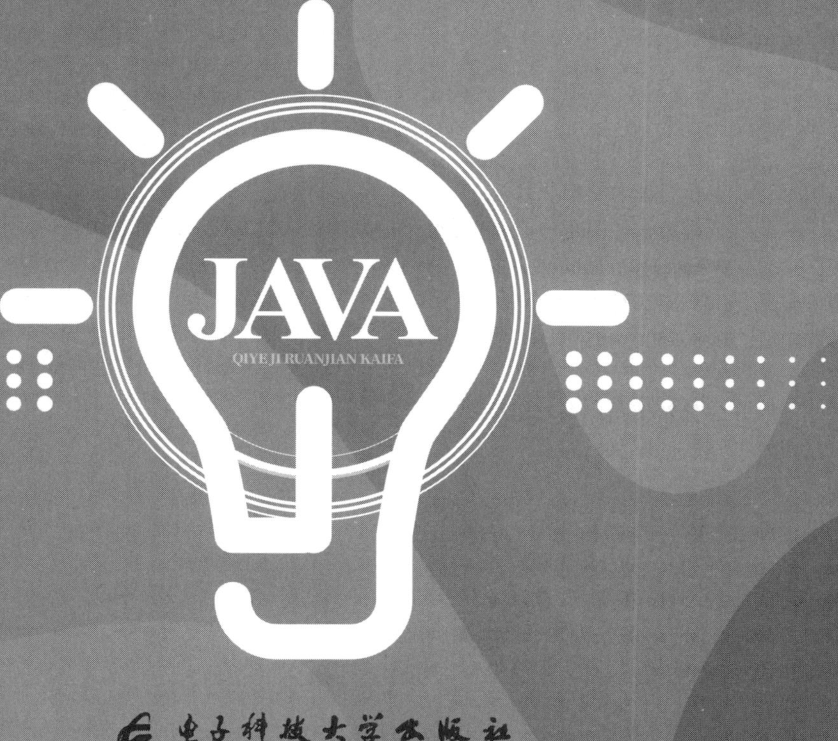

电子科技大学出版社

University of Electronic Science and Technology of China Press

·成都·

图书在版编目(CIP)数据

Java企业级软件开发 / 唐权，胡文杰，潘成均主编.
成都：成都电子科大出版社，2025. 10. -- ISBN 978-7
-5770-1674-0

Ⅰ. TP312.8

中国国家版本馆CIP数据核字第2025XP8021号

Java企业级软件开发

Java QIYEJI RUANJIAN KAIFA

唐　权　胡文杰　潘成均　主编

策划编辑　张　鹏
责任编辑　张　鹏
责任校对　韩　昊
责任印制　梁　硕

出版发行　电子科技大学出版社
　　　　　成都市一环路东一段159号电子信息产业大厦九楼　邮编　610051
主　　页　www.uestcp.com.cn
服务电话　028-83203399
邮购电话　028-83201495

印　　刷　成都新恒川印务有限公司
成品尺寸　185 mm×260 mm
印　　张　25.5
字　　数　660千字
版　　次　2025年10月第1版
印　　次　2025年10月第1次印刷
书　　号　ISBN 978-7-5770-1674-0
定　　价　78.00元

本书编委会

前　　言　QIANYAN

在数字化与智能化深度融合的时代，技术浪潮汹涌澎湃，Vue、SpringBoot等主流框架如同浪尖上的弄潮儿，引领软件开发的前沿趋势。为贴合当下职业教育与技能培养需求，结合国家规划教材要求，融入“岗课赛证”结合的教学理念，我们联合出版业科技与标准综合重点实验室、电子科技大学大数据研究中心、科大讯飞股份有限公司、湖北省数字产业与智能计算产教融合、全国人工智能行业产教融合共同体、全国大数据创新应用产教融合共同体及相关本科院校、高职院校编者共同开发了这套新形态教材。本教材创新性地构建“教材+辅助教学智能问答系统”的学习体系，以培养实践操作能力为核心目标，其中辅助教学智能问答系统可实时响应读者疑问，提供个性化学习路径建议，助力读者高效、系统地掌握Vue、SpringBoot框架技术及提升读者全流程开发商业级项目的能力。

书中重点聚焦于Vue+SpringBoot前后端分离技术在在线学习平台项目开发中的应用，让读者在系统学习框架知识的同时，能够切实提升开发商业级项目的核心能力。书中涉及的项目均为实际上线的商业级项目，技术选型覆盖了SpringBoot+MySQL+MyBatis+Vue3+ ElementPlus+ECharts等行业主流技术栈，产品形态涵盖移动端、PC端，全面整合了前端、后端、安全、测试、运维等相关岗位技能，完美契合“岗课赛证”中岗位技能与职业证书要求的衔接。读者在学习过程中，若遇到技术难点，可随时通过辅助教学智能问答系统获取即时解答；系统还会根据读者的学习进度与技能短板，自动生成个性化学习路径建议，在学习完成后真正具备企业级的实战能力，同时为职业技能竞赛与证书考取奠定基础。

本书共包含八个项目，每个项目进一步拆分为不同的任务，采用敏捷开发模式，并结合当前流行的AIGC等热点技术，提供了详尽的操作步骤，辅助教学智能问答系统则全程提供动态支持，有效降低了学习门槛，强化了实践操作训练，助力读者在“学中做、做中学、智能辅”中提升实战能力。具体内容如下：

项目一、企业级全栈项目开发环境准备：通过任务分解，帮助读者掌握Java环境、MySQL环境、Vue环境的准备工作，以及代码协同工具Git的使用，同时学会利用AIGC级别的ChatGPT辅助代码开发。若读者在环境配置中遇到版本兼容问题，可通过智能问答系统快速查询解决方案；系统还会根据读者对Git工具的掌握程度，推荐是否补充版本控制进阶教程，为后续项目开发筑牢基础。

项目二、学习平台需求分析及框架搭建：结合软件工程理论和敏捷思想，使读者掌握需求分析方法、原型图绘制、ER图设计，以及Vue项目和SpringBoot项目的创建。智能问答系统可提供原型图绘制工具的实操技巧，还能根据读者设计的ER图给出优化建议，培养读者从需求到落地的框架搭建思维。

项目三、学习平台管理端功能开发：读者将掌握API接口文档编写及单元测试方法，完成登录功能、课程管理模块、班级管理模块、Excel数据导出模块等功能的开发，贴合企业后端开发岗位核心技能要求。系统可针对单元测试中的常见错误进行解析，并根据读者对接口开发的掌握情况，推荐匹配“软件设计师”证书相关考点的练习。

项目四、学习平台用户端功能开发：重点学习视频防盗链技术，完善班级管理和视频课程在线播放、用户资料下载模块等功能，强化前端与业务场景结合的开发能力。智能问答系统可提供不同视频防盗链方案的对比分析，帮助读者理解技术选型逻辑。

项目五、学习平台大屏系统功能开发：掌握ECharts在大屏系统开发中的应用以及前后端数据交互方法，紧跟数据可视化岗位技能需求。系统可推送ECharts高级配置案例，并根据读者的大屏设计效果，给出交互优化建议。

项目六、学习平台鸿蒙APP开发：通过完成登录、我的班级等模块的开发，掌握DevEcoStudio工具的安装和使用，以及ArkTS、ArkUI、HarmonyOSSDK开发鸿蒙原生应用的方法，拓展移动端开发技能边界。若读者在SDK配置中遇到问题，系统可提供分步排查指南，并推荐鸿蒙开发相关的职业技能竞赛备赛资源。

项目七、学习平台项目测试及安全加固：学习白盒测试和黑盒测试的方法，掌握软件系统安全加固的常用手段，满足软件测试与安全岗位的基础能力要求。智能问答系统可提供测试用例设计模板，并根据读者掌握的安全加固方面的知识，推荐补充网络安全相关证书的学习内容。

项目八、学习平台项目优化及上线部署：掌握常见项目优化技巧，通过云部署方式熟悉商业级项目的上线流程，实现从开发到部署的全链路能力闭环。系统可提供不同云平台的部署对比教程，并根据读者的项目优化成果，生成个性化的能力评估报告。

本书由四川职业技术学院唐权、咸宁职业技术学院胡文杰、成都知了汇智科技有限公司潘成均担任主编；副主编由四川职业技术学院蔡刚、陈印、骆文亮、邓林、梁琰、袁超，以及阿坝师范学院于中海、王鹏、李薇佳、肖勃飞担任；编委成员包括绵阳职业技术学院杨飞、李坤，四川职业技术学院钱立、郭琳、朱倩、夏浩然、孙博文，以及成都知了汇智科技有限公司游诗佳。本书内容通俗易懂，案例丰富，实用性强，且依托“岗课赛证”理念与辅助教学智能问答系统，实现了教学内容与岗位需求、竞赛标准、证书考核的深度融合，以及学习过程的智能化、个性化支撑。本书不仅适合软件开发方向的入门读者和Java开发人员阅读，也适合编程爱好者参考，同时还可作为本科院校、高职院校计算机类相关专业及培训机构的教材使用，帮助不同基础的读者都能高效提升编程实战能力。

由于编者水平有限，疏漏之处在所难免，恳请同行、师生及广大读者不吝赐教，以便再版时修订。

编　者

2025年9月

目　　录 CONTENTS

项目一

企业级全栈项目开发环境准备

一、项目描述

随着互联网的普及和在线教育的兴起，越来越多的企业和个人开始关注在线学习平台。在线学习平台具有时间灵活、地点自由、内容丰富等优势，能够满足广大用户的学习需求。在线学习平台项目选自某企业真实上线的商业运营项目。该项目采用前后端分离模式进行开发，技术选型为Vue3+ElementPlus+SpringBoot+MySQL+Redis，主要功能包括用户端、管理端和API接口端三个部分。用户端主要为用户提供在线视频学习功能，包含用户注册和登录、课程浏览及搜索、录播课程观看、视频纠错等功能；管理端主要包含用户管理、课程管理、班级管理等管理功能；API接口端为Java项目，为用户端和管理端界面提供后端接口服务。

数字经济新业态形势下，以ChatGPT为代表的AIGC技术正在对软件行业产生非常大的影响，Coplite、通义灵码等AI插件不仅提升了软件开发的效率，同时也改变了传统的软件开发模式，以AI为驱动的AI原生应用开发正引领着软件开发的未来方向。

本书基于在线学习平台项目，引入企业级工程化项目开发流程，融入当下流行的AI工具的使用，完成企业级全栈项目的开发工作。本项目先介绍项目开发前的环境准备工作。

二、项目要求

根据软件项目功能需求，结合前后端分离的开发模式和基于Vue+SpringBoot的技术选型，正确安装并配置软件开发所需的环境和相关工具。

（1）完成安装和配置Java开发环境。

（2）完成安装和配置MySQL开发环境。

（3）完成安装和配置Redis软件。

（4）完成Vue开发环境的安装。

（5）完成代码协调工具Git的安装和配置。

（6）完成短信服务和OSS的账号申请。

（7）使用AIGC技术辅助进行开发实践。

三、学习目标

（1）掌握如何安装Java环境并使用其进行企业级项目的开发。

（2）掌握在Windows环境中安装并配置MySQL的方法，并能够根据企业级的开发要求完成建库、建用户的操作。

（3）掌握如何在Windows环境中安装和配置Redis。

（4）掌握Node.js的安装方法，并通过Node.js的npm来完成Vue开发环境的配置。

（5）了解使用代码协调工具的必要性，并掌握Git环境的安装方法。

（6）了解短信服务以及对象存储服务技术（OSS）在项目中的作用，掌握申请短信服务和OSS存储账号的方法。

（7）了解AIGC在项目开发中的作用，并掌握在项目中使用这些技术进行辅助开发的方法。

四、工作场景

在公司内部，需求人员会根据市场需求或用户反馈提出在线学习平台的项目开发需求，内部评审通过后便会进入设计和开发阶段。一般企业会采用敏捷开发模式，在项目设计时确认好项目技术选型后，各个岗位的工作人员各司其职，并行开展项目的设计和开发工作。

1. 主要功能

（1）学生可以通过以下两种方式登录系统。

方法一：手机号码和验证码。

方法二：手机号码和密码。

（2）学生可以申请加入班级，加入后等待审批，审批通过后可以看到班级内分配的课程。

（3）学生通过PC端或手机端实现在线视频观看和学习，在学习过程中可以下载课程资源。

（4）平台可以添加学习课程，课程由多个章节组成，每个章节又包含多个视频。

（5）平台可以添加班级，一个班级可以分配多个课程。

（6）学生在学习班级内的课程时，每门课程都会自动跟踪学生的学习进度。

（7）记录学生的学习历史，方便学生进行查看。

2. 技术标准

根据项目的需求，项目经理或架构师与技术团队共同确定并完成技术选型，最终项目决定采用前后端分离的开发模式。选用的技术标准如下：

（1）使用Java进行服务端的开发，Java采用JDK17版本。

（2）使用HTML+CSS+JavaScript开发前端页面，并使用Vue作为前端的开发框架，Vue采用Vue3.x版本，同时使用ElementPlus作为前端的UI框架。

（3）使用AJAX+JSON的方式与后端进行数据交互，前端使用Axios作为AJAX的框架。

（4）使用MySQL作为项目的数据库，MySQL采用8.x版本。

（5）使用Redis作为项目的缓存数据库，Redis采用5.x版本。

（6）使用阿里短信服务作为短信网关，实现短信验证码发送功能；

（7）项目中需要上传大量的视频资料，因此需要使用网络对象存储（OSS）技术。

作为软件开发工程师，现在需要根据已确定的技术标准，在实际进入项目开发前完成相关软件和开发环境的安装。

任务一　Java环境准备

一、职业行动

通过Java官网下载JDK压缩包，在本地电脑进行配置安装，确保Java环境安装成功并创建Java项目进行验证。

1. 步骤1：下载Java安装包

通过Java官网选择对应的JDK版本进行下载，如图1-1所示。

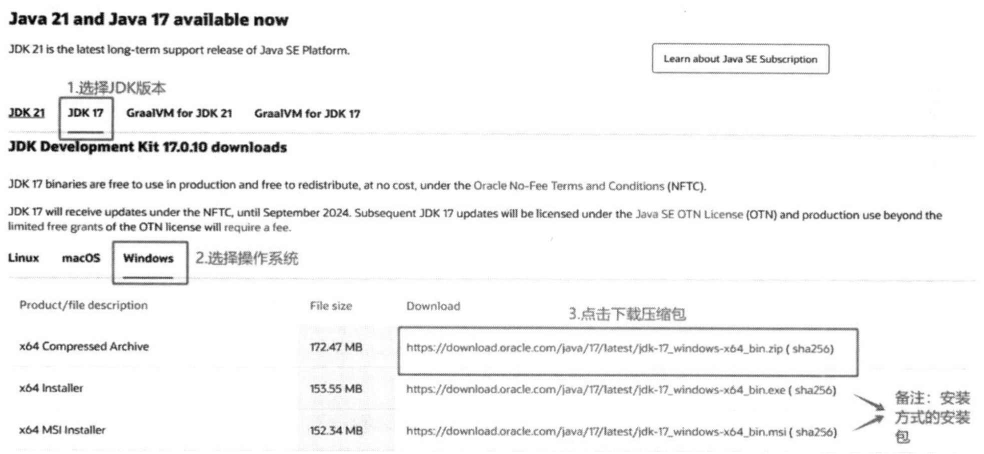

图1-1　下载JDK

2. 步骤2：解压Java安装包

通过解压软件将下载的安装包解压到任意目录下，如图1-2所示。

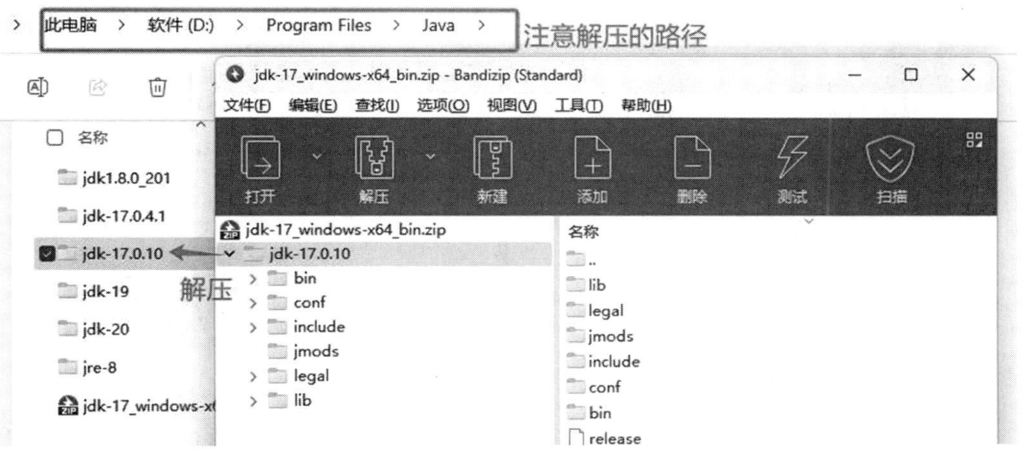

图1-2　解压安装包

本次实验的解压路径是D:\Program Files\Java\jdk-17.0.10，该路径被称为JDK根路径。

3. 步骤3：配置Java环境变量

依次进行以下操作设置环境变量：此电脑右键—属性—高级系统设置—环境变量，如图1-3所示。

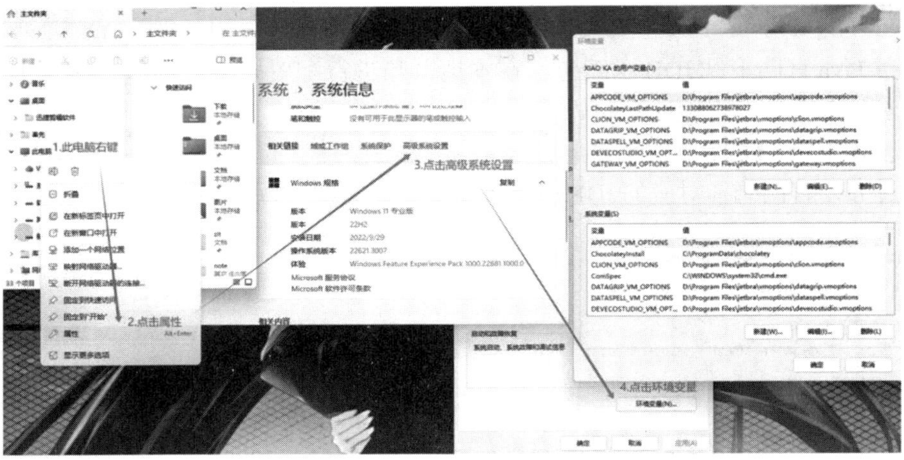

图1-3　环境变量设置窗口

在“系统变量”中进行配置，需要添加或者修改以下三组环境变量。

- JAVA_HOME（如果没有，则点击新建）：用于配置Java的主目录，应设置为JDK的根路径（即刚才的解压路径），如图1-4所示。

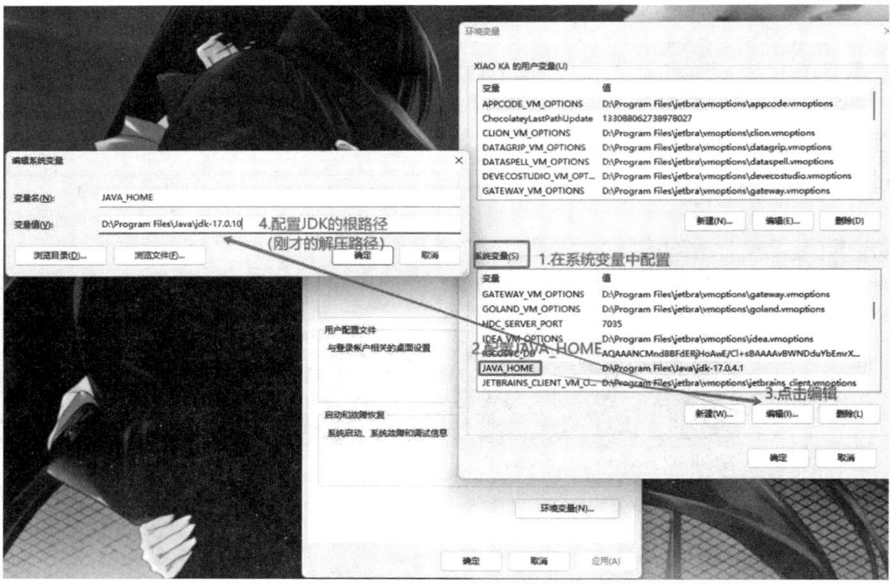

图1-4　编辑环境变量

- CLASSPATH（如果没有，则点击新建）：用于配置Java类文件的目录，固定配置为.;%JAVA_HOME%\lib;%JAVA_HOME%\lib\tools.jar，如图1-5所示。

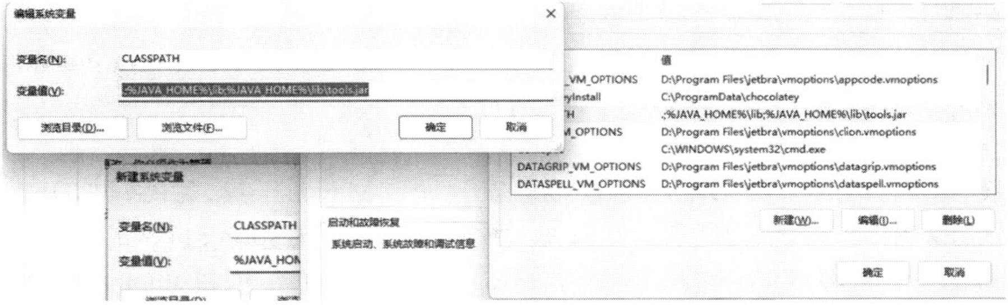

图 1-5　设置 CLASSPATH

- Path：系统的运行路径，需要添加配置%JAVA_HOME%\bin，如图 1-6 所示。

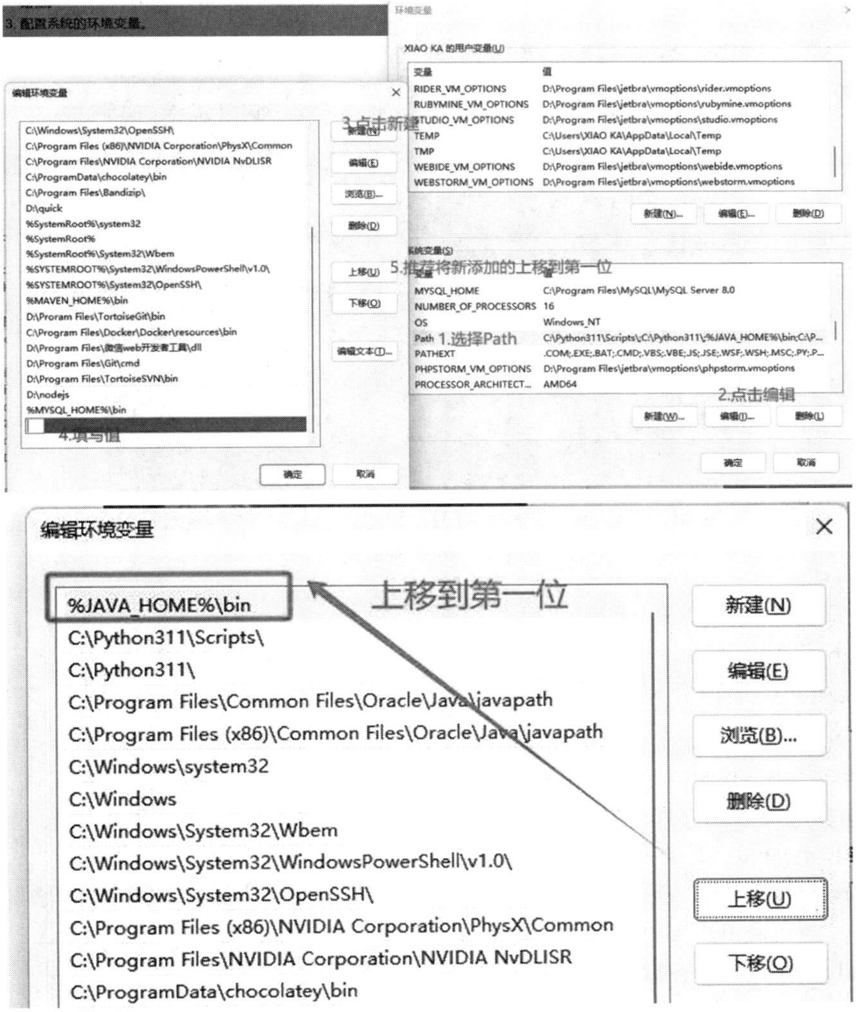

图 1-6　设置 Path 变量路径

除此之外，还可以直接下载安装文件，使用安装程序进行安装。与上述手动配置相比，安装方式只需运行安装程序即可完成安装。

4. 步骤4：验证Java安装是否成功

运行Windows控制台终端（快捷键：Win+R），输入如下命令：java -version。如果弹出Java的版本信息，则说明环境变量配置成功。

5. 步骤5：创建并运行Java项目

安装Java的集成开发IDE工具IDEA，安装完成Maven工具，并通过IDEA创建项目。本任务采用Maven来构造项目，以便后续将项目扩展为spring-boot的项目。

本书基于IntelliJ IDEA 2022.3.2版本编写。在IDE中创建项目stuplantform_api，并运行Hello World程序。

（1）创建Java项目

打开IDEA，选择File菜单—New—Project，在弹出的窗口中（如图1-7所示）填写以下内容。

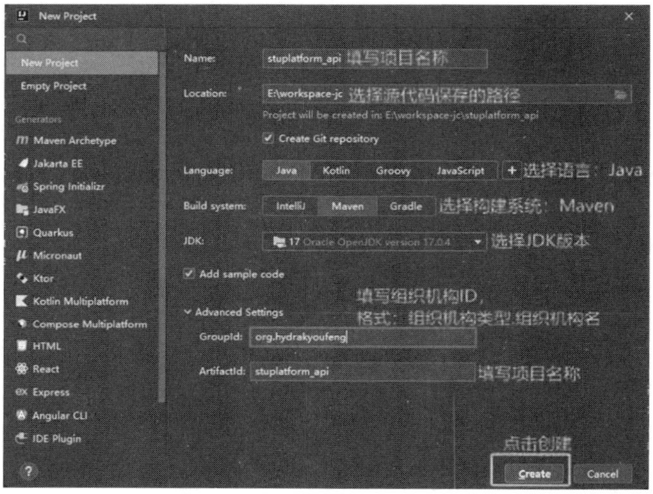

图1-7　新建项目窗口

填写完成后点击Create创建项目。各项含义如下。

- Name：项目名称，填写为stuplantform_api，不可使用中文字符。
- Location：项目源码的本地保存路径，请选择一个便于记忆的路径，不建议路径中出现中文字符。
- Create Git repository：选择是否创建Git资源库，勾选此项。
- Language：选择项目语言，这里选择Java。
- Build system：选择项目的构建系统，此处选择Maven。
- JDK：选择JDK的版本，选择JDK17的版本（如果IDEA的版本较低，将无法选择JDK17，请更新IDEA版本）。
- Add sample code：是否创建案例代码，可自由选择。
- Advanced Settings：展开“Build system（构建系统）”的高级选项，可以不进行修改。
- GroupId：组织机构名称，格式为“组织机构类型.组织机构名”，不能出现中文，可以使用默认值。

- ArtifactId：项目名称，推荐填写为项目名，不能出现中文。

（2）Java项目目录结构

项目创建成功后得到如下目录结构，如图1-8所示。

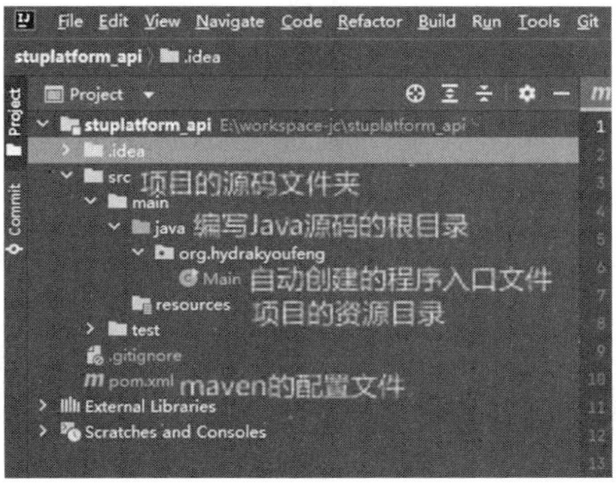

图1-8　项目目录结构

项目中的文件结构：

```
┌─src：源码文件夹
│  ├─main/java：编写Java源码的根路径，后续Java代码都在该文件夹中编写。
│  │   └─org.hydrakyoufeng：根据填写的组织机构名称自动创建的包。
│  │       └─Main：自动创建的Main.java项目入口文件。
│  └─main/resources：项目资源文件的根路径。
└─pom.xml：Maven项目的配置文件，后期会用到。
```

说明：如果上一步创建项目时勾选了“Add sample code”项，那么IDEA会自动创建项目程序的入口文件（Main.java）。如果没有自动创建，需要手工进行创建，在“java/组织机构类型/组织机构名称”处点击右键，打开右键菜单—New—Java Class，添加Main.java即可。

（3）运行Java项目

在代码窗口的空白处单击右键，在弹出的菜单中点击Run‘Main.main()’运行程序，如图1-9所示。

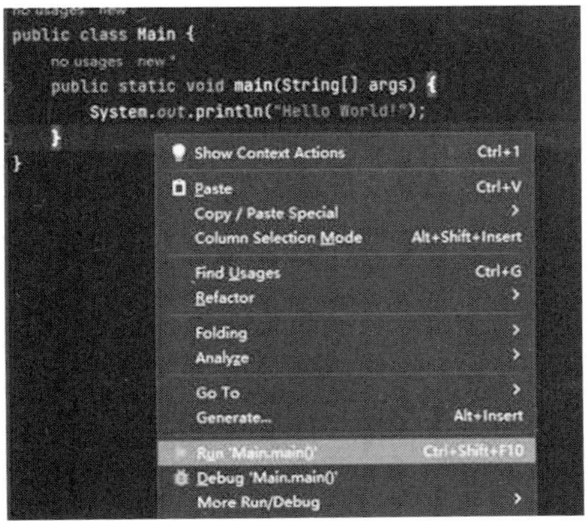

图1-9　运行程序菜单

也可以通过点击菜单栏右侧的绿色三角形图标来运行程序，如图1-10所示。

图1-10　运行程序按钮

在下方的控制台窗口上，可以看到程序运行的结果——控制台上打印出“Hello World!”，如图1-11所示。

图1-11　程序运行结果

至此，Java环境安装成功，并通过IDEA创建并成功运行了Maven程序，为后续企业级项目开发做好了Java开发环境的准备。

二、职业知识

1. JDK、JRE相关概念

在本地进行Java项目开发时，需要安装JDK。Java环境涉及两个基本概念：JDK和JRE。

JDK（Java Development Kit）：Java语言的软件开发工具包。

JRE（Java Runtime Environment）：Java语言运行环境。

JDK分为长期稳定版本和短期维护版本。通常情况下，项目开发应该选择长期稳定的版本。目前长期稳定版本的JDK有以下4个版本。

JDK 21：目前最新的长期稳定版本。因为推出不久，绝大多数开发人员持观望态度。

JDK 17：目前成熟且稳定的长期稳定版本，越来越多的开发人员首选的版本。

JDK 11：目前选用较少的长期稳定版本。

JDK 8：目前使用最广泛的长期稳定版本，因面世时间长久而使用率最高。

2. JDK安装方式

Windows系统中，JDK的安装方式通常包含以下3种。

（1）安装包方式安装：在官网下载安装包进行安装，适合新手，可以省略配置环境变量的过程。

（2）压缩包安装：在官网下载压缩包，解压后进行配置安装（推荐方式），需要进行一系列的配置。

（3）镜像安装：使用Docker以镜像方式安装，需要具备Docker的知识，感兴趣的读者可以查询资料学习。

Oracle官方下载网站网址：https://www.oracle.com/cn/java/technologies/downloads/

3. Java代码运行流程

Java代码的运行需要先将源代码编译为中间字节码，然后在虚拟机上运行。程序员先编写源码，然后调用javac.exe将源码进行编译，最后再调用java.exe运行Java程序。

（1）程序员在Java源文件（后缀名为java的文件）中编写Java业务逻辑代码，完成特定功能。

（2）调用JDK中的javac.exe程序，将.java文件编译为.class文件。

（3）调用JDK中的java.exe程序，运行.class文件。

（4）Java虚拟机调用操作系统资源，运行Java程序，得出结果。

4. Java代码开发工具

虽然只需要安装Java环境后就可以使用任意编辑工具进行编码，但在企业开发中，为了提升编码效率，推荐使用集成开发工具（IDE）。常见的工具有Eclipse、IDEA等。

● Eclipse

（1）优点：免费、开源的代码开发工具，是很多重视版权的开发机构的首选开发工具。

（2）缺点：不支持目前国内主流AI代码辅助插件（如通义灵码）。

官方下载地址：https://www.eclipse.org/downloads/packages/

选择“Eclipse IDE for Enterprise Java and Web Developers”版本进行下载，如图1-12所示。

图1-12　JDK官网下载界面

● IntelliJ IDEA

IntelliJ IDEA简称IDEA，是绝大多数开发者使用的Java项目开发工具。可选用免费的社区版本进行学习。官网地址为https://www.jetbrains.com.cn/idea/。点击下载后，会自动根据操作系统版本进入相应的下载页面。

任务二 MySQL环境准备

一、职业行动

本例演示在Windows系统下，通过官网下载MySQL安装包并进行安装和配置的过程，同时展示如何使用Navicat客户端工具连接MySQL数据库以进行可视化操作。

1. 步骤1：下载MySQL安装包

MySQL官网地址：https://dev.mysql.com/downloads/mysql/。打开官网，根据操作系统类型选择对应的版本进行下载，如图1-13所示。

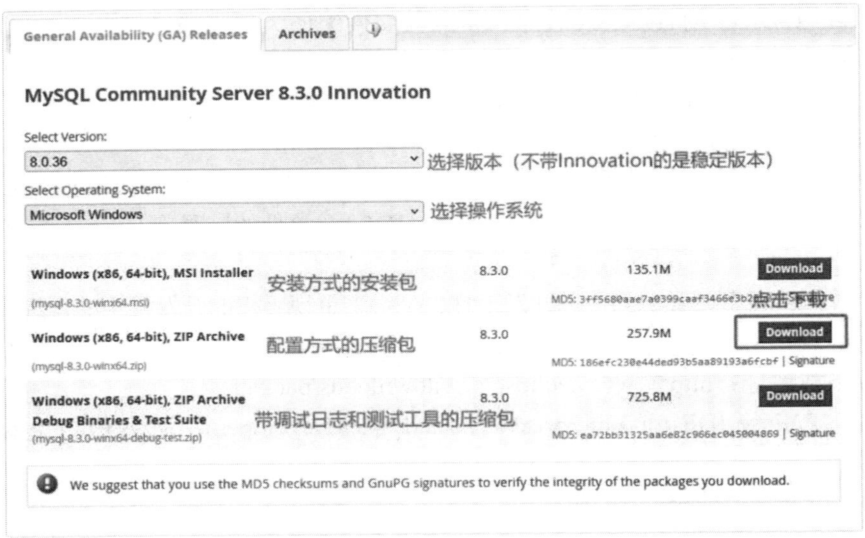

图1-13　MySQL下载界面

2. 步骤2：解压MySQL安装包

将下载的压缩包进行解压，解压的路径后续称为MySQL安装根目录。注意：推荐解压到不包含中文和空格的路径下，如图1-14所示。

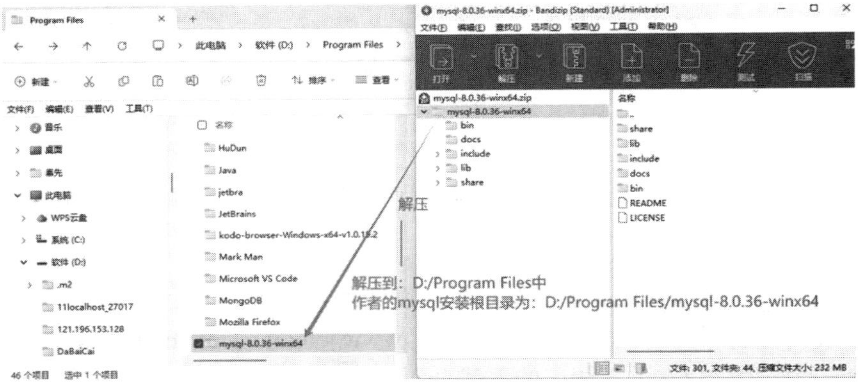

图1-14　解压MySQL安装包

3. 步骤3：创建MySQL配置文件

在MySQL安装根目录中创建数据目录和配置文件（如图1-15所示），在D:/Program Files/mysql-8.0.36-winx64中添加以下内容。

- 创建data文件夹：用于作为数据库的数据文件保存目录。
- 创建my.ini文件：用于作为数据库的配置文件。

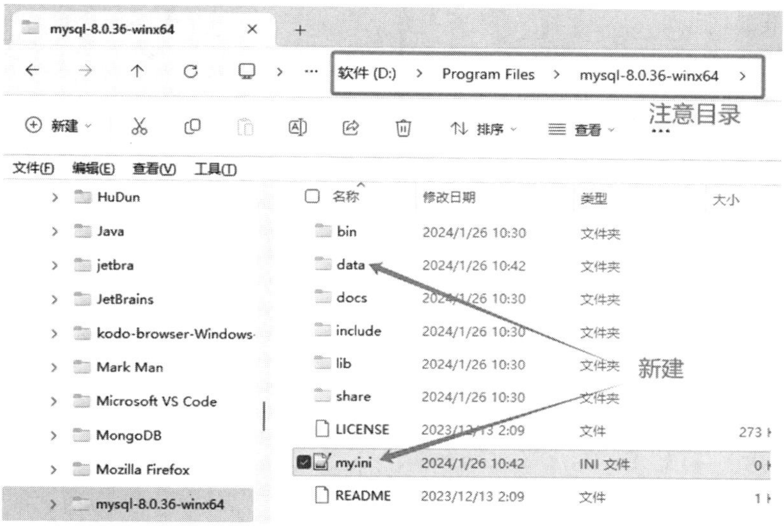

图1-15　MySQL安装目录设置

4. 步骤4：配置MySQL

使用文本编辑器（推荐使用Notepad++）打开my.ini，配置MySQL，主要的配置项有以下两个内容。

（1）[mysqld]项目中

- port：配置MySQL服务端端口号。
- basedir：配置MySQL的安装根目录。
- datadir：配置mysqld的数据保存目录。

（2）[client]项目中

- port：配置mysql.exe客户端连接服务端时的端口号，与mysqld中的port配置相同值。
- 其余项目使用默认值或不配置都可以。

my.ini配置文件内容参考如下。

```
[mysqld]
# 设置端口
port=3306

# 设置新建用户默认的身份验证插件
default_authentication_plugin=mysql_native_password

# MySQL 安装目录
basedir=D:/Program Files/mysql-8.0.36-winx64

# MySQL 数据目录
datadir=D:/Program Files/mysql-8.0.36-winx64/data
```

```
# 最大连接数
max_connections=200

# 允许连接失败次数
max_connect_errors=10

# 服务端字符集
character-set-server=utf8

# 默认存储引擎
default-storage-engine=INNODB

[mysql]
# 客户端字符集
default-character-set=utf8mb4

[client]
# mysql.exe 客户端连接服务端的端口和字符集
port=3306
default-character-set=utf8mb4
```

5. 步骤5：安装MySQL服务

MySQL安装根目录/bin中提供了mysqld.exe程序，使用该程序可以安装MySQL服务，安装服务的命令语法为：mysqld -install 服务名。

可以使用以下两种方式安装。这两种方式都需要以管理员身份运行命令提示符程序CMD，都将安装名为mysql-3306的服务。对环境变量配置不熟悉的用户，推荐采用方法2进行安装。

- 方法1：将当前工作目录设置为MySQL安装目录下的bin目录，再运行mysqld程序。

```
cd "D:/Program Files/mysql-8.0.36-winx64/bin"
D:
mysqld -install mysql-3306
```

- 方法2：使用绝对路径的方式运行mysqld程序。

```
"D:/Program Files/mysql-8.0.36-winx64/bin/mysqld" -install mysql-3306
```

系统提示：Service successfully installed.表示安装成功，可以打开服务界面（运行：services.msc）看到新安装的服务，如图1-16所示。

图 1-16　MySQL 安装成功

说明：不指定服务名时，默认为MySQL。如果电脑上已经安装了其他版本的MySQL，有可能会产生冲突。

6. 步骤6：初始化MySQL数据文件

推荐使用管理员身份运行CMD控制台，执行以下命令。这里直接采用绝对路径的方式运行（后续也采用相同方式）mysqld程序。

```
"D:/Program Files/mysql-8.0.36-winx64/bin/mysqld" --initialize-insecure
```

运行后需要等待一段时间，等待MySQL初始化数据库文件。初始化完成后可以在MySQL安装根目录\data中看到新创建的数据库文件。

7. 步骤7：运行MySQL服务

- 方法1：使用管理员身份运行命令提示符程序，根据服务名启动MySQL服务，如图1-17所示。

```
net start mysql-3306
```

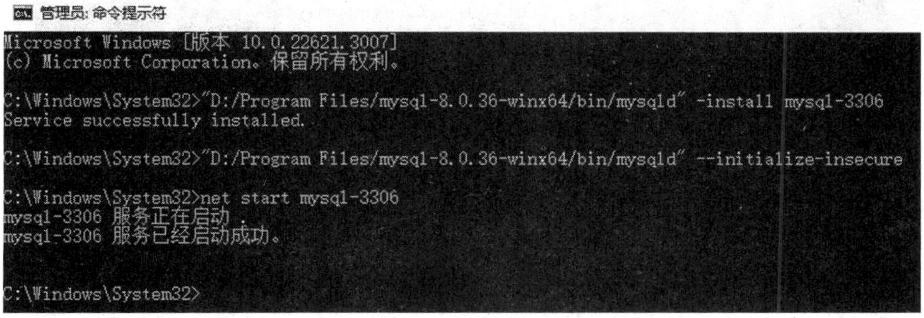

图 1-17　命令方式启动MySQL

- 方法2：在服务窗口选择服务，点击启动按钮进行启动，如图1-18所示。

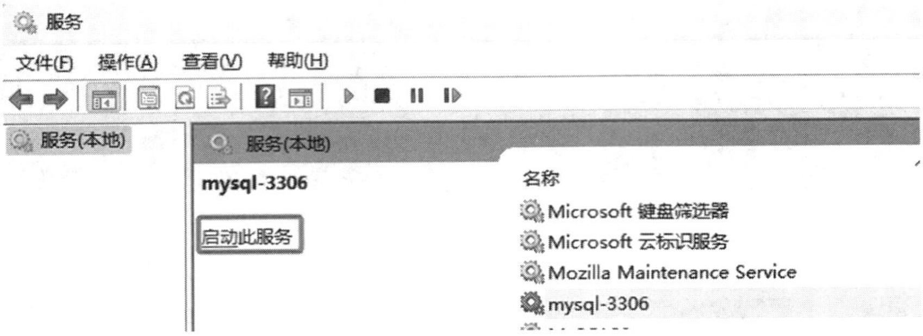

图1-18　通过服务窗口启动MySQL

8. 步骤8：修改root用户密码

（1）使用mysql.exe登录MySQL服务器，并初始化root用户的密码

MySQL提供了一个简单的命令行客户端，位置在：MySQL安装根目录\bin\mysql.exe。MySQL安装完成后会提供一个最高管理员用户：root。

第一次登录时使用以下命令可用免密码的方式以root身份进行登录。

```
"D:/Program Files/mysql-8.0.36-winx64/bin/mysql" -u root -p
```

在随后的Enter password的交互提示中，直接回车表示以空密码的方式登录。然后运行以下SQL语句完成对root用户的密码修改。

```
ALTER USER 'root'@'localhost' IDENTIFIED BY '123456';
```

该密码需要牢记。如果遗忘了root用户密码，可以参考https://www.myinfomation.com/yy/second/nav/2560/数据库和用户管理#point-2662；然后退出MySQL客户端，在控制台输入新的密码。如图1-19所示。

```
exit;
```

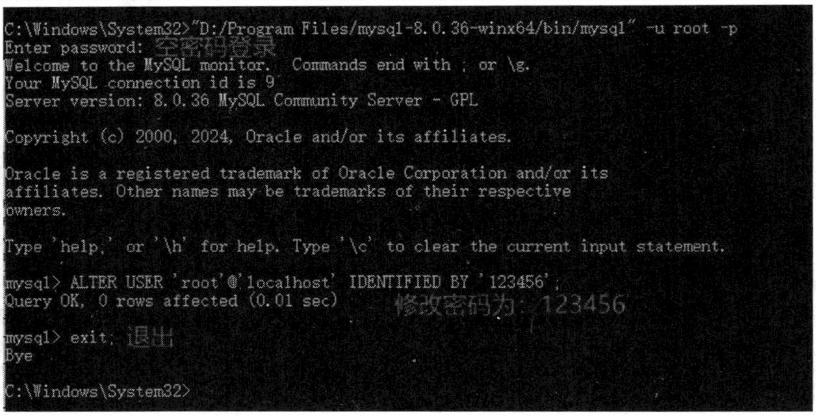

图1-19　修改MySQL密码

（2）验证密码修改是否成功

- 方法1：直接将用户名和密码作为mysql.exe的参数进行登录，以用户名为root密码为123456举例（注意：-u和-p后面没有空格，直接跟上用户名和密码）。

```
"D:/Program Files/mysql-8.0.36-winx64/bin/mysql" -uroot -p123456
```

该方式登录MySQL会发出以下警告："[Warning] Using a password on the command line interface can be insecure."表示把密码书写在控制台不安全。如图1-20所示。

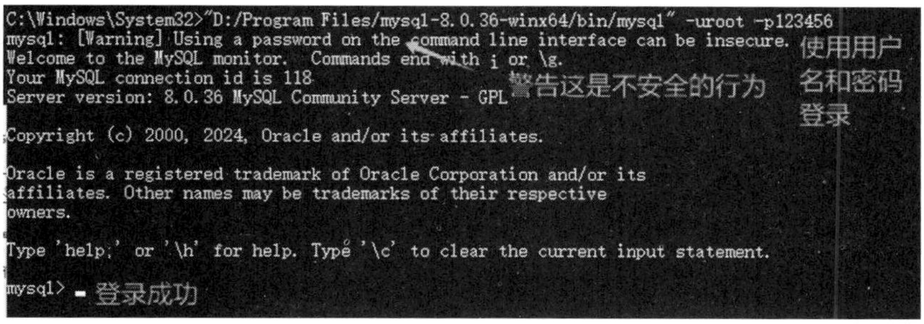

图1-20　显示MySQL密码修改成功

● 方法2：仅使用用户名作为mysql.exe的参数进行登录，在随后的交互提示中输入密码，密码不会被显示出来，这样更加安全。如图1-21所示。

```
"D:/Program Files/mysql-8.0.36-winx64/bin/mysql" -u root -p
```

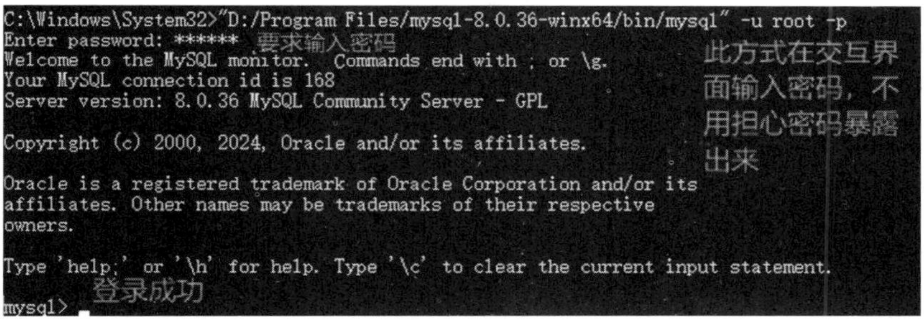

图1-21　安全方式修改MySQL密码

至此，MySQL安装成功。

9. 步骤9：使用Navicat管理MySQL

在实际企业项目开发过程中，可视化界面操作比命令行操作更加清晰，因此还需要安装MySQL数据库的可视化界面管理工具对MySQL进行常规操作。本书选择使用Navicat进行演示。

Navicat是PremiumSoft出品的数据库可视化客户端系列产品，可以根据数据库选择不同的子产品，如Navicat For MySQL；也可以选择Navicat Premium产品，该产品几乎可以连接所有的数据库产品。

（1）下载Navicat

进入Navicat产品列表页面地址（https://www.navicat.com.cn/products），查看产品及版本，如图1-22所示。

图1-22　Navicat下载界面

点击“免费试用”进入产品下载页面。

Navicat Premium社区版下载页面地址：https://www.navicat.com.cn/download/navicat-premium。如图1-23所示。

图1-23　Navicat社区版下载界面

点击“直接下载”即可进行下载。

（2）安装Navicat Premium

在Windows中，Navicat的安装很简单，只需要一直使用默认选项，依次点击“下一步”按钮即可完成安装。双击下载的安装包并启动安装程序，点击“下一步”按钮，界面如图1-24所示。

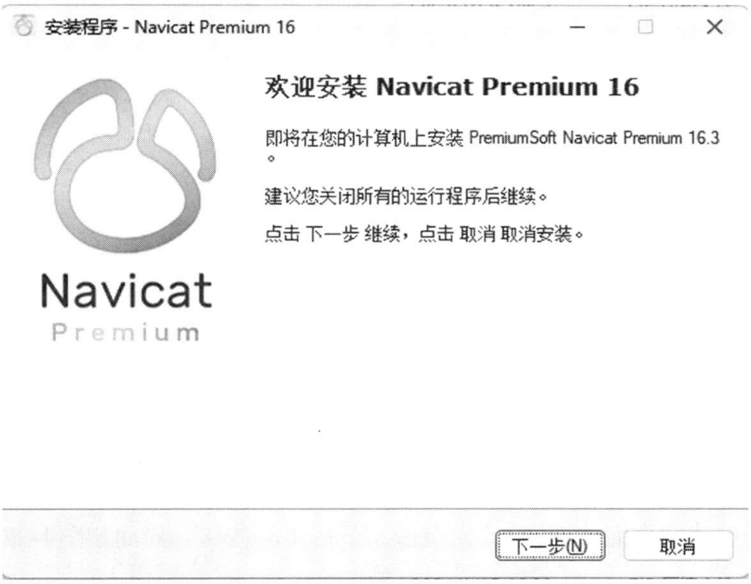

图 1-24 欢迎使用安装程序界面

选择“我同意”，点击“下一步”按钮，界面如图 1-25 所示。

图 1-25 同意许可界面

选择安装路径，界面如图1-26所示。

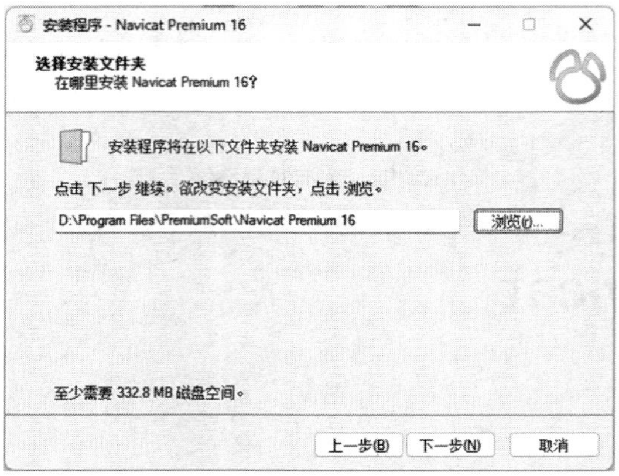

图1-26　选择安装目录界面

选择是否创建“桌面快捷图标”，点击“下一步”按钮，界面如图1-27所示。

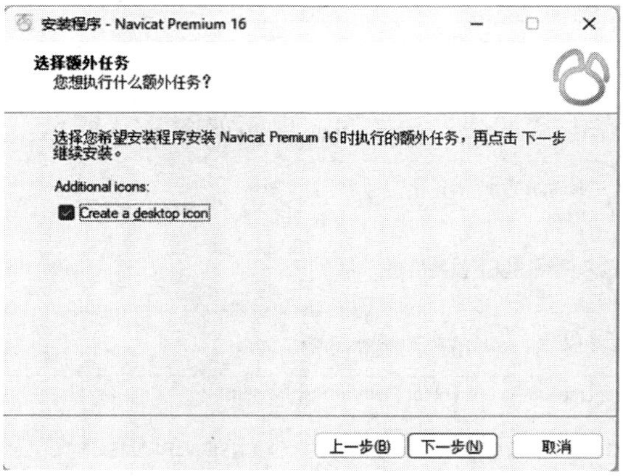

图1-27　安装选项设置界面

点击“安装”按钮开始安装，界面如图1-28所示。

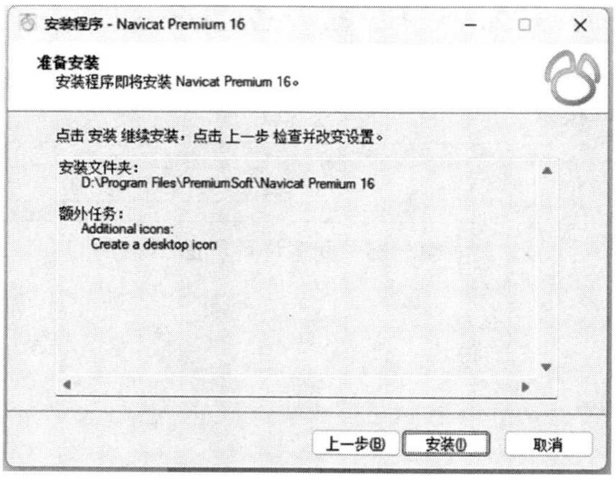

图1-28　安装预览及准备界面

等待安装程序完成，界面如图1-29所示。

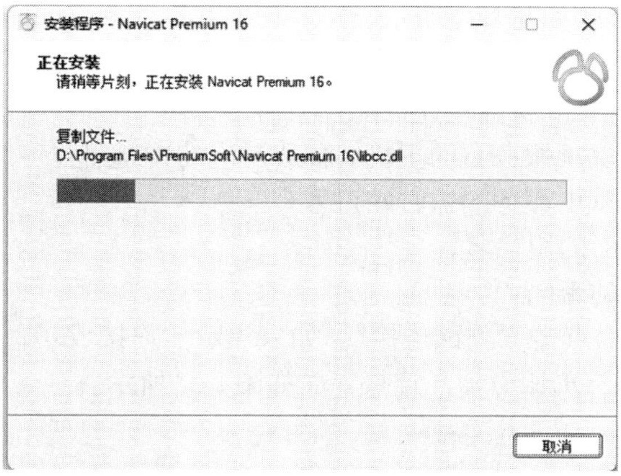

图1-29　安装进度显示界面

点击“完成”按钮结束安装程序，界面如图1-30所示。

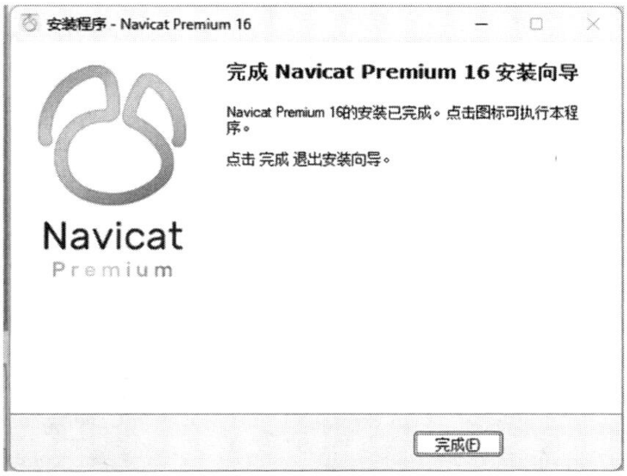

图1-30　Navicat安装成功提示界面

（3）使用Navicat连接MySQL

运行Navicat Premium，连接本地MySQL服务器。Navicat左侧区域为连接窗口，中间部分则是工作区域，示意图如图1-31所示。

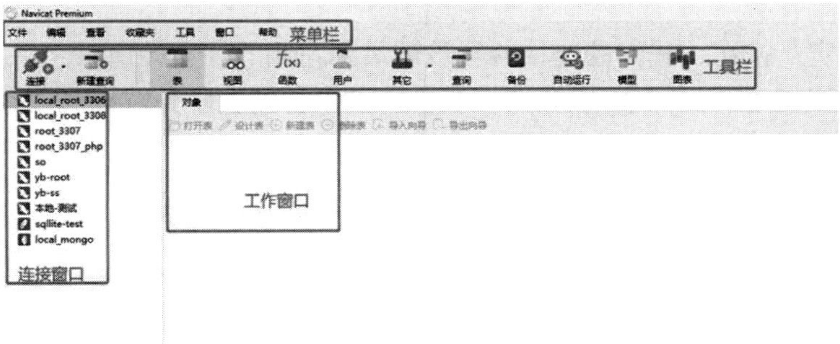

图1-31　Navicat主界面示意图

新建连接操作如下：点击工具栏左上角的“连接”按钮图标，在弹出的下拉菜单选择“MySQL”，具体步骤如图1-32所示。

在打开的参数配置面板上，填写相关连接信息。

- 连接名：用于标识和保存该连接配置项的名称。
- 主机：连接MySQL服务器的主机名称或对应的IP地址。
- 端口：指定MySQL服务的监听端口号。
- 用户名：MySQL的用户名。
- 密码：MySQL的密码。

填写完成后，可以点击“测试连接”。如果提示“连接成功”，表示连接参数正确，并能够成功连接到MySQL服务器。连接界面如图1-33所示。

图1-32　Navicat中的数据库连接类型选择菜单

图1-33　Navicat连接界面

点击“确定”按钮，我们的连接就会被记录到左侧的“连接窗口”中。双击“连接名”便能够连接指定的MySQL服务器，双击后可以看到该服务器中的“数据库”。连接界面如图1-34所示。

图1-34　连接MySQL界面

至此，使用Navicat连接本地MySQL服务器的操作完成。

二、职业知识

1. MySQL版本差异

本项目使用MySQL 8.0.36版本进行开发。由于不同版本的MySQL之间存在差异，因此环境安装需要根据项目选型确定所需安装的版本。MySQL版本分为Innovation（创新）版和稳定版，在生产环境中推荐使用稳定版。

（1）MySQL 5.7以前版本：现在仍被一些老的项目使用，主要是因为缺少CURRENT_TIMESTAMP等用于表示当前时间的关键字。在创建表时，时间类型字段无法将当前时间指定为默认值。

（2）MySQL 5.7版本：主流版本之一，增加了表示当前时间的常量。

（3）MySQL 8.0版本：主流版本之一，JDBC需要使用8.x对应的连接包，且连接URL和驱动类均有所变化。

（4）MySQL8.x Innovation版本：基于MySQL 8.0开发的具有创新功能的版本。

2. MySQL安装方式

根据不同场合，MySQL可以选择以下四种方式之一进行安装。

（1）安装包安装：适用于开发或生产环境的安装，新手能够快速上手，省略了复杂的配置过程。

（2）压缩包安装（推荐方式）：解压后需要进行必要的配置，是同学们应当掌握的安装方法。

（3）集成工具安装：如PhpStudy等工具集成了MySQL，可以实现一键化快速安装。

（4）Docker镜像安装：通过Docker平台实现一键安装。

以上4种方式在使用MySQL时无实质性区别，这里重点介绍如何使用下载的压缩包进行配置安装。

3. MySQL客户端工具

为了方便在项目中使用MySQL数据库的服务，开发过程中会需要使用客户端连接MySQL服务。本书使用Navicat作为MySQL的可视化客户端工具，此外还有以下4种常见的MySQL客户端工具可供选择使用。

（1）MyPhpAdmin：一个开源社区的PHP项目。

（2）mysql.exe：MySQL产品安装好后自带的客户端。

（3）MySQL Workbench：MySQL官方提供的可视化客户端。

（4）Navicat：PremiumSoft公司推出的可视化界面客户端产品。

任务三 Redis环境准备

一、职业行动

Redis作为非关系型数据库，其数据存储在内存中。对于经常反复读取的数据非常适合用Redis存储，以提高程序性能。本任务演示在Windows系统中安装Redis，并使用自带的客户端工具redis-cli连接本机的Redis服务。

1. 步骤1：下载Redis安装包

在Redis官网下载安装包后选择解压路径（路径不应包含中文、空格等字符），如图1-35所示。

图1-35 解压Redis安装包

此处演示解压到了D:/Program Files/redis-windows-7.2.3，该路径后续称为Redis的安装根目录。Redis安装根目录（D:\Program Files\redis-windows-7.2.3）中的文件示意如图1-36所示。

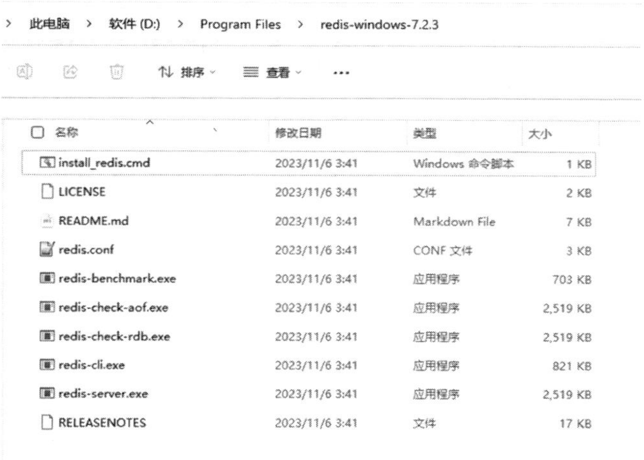

图1-36 Redis解压目录

2. 步骤2：配置Redis

打开redis.conf文件，进行以下选项的配置。

- requirepass：密码配置，建议配置密码，这样服务器会对客户端进行密码认证。
- port：Redis的端口，默认为6379，可以不修改。
- bind：允许访问服务端的主机地址，安全设置，默认情况下只有本机能够连接当前服务端。

配置示例（这里简化了文件内容，关于配置说明可以参考源文件的注释）。

```
#持久化方案（采用默认方案）
save ""
#端口号
port 6379
#设置认证密码
requirepass 123456
#最大内存数
maxmemory 256 mb
#是否打开aof方式持久化数据（默认不开启，使用默认方法）
appendonly no
#绑定的主机地址
bind 127.0.0.1
#是否开启保护模式，保护模式下只有绑定的主机能够连接Redis服务器
protected-mode yes
maxmemory-policy allkeys-lru
rdbchecksum no
```

3. 步骤3：安装Redis服务

使用管理员身份打开“命令提示符程序”，将工作目录设置到Redis安装目录，如图1-37所示。

图1-37　进入Redis安装目录

```
cd D:\Program Files\redis-windows-7.2.3
 D:
```

运行redis-server程序，并加上相关选项，进行服务的安装。

```
redis-server --service-install redis.conf --service-name redis-7.2.3
```

命令中各选项含义如下。

- redis-server：Redis提供的服务管理程序。
- --service-install redis.conf：使用redis.conf配置文件来安装Redis服务。
- --service-name redis-7.2.3：可选，指定安装的服务名称；不使用该选项时，默认安装的服务名是redis。

安装成功后，系统提示："Redis successfully installed as a service."，如图1-38所示。

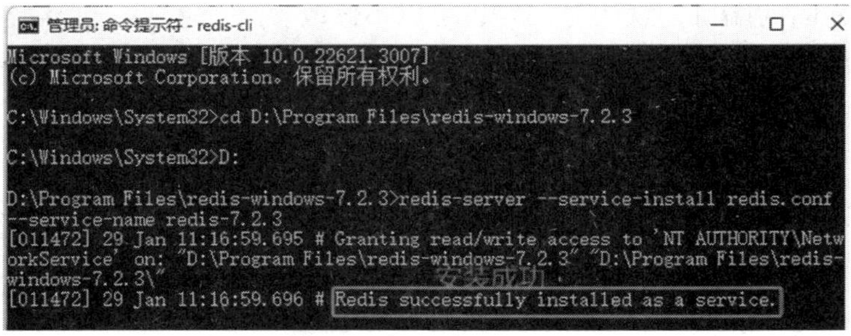

图1-38　Redis安装成功

安装完成后可以在服务窗口看到新安装的服务，如图1-39所示。

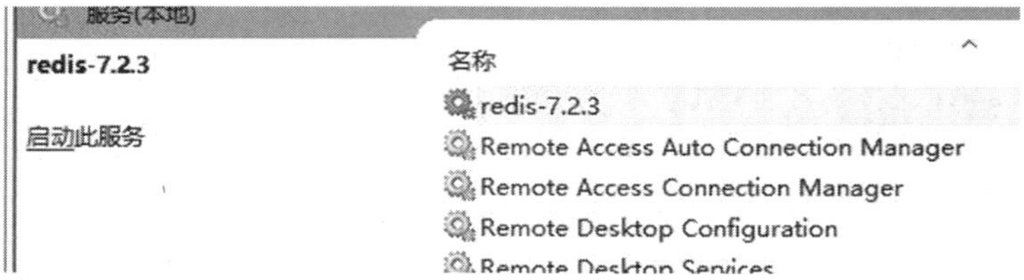

图1-39　Redis服务

后续修改了配置文件，可以通过重启服务，使配置文件生效。

4. 步骤4：启动Redis服务

- 方法1：在服务窗口，点击"启动"按钮，如图1-40所示。

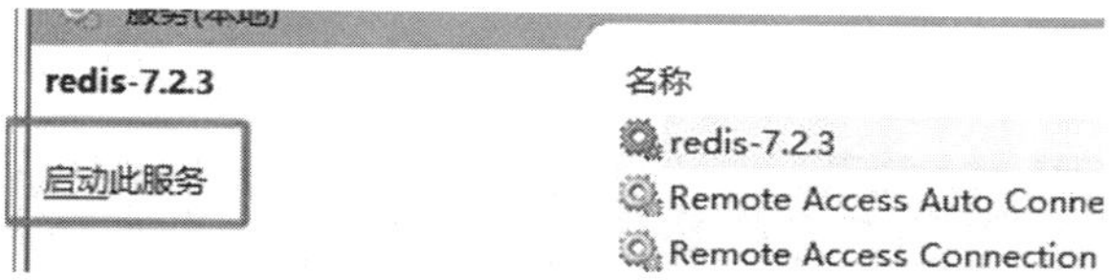

图1-40　通过服务方式启动Redis

● 方法2：使用redis-server，执行以下命令启动（需要将工作目录设置为redis安装根目录）。

运行成功后，系统提示："Redis service successfully started."，表示Redis服务成功启动。如图1-41所示。

```
\redis-windows-7.2.3>redis-server --service-start --service-name redis-7.2.3
```

图1-41　Redis服务启动界面

● 方法3：使用系统命令sc启动（需要以管理员身份运行命令提示符），如图1-42所示。

```
sc start redis-7.2.3
```

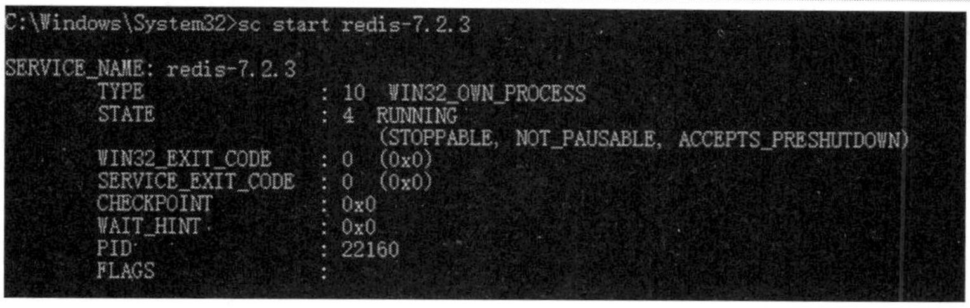

图1-42　sc命令启动Redis

运行成功后，可以在Windows的服务界面看到Redis服务已经被启动，如图1-43所示。

图1-43　Redis服务界面

5. 步骤5：连接Redis服务

Redis安装完成后，在根目录中提供了redis-cli.exe程序，该程序是一个控制台的客户端程序。使用以下命令连接客户端。

```
redis-cli -p 6379 -h 127.0.0.1
```

命令中，各选项含义如下：

● -p：可选，指定服务端的端口号，默认为6379。

● -h：可选，指定服务端的IP地址，默认为127.0.0.1。

本例选择使用密码认证，并获取服务端信息。因为在配置文件的requirepass参数上配置了密码，所以客户端需要使用AUTH命令进行密码认证，认证成功后使用"INFO SERVER"可以看到服务端的信息，如图1-44所示。

```
AUTH 123456
INFO SERVER
```

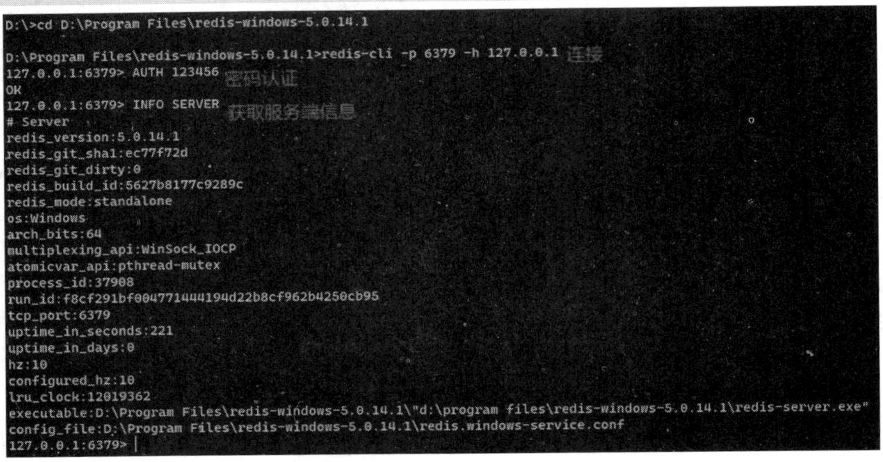

图1-44　Redis客户端启动

最后，使用EXIT命令可以退出Redis-cli客户端程序。

至此，安装Redis并使用客户端程序连接服务端的实验全部完成。

二、职业知识

1. Redis相关概念

Redis是非关系型数据库，与前文讲到的关系型数据库MySQL不一致。先简单了解相关概念。

NoSQL：指Not Only SQL，现在开发应用程序时，数据层并不是只使用SQL语句（关系型数据库），很多非关系型数据库也广泛地运用在应用软件中。

非关系型数据库：与关系型数据库不同，非关系型数据库并不是以表作为存储数据的单元，不同的非关系型数据库有不同的数据存储方式。

常见的非关系型数据库包括以下内容。

- Key-Value型数据库：采用键值对的方式来存储数据，通过键直接读取值，如Redis。
- 文档型数据库：直接保存类似JSON格式的文档，如MongoDB。

Key-Value数据库更加注重对海量数据存取的性能、分布式及扩展性支持上，并不需要传统关系数据库的一些特征。

在项目制作中，经常使用Redis来制作数据缓存，本项目中的以下功能，就会用到Redis来进行数据缓存。

- 缓存手机的验证码。
- 缓存用户的登录令牌。

2. Redis版本介绍

Redis分为Linux版本和Windows版本，两者在功能和使用上没有任何区别，但

Linux是官方版本，Windows是根据源代码由社区开发人员维护的非官方版本。

Linux的官方版本已经更新到7.2版本，官方下载页面：https://redis.io/download/。

Windows版本需要在社区中去下载。本书使用Redis-windows-7.2.3进行编写，实际上本书项目中的功能使用Reids 5.x版本就完全足够了，读者可以自由选择Redis的版本。

任务四　Vue环境准备

一、职业行动

本任务演示在Windows中安装Vue-CLI开发环境，并安装VSCode工具，为后续进行Vue项目开发作好环境准备。

1. 步骤1：下载Node.js安装包

创建Vue项目需要使用Vue官方提供的脚手架工具Vue-CLI，该工具提供了Vue命令来创建Vue项目。要安装此脚手架工具，需要通过NPM包管理工具进行安装，而Node.js默认包含了NPM工具，因此需要先安装Node.js。

Node.js的环境安装比较简单，直接在官网下载安装包进行安装即可。官方下载地址：http://www.nodejs.com.cn/（如图1-45所示），推荐下载长期稳定版本。

图1-45　Node.js下载界面

2. 步骤2：安装Node.js

Node.js的安装步骤很简单，全部使用默认选项即可完成安装。双击下载的安装包启动安装程序，之后根据提示点击“Next”按钮进入安装向导。如图1-46所示。

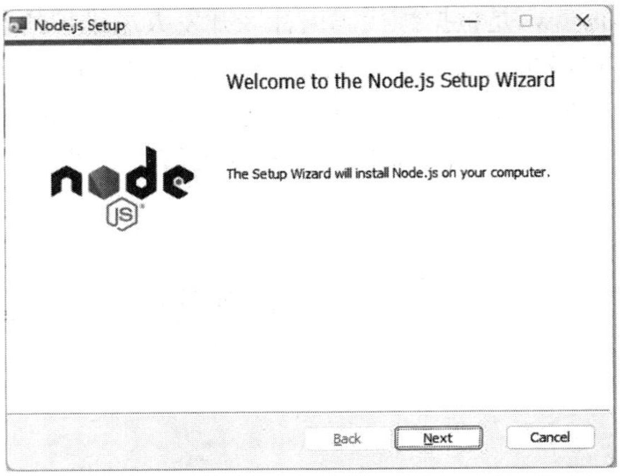

图1-46　Node.js安装界面

同意条约后点击“Next”按钮，如图1-47所示。

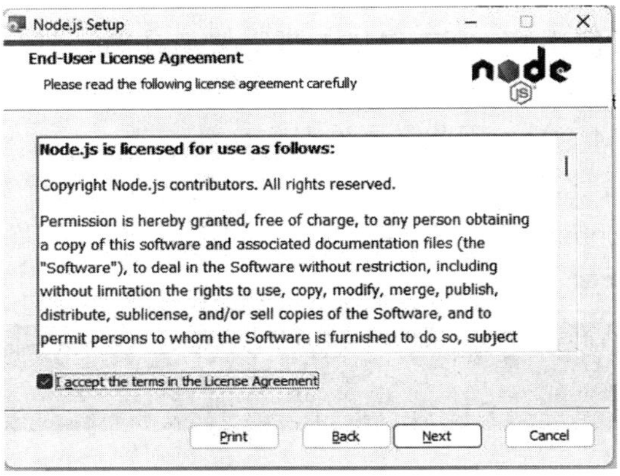

图1-47　同意协议界面

选择安装路径，该路径将成为Node.js的根路径，初学者不推荐更改。点击“Next”按钮，如图1-48所示。

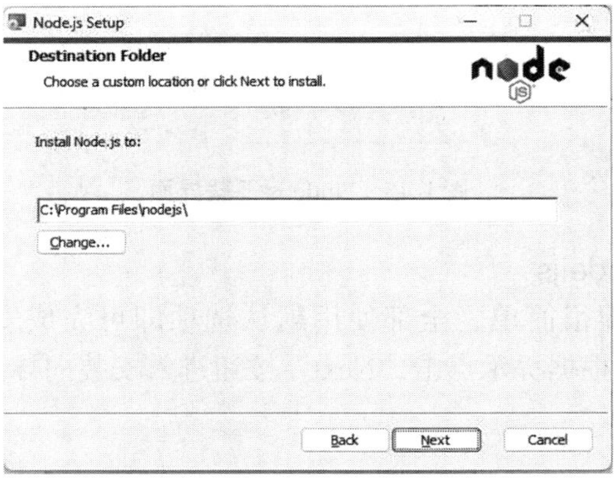

图1-48　选择安装目录

可以根据需求选择不同的安装项，这里不需要更改，直接点击“Next”按钮，如图1-49所示。

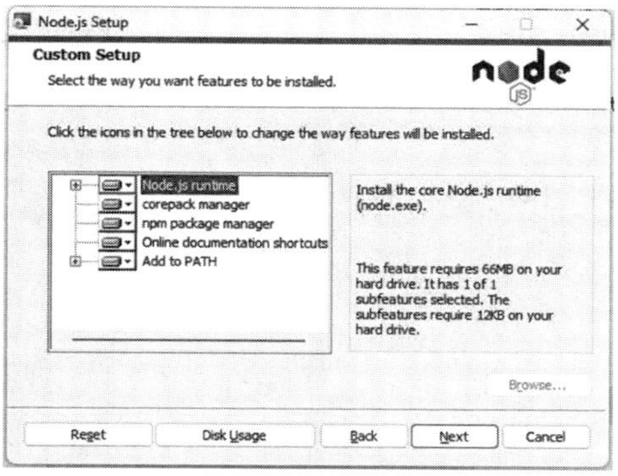

图1-49　选择安装内容

选择是否自动安装必要的工具，推荐选择此项。

主程序完成安装后会启动一个后台进程，用于安装相关工具。虽然可以选择不安装，为减少后续因缺少某些更新而造成的麻烦，推荐安装使用默认设置。

点击“Next”按钮，如图1-50所示。

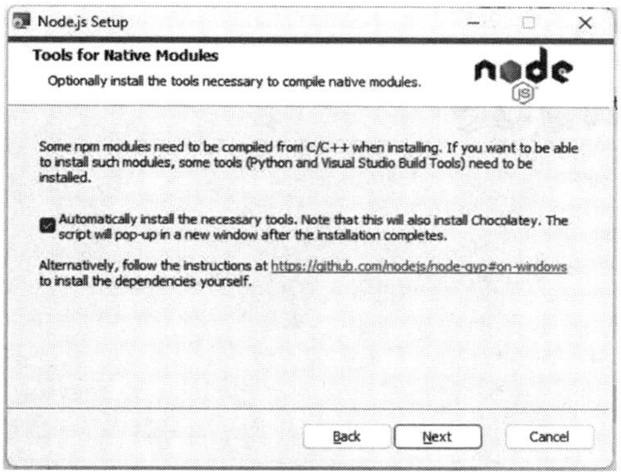

图1-50　选择安装模块

点击“Install”按钮启动安装过程，如图1-51所示。

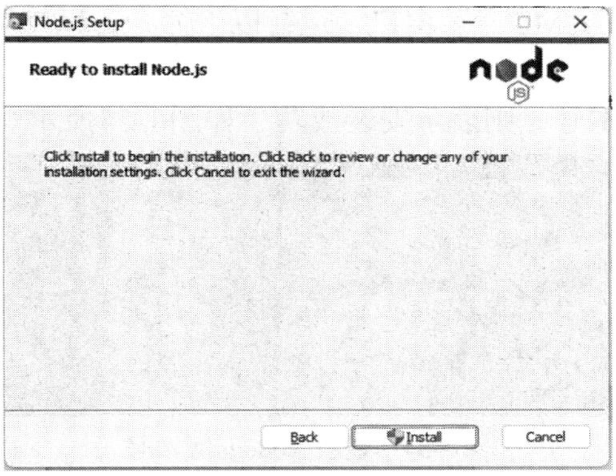

图1-51　准备安装界面

等待安装程序完成安装过程，如图1-52所示。

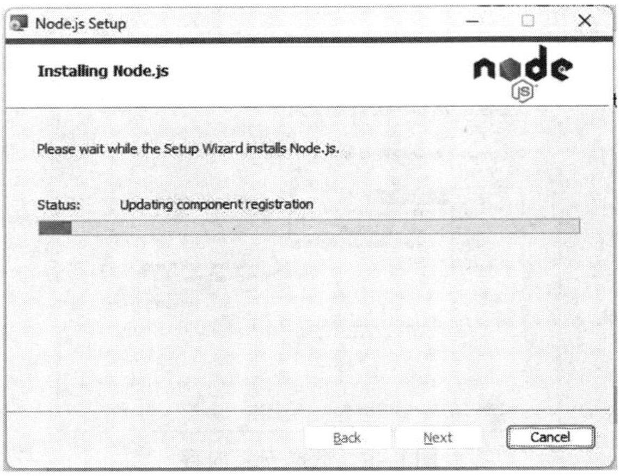

图1-52　安装进度

点击“Finish”按钮完成安装，如图1-53所示。

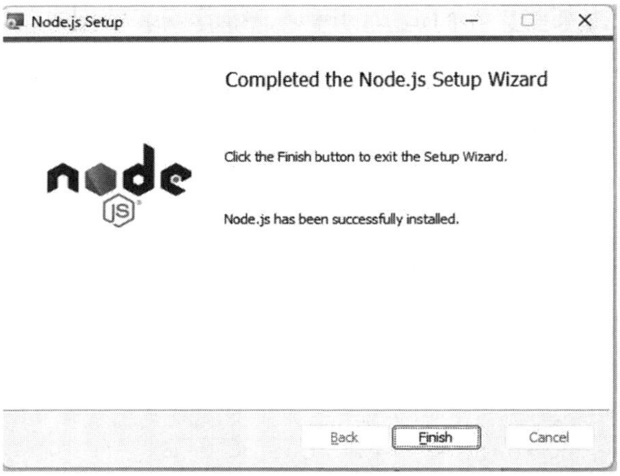

图1-53　安装完成

3. 步骤3：检验Node.js是否安装成功

打开“命令提示符（CMD）”窗口，运行以下命令，以查看Node.js的版本号。

```
node -v
```

如果系统返回了版本号，则表示安装成功，如图1-54所示。

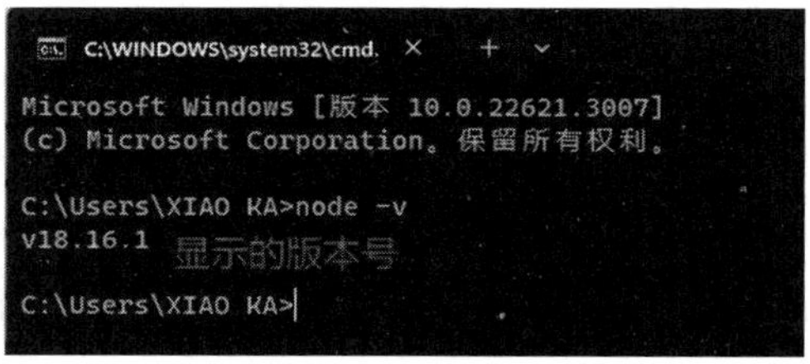

图1-54　查看Node.js版本号

4. 步骤4：配置NPM镜像加速

NPM是Node.js的包管理程序，相当于Java中maven项目的功能。项目中需要用到的第三方功能包（SDK），可以使用NPM程序进行安装。NPM需要连接中央资源服务器进行下载，项目开发中为了提高SDK的下载速度，需要配置国内镜像服务器。（该步骤非必选项）

配置镜像NPM有三种方法。

（1）临时配置

仅当前窗口有效。

打开“命令提示符程序”，执行以下命令。

```
npm --registry https://registry.npm.taobao.org
```

备注：这里配置的国内镜像地址是“淘宝网”（以下相同），也可以查询其他国内镜像地址进行配置。

（2）永久配置

推荐方式，对当前计算机终生有效。

打开“命令提示符程序”，执行以下命令。

```
npm config set registry https://registry.npm.taobao.org
```

（3）安装cnpm程序

cnpm是npm的国内镜像客户端，使用cnpm命令替代npm命令，不需要任何配置就会自动在国内镜像下载SDK，推荐同学们按此方法安装。

```
npm install -g cnpm --registry=https://registry.npm.taobao.org
```

配置完成后，可以通过以下命令查看是否配置成功，如图1-55所示。

```
npm config get registry
```

图1-55 查看npm仓库地址

5. 步骤5：安装Vue-CLI工具

Vue-CLI通常采用全局安装的方式，将Vue-CLI包直接安装在计算机上，这样我们在计算机上的任何目录下都可以使用Vue-CLI相关命令，创建Vue-CLI项目。在“命令提示符程序（CMD）”中，执行以下命令。

```
npm install -g @vue/cli
```

命令中各项参数含义如下。

- install：表示安装的命令，可以使用i简写。
- -g：表示全局安装的选项。
- @vue/cli：安装的SDK的名称，这里表示安装Vue-CLI。

备注：以上命令也可以用于更新Vue-CLI的版本。

6. 步骤6：检验Vue–CLI是否安装成功

在“命令提示符程序（CMD）”中，执行以下命令。

```
vue -V
```

如果系统返回了版本号，则表示安装成功，如图1-56所示。

图1-56　查看Vue版本号

至此，在Windows系统上成功安装Vue-CLI。

7. 步骤7：安装Vue开发工具VSCode

VSCode是Vue开发的集成IDE工具，该IDE提供了较多的插件，以帮助开发者提高开发效率。本步骤完成VSCode的安装。

（1）下载VSCode安装包

官方下载地址：https://code.visualstudio.com/Download。根据操作系统选择合适的版本下载，本例操作系统为Windows，如图1-57所示。

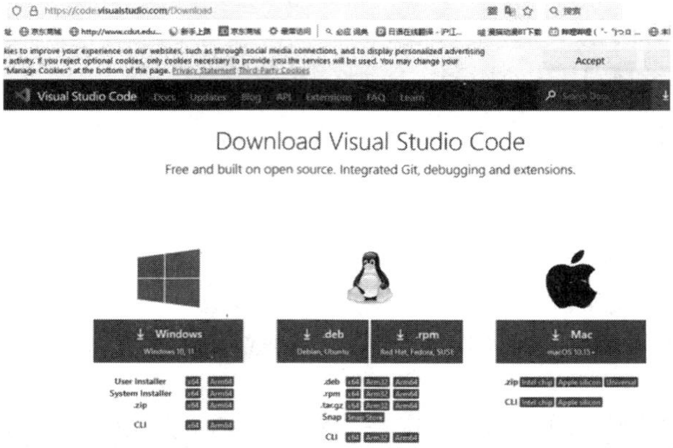

图1-57　VSCode下载界面

（2）双击安装包进行安装

安装时，所有过程都可以选择默认项即可完成安装。双击安装包启动安装程序，根据提示点击“下一步”按钮进行安装。协议选择界面如图1-58所示。

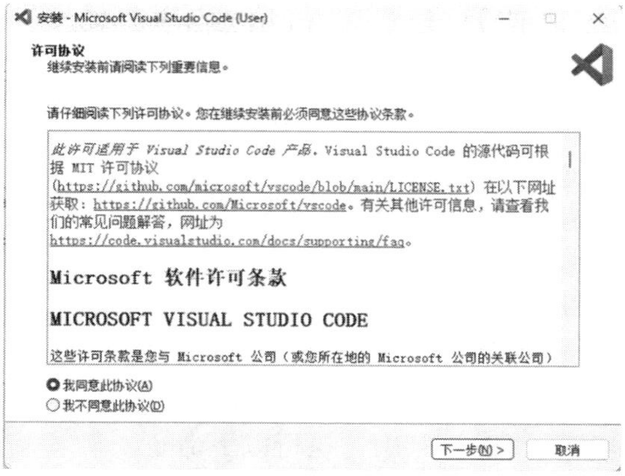

图1-58　协议选择界面

选择可选项，点击“下一步”按钮进入界面，如图1-59所示。

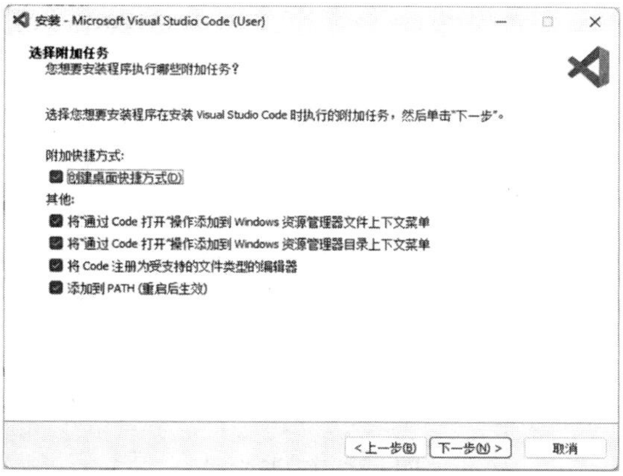

图1-59　选择安装任务

点击“安装”按钮开始安装，如图1-60所示。

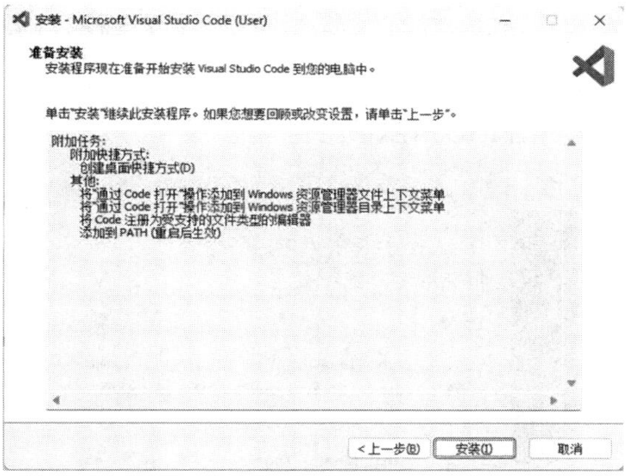

图1-60　准备安装

等待安装完成，如图1-61所示。

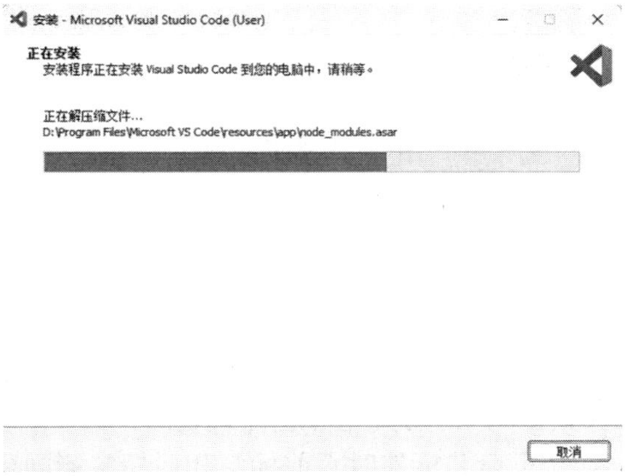

图1-61　安装进度

勾选“运行Visual Studio Code”，点击“完成”按钮完成安装，如图1-62所示。

图1-62　安装完成

勾选“运行Visual Studio Code”后，系统会自动运行VSCode。

（3）安装开发Vue-CLI的插件

VSCode提供很多插件用于提升开发效率。点击左侧的“扩展”图标（快捷键：Ctrl+Shift+X），打开扩展安装面板；然后在上面的文本搜索框中，根据名称和关键字搜索指定的插件进行安装。如图1-63所示。

图1-63　安装拓展

推荐安装的插件列表如下。

- Chinese (Simplified)：VSCode的中文插件。
- Vue 3 Snippets：Vue3的代码提示插件。
- Live Server：一个简单的HTTP服务器，方便以服务器的方式运行HTML文件。
- Beautify css/sass/scss/less：自动美化层叠样式装的代码。
- Auto Rename Tag：在重命名标签时，前标签和后标签能同步修改。
- Auto Close Tag：自动闭合HTML标签。

在搜索框根据名称搜索插件后，点击安装便可完成安装。所有插件安装完成后，需要重启VSCode，插件才会生效。如图1-64所示。

图1-64　搜索并安装插件

至此，Vue开发环境就准备好了。

二、职业知识

1. Vue框架及版本

Vue是一套渐进式的前端JaveScript框架。它符合MVVM的设计思路，让前端开发者不需要关注底层的DOM编程，只需要修改视图模型（View Model）便可进行视图的更新，从而提升前端开发效率。

Vue目前的最新版本为Vue3，也是目前主流的推荐版本，采用组合式的API以及钩子函数风格进行开发。本案例项目采用Vue3.x进行开发。

2. Vue-CLI脚手架工具

Vue-CLI是Vue官方推出的快速构建“单页面应用”（SPA）的脚手架，基于Node.js的Webpack进行搭建，使用脚手架可以快速完成前端项目的开发和配置。

使用Vue-CLI脚手架，本地必须安装Node.js的运行环境。所以，安装Vue-CLI的开发环境的前提是需要先安装Node.js的运行环境。

3. 单页面应用（SPA）

使用Vue3脚手架开发项目时，可以使用Webpack进行项目构建和打包。项目打包发行后，整个项目只有一个HTML页面，所有内容都在这个单一的HTML文件中展示。这种单页面应用具有以下优点和缺点。

（1）优点

- 系统以模块为基本单位构建，每个模块之间互相独立，实现了解耦合。
- 页面切换更加顺畅，没有加载的感觉（更适用于现在的小程序、APP等应用）。
- 开发速度更快，有许多现成的SDK可供使用。

（2）缺点

- 第一次访问项目时，需要把整个项目进行加载，因此第一次加载速度较为缓慢。
- 学习成本较高。
- 一般采用前后端分离开发方式。相比服务端渲染，用户会看到数据后被加载出来的情况，对于一般搜索引擎而言不太友好。

4. Node.js平台

Node.js是一个免费的、开源的、跨平台的JavaScript运行时环境，允许开发人员在浏览器之外编写命令行工具和服务器端脚本。在使用Vue编写前端项目时，需要用到Node.js平台。

任务五　使用AI工具辅助开发

一、职业行动

在数字经济新形势下，AI赋能软件开发已深入到UI设计、前端编码、后端编码、测试以及自动化运维部署等环节。本任务将完成在IDEA、VSCode编码工具中安装AI插件的任务，以提升编码阶段的效率。

本任务使用国产通义灵码作为AI编码插件，其官网地址为https://tongyi.aliyun.com/lingma/。

1. 步骤1：IDEA安装通义灵码插件

在IDEA工具中安装通义灵码插件既可以通过插件形式安装，也可以通过离线包进行安装。打开IDEA的设置选项，依次点击File菜单—Setting，如图1-65所示。

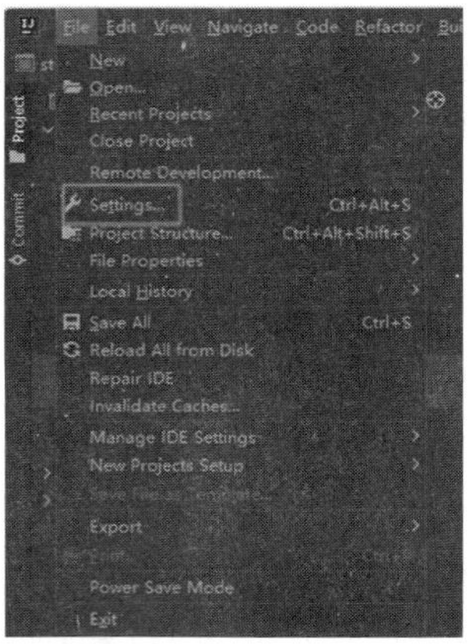

图1-65　设置菜单

（1）方法1：从插件市场安装

点击Plugins，搜索“TONGYI Lingma”，找到该插件后，点击“Install”按钮进行安装，如图1-66所示。

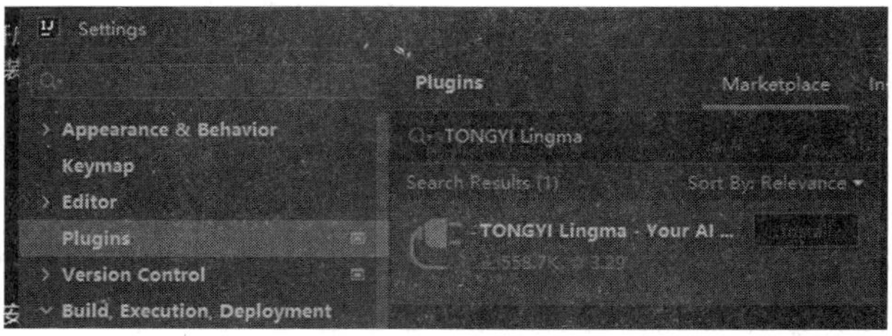

图1-66　搜索通义灵码插件

（2）方法2：下载离线包安装

- 下载 JetBrains IDEs 的 zip 安装包。
- 点击Plugins，点击“设置图标”，在下拉菜单中单击“Install Plugin from Disk...”，选择下载的 zip 文件后进行安装，如图1-67所示。

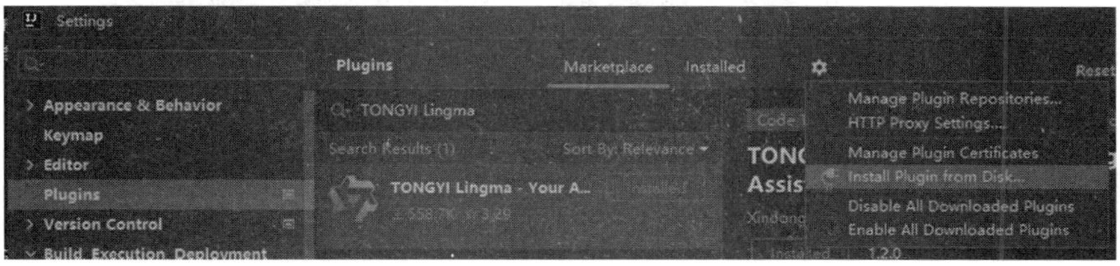

图1-67　安装插件

安装成功后，右侧会多出“通义灵码”的侧边栏。点击后展开页面，点击“立即登录”，使用阿里云账号进行登录，如图1-68所示。

如果侧边栏没有看到“通义灵码”项目，则可以重启IDEA。

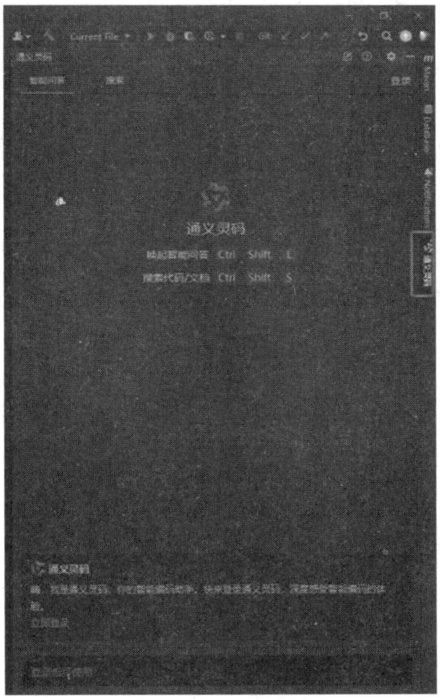

图1-68　通义灵码插件

2. 步骤2：IDEA使用通义灵码插件

通义灵码插件具备代码补全、根据注释生成代码等功能，为开发者提供了常用的提升效率的方法。

（1）代码补全功能

打开之前创建的stuplatform项目，修改Main文件，并删除之前定义的main方法。输入public之后，通义灵码会自动帮助补全后面的代码。使用键盘上的Tab键，完成自动补全代码，如图1-69所示。

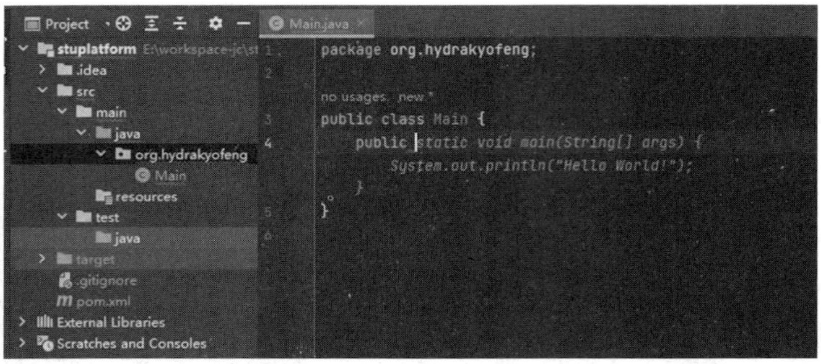

图1-69　代码补全

（2）测试根据注释自动帮助编写代码的功能

在空白处添加一段注释，通义灵码会自动根据注释的要求，自动帮助完成代码的编写。使用Tab键确认并接受生成的代码，完成自动代码的编写，如图1-70所示。

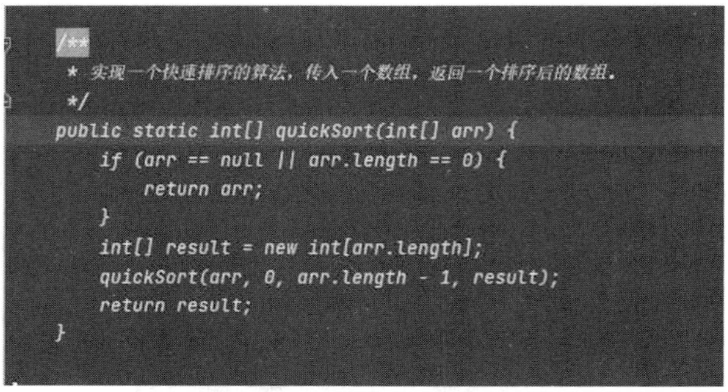

图1-70　通过注释生成代码

至此，通义灵码插件在IDEA中安装成功，接下来在VSCode中进行该插件的安装。

3. 步骤3：VSCode安装通义灵码插件

通义灵码同时也提供了VSCode插件，其提供的功能也能提升界面开发的效率。在VSCode中，通过扩展界面进行插件的安装和管理。

打开VSCode扩展页面，在侧边导航上点击扩展按钮，如图1-71所示。

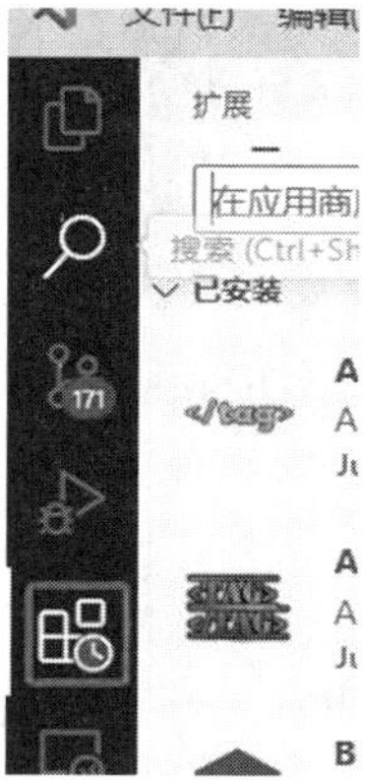

图1-71　扩展菜单

在搜索栏搜索通义灵码（TONGYI Lingma），找到后点击安装，如图1-72所示。

图1-72 搜索并安装通义灵码插件

左侧边栏可以看到通义灵码的图标，如果左侧没有看到图标，则可以先重启VSCode。

4. 步骤4：VSCode使用通义灵码插件

插件安装成功后，就可以在前端界面开发中使用插件提供的各种便捷功能。接下来演示通过在页面中添加注释来自动生成代码的功能。

通过注释描述让插件自动生成一个登录界面，并详细描述登录界面需包含的元素和样式，如包含用户名和密码及登录按钮，让AI自动生成登录界面。首先，新建一个html文件；其次，编写注释，写明要求。通义灵码会自动一步一步地进行代码提示，使用键盘Tab键接受自动生成的代码，便可自动完成代码的编写。生成的界面如果不满意，还可以继续调整AI进行优化和完善，直至满足需求为止。如图1-73所示。

```html
<!DOCTYPE html>
<html lang="en">
<head>
    <meta charset="UTF-8">
    <meta name="viewport" content="width=device-width, initial-scale=1.0">
    <title>Document</title>
</head>
<body>
    <!-- 编写一个使用电话号码和密码登录的页面，要求：
    1.输入电话号码和密码后，点击登录按钮，页面跳转到新页面，显示登录成功信息。
    2.输入错误的电话号码或密码，页面提示错误信息。 -->
    <div>
    </div>
</body>
</html>
```

图1-73 通义灵码插件生成的界面

可以看到，借助通义灵码这个AI代码编程插件可以大大提升开发效率。

二、职业知识

1. AIGC赋能软件开发

随着技术的发展，人工智能已经越来越多地应用于我们的日常生活和工作中。其中，AIGC（人工智能生成内容）作为人工智能的一种应用，已经开始在代码开发领域发挥重要作用。

AIGC能够帮助开发人员快速生成代码，提高开发效率。通过机器学习和自然语言处理技术，AIGC可以根据开发人员的需求，自动生成相应的代码片段。这不仅可以减少开发人员的工作量，还可以避免因人为错误而导致的代码问题。

在代码开发过程中，AIGC可以通过以下几种方式提供支持。

- 自动补全：AIGC可以根据开发人员输入的关键词或语句，自动推荐相应的代码片段或函数，从而加快开发速度。
- 代码优化：AIGC可以对生成的代码进行优化，提高代码的运行效率和可读性。
- 代码审核：AIGC可以对代码进行审核，发现潜在的错误和漏洞，帮助开发人员及时修复问题。

总之，AIGC在代码开发中的应用越来越广泛，它不仅可以提高开发效率，还可以提高代码的质量和安全性。随着技术的不断发展，相信AIGC将在更多领域发挥重要作用。

2. 通义灵码AI编码插件

通义灵码是阿里云推出的自动编写代码的AI助手，经过海量优秀开源代码数据训练，可根据当前代码文件及跨文件的上下文，生成行级、函数级代码，完成单元测试、代码注释等。

目前，通义灵码支持Java、Python、Go、JavaScript、TypeScript、C/C++等主流语言，同时兼容Visual Studio Code、JetBrains IDEs等主流编程工具。

学习考评

一、考评项目

根据本项目所学内容，对完成在线学习平台开发环境准备进行考评，包括Java环境、MySQL环境、Redis环境、Vue环境的安装和配置。

二、实施准备

1. 学生准备工作与要求

学生按照教学进度计划，在完成以下所有任务后，可进行相应学习考评的实施。

（1）理解并掌握学习考评需要的相关理论、知识和方法，能应用这些知识进行相关软件环境的安装。

（2）按时、按质量要求完成相应的任务作业。

（3）按规定独立完成相关软件环境的安装和配置。

（4）在安装环境过程中，能快速借助网络和AI工具解决问题。

2. 教师准备工作与要求

（1）在安排学生实施学习考评前，应确保学生已经清楚地了解在线学习平台项目开发的技术选型，并确保已对相关软件的安装和配置做过相关的实操训练。

（2）通过学生课堂问题研讨、作业、实操及其他方式，确认学生已经具备实施学习考评所需要的知识、技能和能力集成，特别是Java、MySQL、Redis、Vue等方面的知识要点。

（3）对协助教师完成测评的学生进行测评方法和监督方法的培训，确保测评结果的准确性、公平性。

（4）提前准备好相关软件安装包。

（5）准备好测评记录。

三、验证方法与标准

（1）每位测评人员负责对10名学生进行全程的监督和测评。

（2）详细记录学生在实施学习考评过程中的相关信息、数据、结果、操作方法、完成时间以及出现的错误、事故等情况。

（3）每个学习考评的环境安装和配置、问题解决等操作要求在90 min内完成。时间不够可以申请延长时间，总时长不超过120 min。

（4）考评内容及评分标准如表1-1所示。

表1-1 考评内容及评分标准

序号	评分项	得分条件	评分标准	配分	扣分
1	态度	□1.不作弊，确保环境从零开始安装和配置 □2.不超时，确保在规定时间内完成环境的安装和配置 □3.独立解决问题，不抄袭	未完成其中1项扣5分，总扣分不得超过15分	15	
2	专业技能	□1.能正确安装和配置Java环境 □2.能正确安装MySQL，并能使用Navicat进行连接 □3.能正确安装Redis环境 □4.能正确安装和配置Vue环境 □5.能正确安装和配置Git工具	未完成其中1项扣10分，总扣分不得超过50分	50	
3	资料、信息查询能力	□1.能正确使用手册查询资料 □2.能正确使用网络查询资料 □3.能正确记录查询资料出处 □4.能正确记录所需的关键信息 □5.能正确使用AI工具辅助查询	未完成其中1项扣3分，总扣分不得超过15分	15	
4	总结归纳能力	□能将所学知识归纳为思维导图	未完成其中1项扣20分，总扣分不得超过20分	20	
合计				100	

拓展阅读

在数字化浪潮席卷全球的今天，AIGC技术以其独特的内容生成能力，正成为引领社会进步的重要力量。作为软件技术相关从业者，不仅要关注技术的深度和广度，更要关注技术背后的道德伦理和社会责任。在使用AI工具辅助解决问题、提升技能的过程中，应当自觉培养良好的道德意识和社会责任感。

AI在对传统工作岗位造成冲击的同时，也催生了大量新兴职业。这要求我们要保持终身学习的态度，不断更新知识储备，以适应持续变化的岗位需求和技能标准。尽管AIGC给人们的工作、生活带来了很大的便利，同时也存在不可忽视的问题，主要体现在以下两个方面。

1. 抄袭与侵权问题

AIGC技术在内容生成过程中，可能因训练数据或模型输出的相似性而涉及抄袭、侵权等道德伦理问题。使用者必须充分认识到：在使用AIGC技术时，应尊重他人的知识产权，遵守相关法律法规。

2. 虚假信息与谣言传播

AIGC技术在信息传播中可能导致的虚假信息和谣言传播问题。在使用AIGC技术时，应具备辨别真伪信息的能力，避免误导他人。

项目二
学习平台需求分析及框架搭建

一、项目描述

企业级软件项目开发流程一般会经历从设计、编码、测试到部署和维护的整个过程。当前企业比较流行的开发模式是敏捷开发模式，其开发流程是一个灵活且迭代的过程，它强调快速响应变化、团队协作和持续交付价值。

在敏捷软件开发流程中，软件需求分析及设计是至关重要的环节。

软件需求分析的内容是针对待开发软件提供完整、清晰、具体的要求，确定软件必须实现哪些任务。具体分为功能性需求、非功能性需求与设计约束三个方面。需求分析是将获取的需求进行深入理解和详细描述的过程，其主要任务是识别需求的复杂性，明确需求的优先级，以及将需求分解为更小、更易于管理的部分。此外，还需对需求进行验证，确保需求的正确性和可行性。

软件设计则是将需求转化为具体的软件结构和解决方案的过程。它涉及软件结构设计、数据库设计、接口设计和过程设计等方面。结构设计定义软件系统各主要部件之间的关系；数据库设计将分析阶段创建的模型转化为数据结构的定义；接口设计描述软件内部、软件和协作系统之间及软件与人之间如何通信；过程设计则把系统结构部件转换为软件的过程性描述。

本项目针对在线学习平台项目进行需求分析和软件设计，并通过Vue框架和SpringBoot框架搭建项目初始结构，为后续功能业务的开发打下基础。

二、项目要求

根据目前企业级全栈项目开发的技术要求进行需求分析，并且完成项目的设计工作和框架初始化搭建工作。

（1）完成需求分析及原型图绘制。

（2）完成E-R图及数据库设计。

（3）完成Vue项目创建及框架搭建。

（4）完成SpringBoot项目创建及项目框架搭建。

三、学习目标

（1）掌握如何进行需求分析。

（2）掌握如何进行数据库的表设计。

(3) 掌握如何创建Vue项目。

(4) 掌握如何创建SpringBoot项目。

四、工作场景

在项目一中，需求人员已初步获取在线学习平台的主要功能，项目二中任务一将对平台的需求进行细化分析并产出原型图。在企业的项目研发流程中，市场人员或需求人员将原型图与客户进行沟通确认。需求确认后，技术团队进入软件项目的设计阶段，这个阶段将产出数据库E-R图和系统设计文档。最终设计确认后，由技术人员进行系统框架搭建，并进入业务功能编码阶段。

任务一 需求分析及原型图绘制

一、职业行动

项目一在进行开发环境准备之前根据在线学习平台的功能进行了技术选型。在具体编码之前，需要先对在线学习平台项目功能进行设计和分析，以便确定功能边界和业务架构。

在线学习平台主要功能包括用户端、管理端和API接口端三个部分。用户端主要为用户提供在线视频学习功能，包含用户注册和登录、课程浏览及搜索、录播课程观看、视频纠错等功能；管理端主要包含用户管理、课程管理、班级管理等管理功能；API接口端为Java项目，为用户端和管理端界面提供后端接口服务。

本任务主要针对在线学习平台的功能模块进行详细分析以及界面原型绘制，用于需求的梳理和确认。

1. 步骤1：功能模块梳理

根据客户的需求，分析并绘制出系统的模块结构图。管理端主要用于平台运营人员使用，主要功能模块包括班级管理、课程管理、章节管理、视频管理、用户管理、消息管理和管理员管理，功能结构如图2-1、图2-2所示。

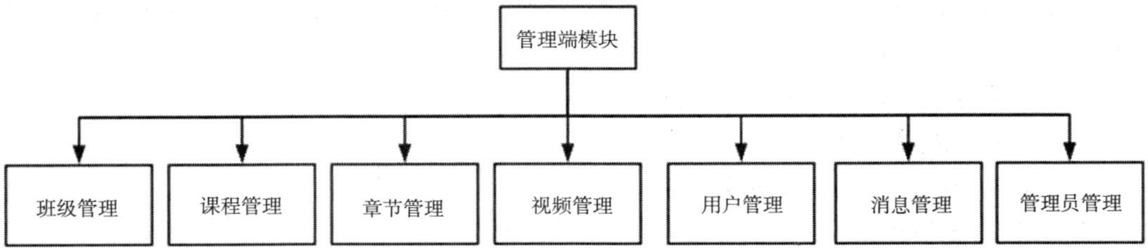

图2-1 管理端模块示意图

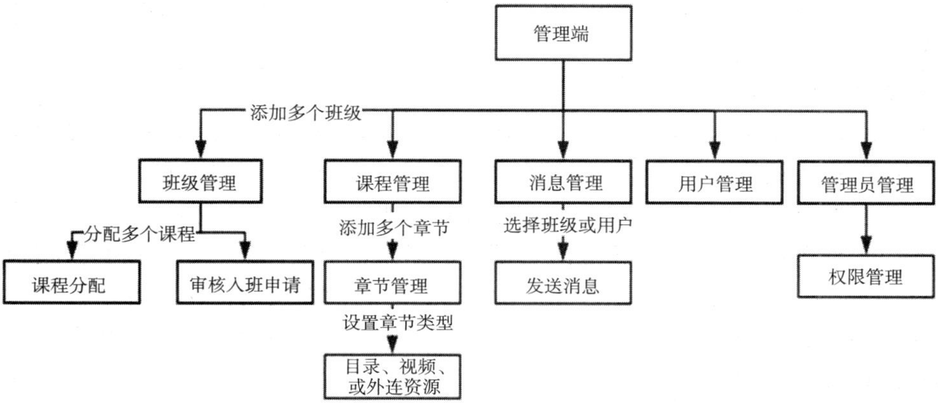

图2-2　管理端模块细化示意图

用户端主要用于学生登录平台进行学习，可以查看班级对应的视频课程，功能模块如图2-3、图2-4所示。

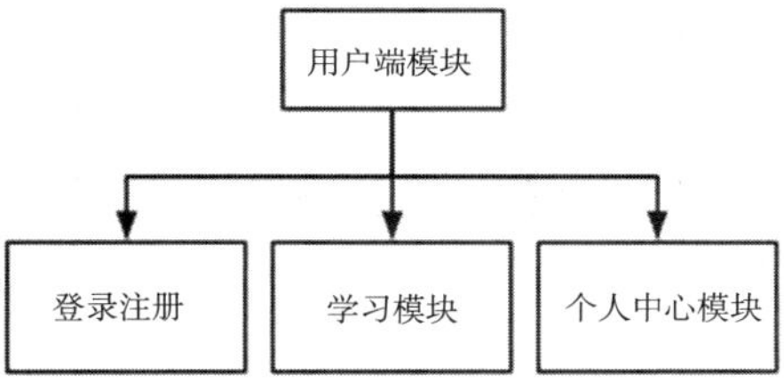

图2-3　用户端模块示意图

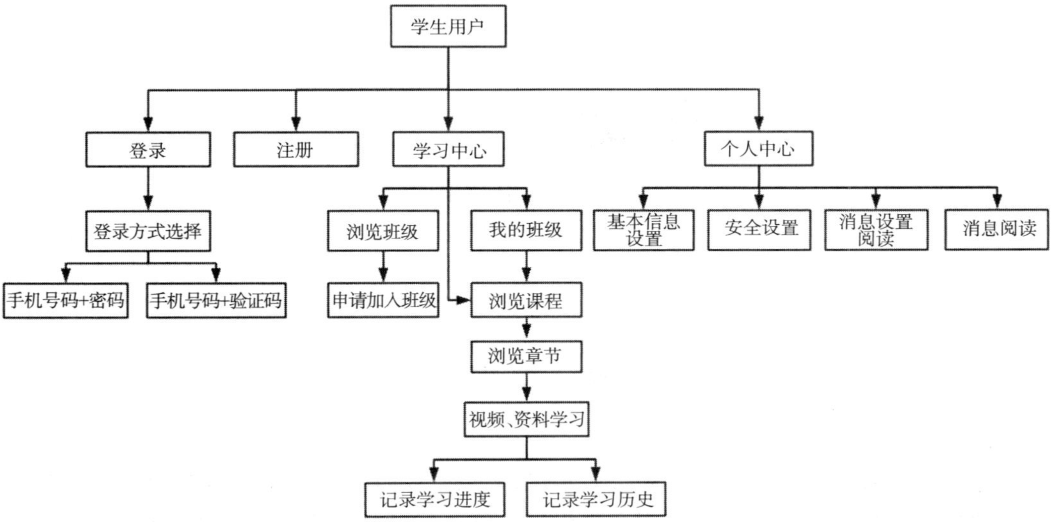

图2-4　用户端模块细化

经过以上分析，基本得出在线学习平台用户端和管理端所需的功能模块，接下来根据功能模块绘制页面原型。

2. 步骤2：原型图绘制

在现代软件开发流程中，可以使用原型图充当软件需求规格说明书，主要用于展示软件界面的布局及页面功能模块，以便在需求阶段与用户沟通软件功能。原型图经沟通确认后，美工便可进入高保真原型图的设计阶段。

作为与客户沟通的工具，原型图是需求分析阶段的重要产物。它分为线框图和高保真原型图两种类型。其中：线框图一般在设计的早期阶段使用，作为讨论和规划的基础，有助于确定产品界面的元素布局和功能；而高保真原型图则是美工精心设计的成果，即产品最终呈现给用户的界面。

接下来，根据步骤1分析的功能模块，设计制作相应的原型图。说明：以下给出的是高保真原型图示例，一般项目前期提供线框图即可。高保真原型图通常由专业UI工程师通过PhotoShop等工具制作，而线框图一般采用Axure或墨刀等原型设计工具来制作。

通过原型设计，可以明确在线学习平台项目的各个功能页面。用户端包括11个主要功能界面。

（1）注册界面

只有成功注册学习平台的用户才能登录并进行课程学习。注册时需填写手机号、验证码、密码等信息，其界面如图2-5所示。

图2-5　注册界面

（2）登录界面

登录方式有用户名和密码登录以及短信验证码登录两种，同时支持微信、支付宝等三方授权登录方式。此外，该界面还提供忘记密码的便捷服务，如图2-6所示。

图2-6　登录界面

（3）我的班级界面

学生在完成注册后，需要选择加入对应的班级以学习其中的视频课程。我的班级界面中，学生可以搜索班级名称并申请加入指定的班级。相关界面如图2-7所示。

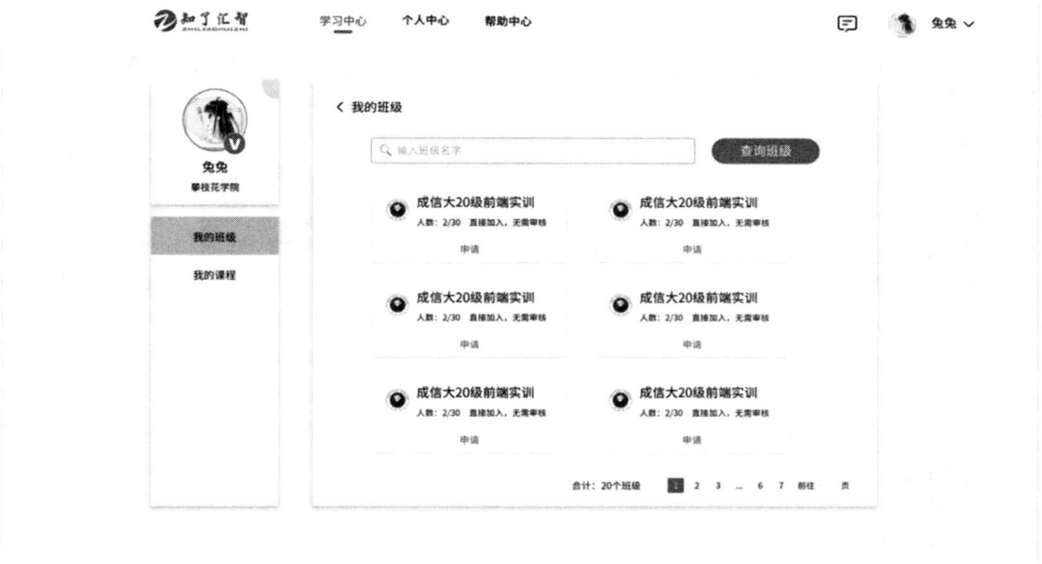

图2-7　我的班级界面

（4）班级详情界面

班级详情界面用于详细展示选定班级的各类信息，涵盖班级名称、班级类型、班级方向、班级人数、班级介绍等内容。界面如图2-8所示。

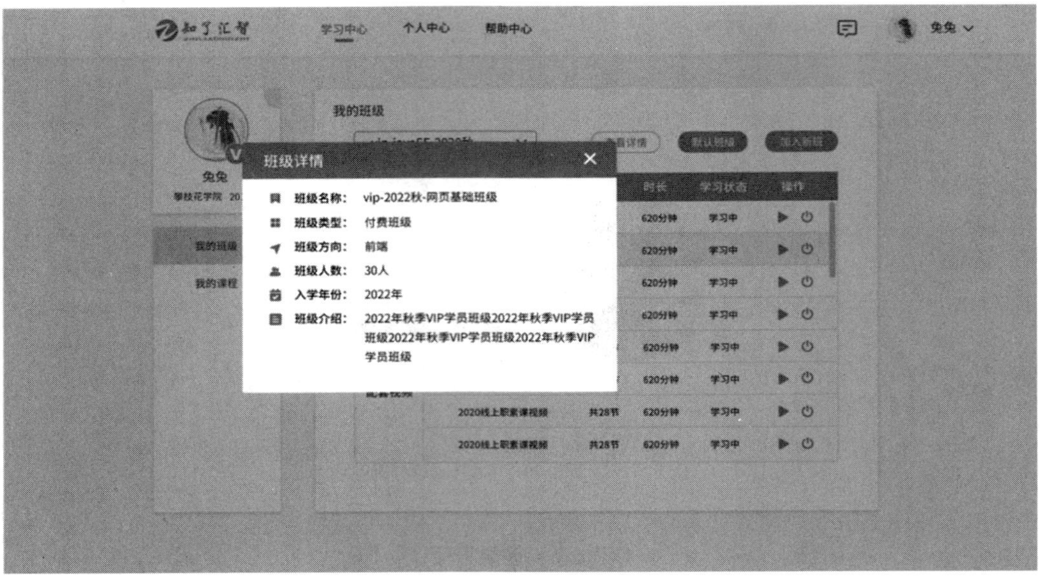

图2-8　班级详情界面

（5）班级列表界面

班级列表界面用于为学生提供班级选择，可以选择已加入的不同班级，查看对应班级的课程信息，通过课程入口进入在线视频学习。界面如图2-9所示。

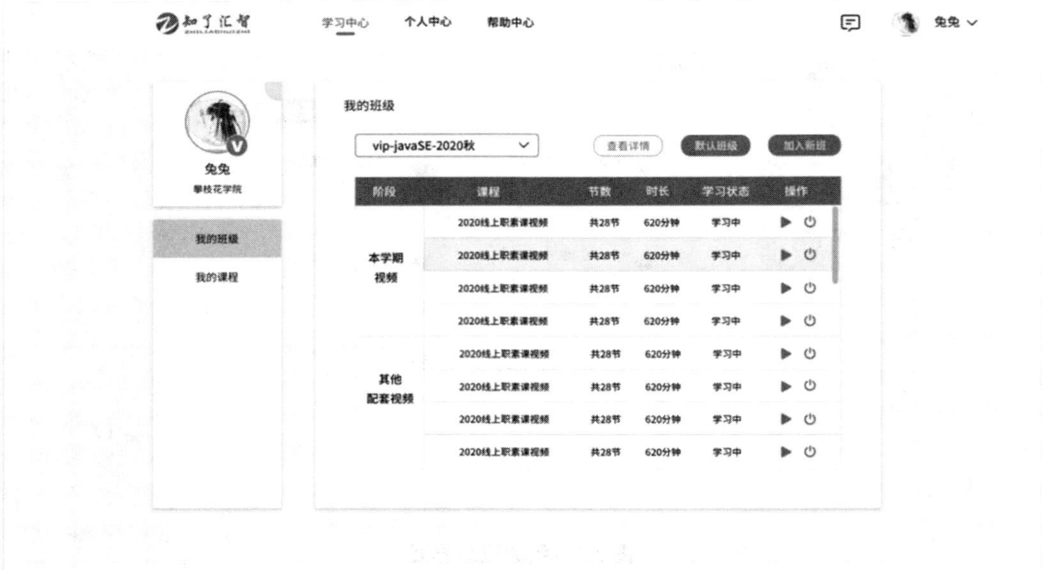

图2-9　班级列表界面

（6）课程列表界面

该界面为学生提供单独分配的课程学习入口。管理员在后台为指定学生分配视频课程后，学生可进入此界面进行查看。界面如图2-10所示。

图2-10　课程列表界面

（7）课程播放界面

学生从课程列表中选择指定课程后，即可进入视频播放界面。该界面主要包含视频课程的章节列表以及视频播放器，播放器可以实现快进、倒退、倍速设置等功能。界面如图2-11所示。

图2-11　课程播放界面

（8）消息中心界面

该界面用于集中展示平台发布的通知消息。消息状态分为未读和已读两种，当学生点击某条信息后，状态自动标识为已读。界面如图2-12所示。

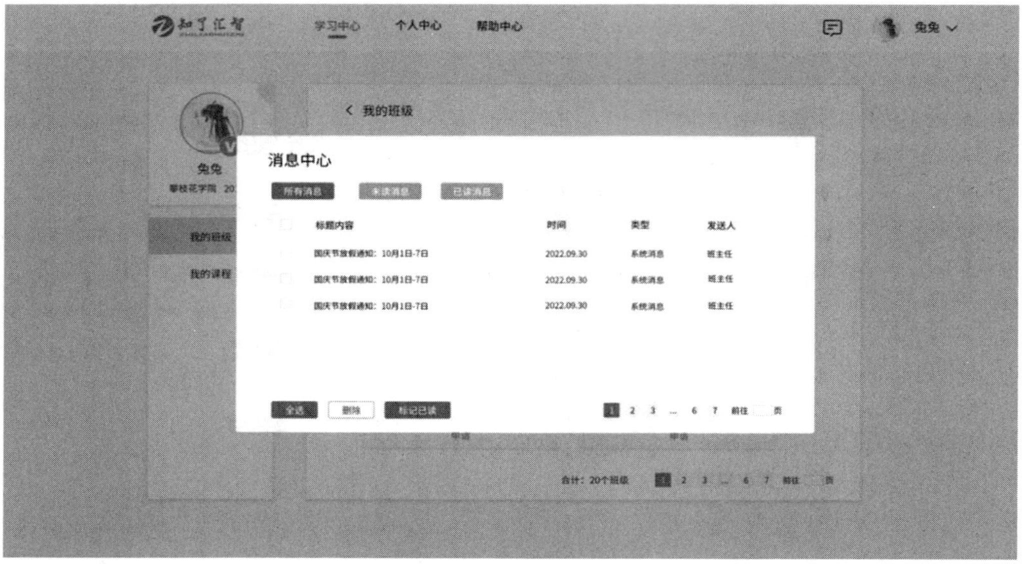

图2-12　消息中心界面

（9）个人信息设置界面

该界面用于学生设置和修改个人基本信息，主要包括个人头像、姓名、昵称、签名、学校、专业、年级、邮箱等信息。界面如图2-13所示。

图2-13　个人信息设置界面

（10）安全设置界面

该界面主要用于针对个人账号信息安全保护进行设置，主要包括账户密码修改、密保手机设置、密保问题设置、备用邮箱设置等。界面如图2-14所示。

图2-14　安全设置界面

（11）消息通知设置界面

该界面用于设置用户是否接收消息通知。消息分为消息通知、系统通知、待办通知。界面如图2-15所示。

图2-15　消息通知设置界面

以上只列出用户端的部分主要界面原型图，管理端的原型图参考绘制即可。

二、职业知识

1. 软件功能架构图

软件功能框架图是一种用来展示软件功能和组成部分之间关系的图表。它可以帮助开发者和用户更好地理解软件的结构和功能，并为软件的开发、设计和维护提供重要的参考。

在软件功能框架图中，各个功能模块通常以方框的形式表示，而它们之间的关系则由箭头和线条表示。箭头通常用于表示功能之间的依赖关系、数据流或信息流等，而线条则用于表示模块之间的交互方式，比如输入/输出等。

绘制软件功能框架图时，首先需要根据对软件的理解，画出主要的组成部分，并为每个部分添加相应的文字说明。然后，根据各部分之间的关系，使用箭头、连线等方式将它们连接起来，将每个模块区分开，清晰地表述各个模块的内容。在绘制过程中，要注意保持图形的简洁明了，避免过于复杂或混乱。

软件功能框架图是软件设计和开发过程中的重要工具，它有助于确保软件结构的清晰性和合理性，提高软件的可维护性和可扩展性。同时，它也为软件团队之间的沟通和协作提供了便利，有助于减少误解和冲突，提高开发效率。

注意：软件功能框架图的具体形式和内容可能因软件类型、规模和需求的不同而有所差异。因此，在实际应用中，需要根据具体情况进行灵活调整和完善。

功能流程图可以使用Visio或Processon等工具进行绘制。

2. 原型图绘制工具

（1）Axure

Axure可以快速地以线框图的方式绘制出原型图，适合需要快速地与客户沟通的情况下，迅速地绘制出原型图。其主界面如图2-16所示。

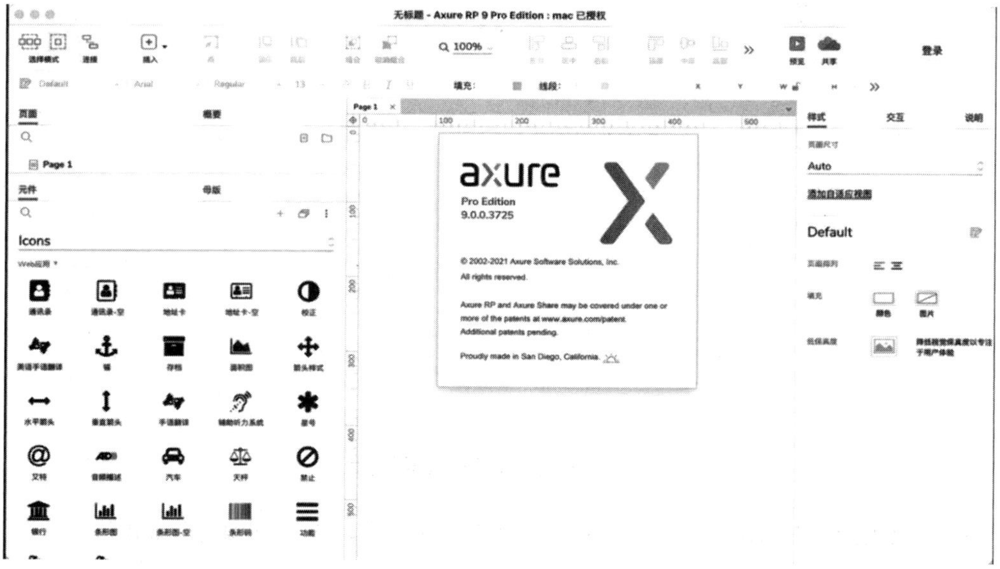

图2-16　Axure主界面

（2）墨刀

在线使用，无需单独安装。墨刀官网提供详细的说明和帮助文档，除基本线框图外，还可以制作高保真原型图。其界面如图2-17所示。

图2-17 墨刀主界面

以上两个软件用起来都比较方便，都是采用拖动组件的方式完成页面的绘制。

任务二 数据库设计及创建

一、职业行动

有了基本的软件功能模块和软件界面原型，数据库工程师结合任务一中对在线学习平台梳理的功能模块和项目原型图，抽取数据要素，并设计数据库。从界面抽取数据对象，分析设计数据库及数据表。

在企业开发中，大中型项目一般由数据库工程师根据需求设计数据库E-R图，再转化为最终的数据库建表语句；一般小型项目也可以直接通过数据库管理工具可视化创建表，再逆向输出数据库E-R图。本例仅演示部分表的设计。

说明：学习平台一共包含22张数据表。实例中选择学生、班级、课程实体，并分析它们之间的关系及E-R图的绘制方法，剩下的实体和表的创建需要课后参考教学资源附件完成整个数据库的设计。

1. 步骤1：概念结构设计

经过需求分析和原型设计后，便可以进行数据对象的概念设计，画出实体关系模型（E-R图），生成概念模型。数据库设计相当于对项目的内部逻辑进行分解设计，经过分析，将系统的数据库设计分为22个实体，其中包括管理员表、管理员权限表、班级

表、班级课程表、班级模板表、学生表、课程表、课程章节表等。

首先抽取实体对应的属性，再找出实体和实体之间的关系。

学生实体属性包括电话、密码、昵称、头像、学校、年级、专业、真实姓名。

班级实体属性包括班级名称、班级简介、班级方向、进班审核方式、年级。

课程实体属性包括课程名称、课程简介、课程封面、课程讲师、课程分类。

一位学生可以进入多个班级、一个班级对应多位学生，因此存在多对多的关系，需要使用中间表转化为一对多关系。

一个班级可以有多门课程，一门课程也可以属于多个班级，因此存在多对多的关系，需要使用中间表转化为一对多关系。

综上分析，学生实体、班级实体、课程实体之间的关系图（E-R图）如图2-18所示。

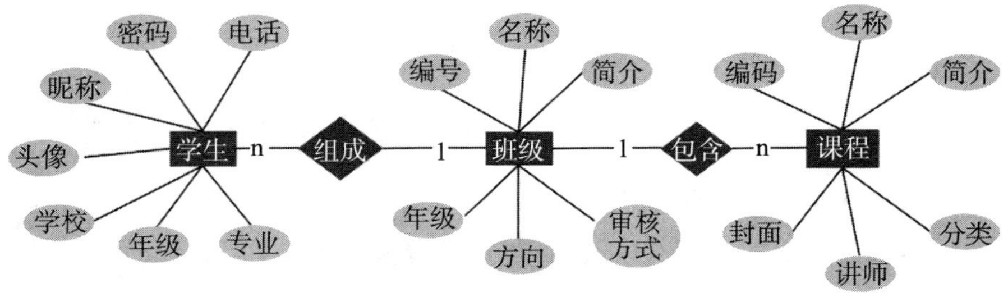

图2-18　E-R图

说明：该图可以使用visio、ProcessOn等工具绘制。

仿照上述思路，完成剩下实体及其属性的确定后，就可以通过Navicat工具提供的模型功能创建概念模型。Navicat创建的概念模型主要包括实体和关系两种。

从主菜单选择“文件”—“新建模型”。在“新建模型”窗口中，选择“模型类型”为“概念”。其新建E-R图如图2-19所示。

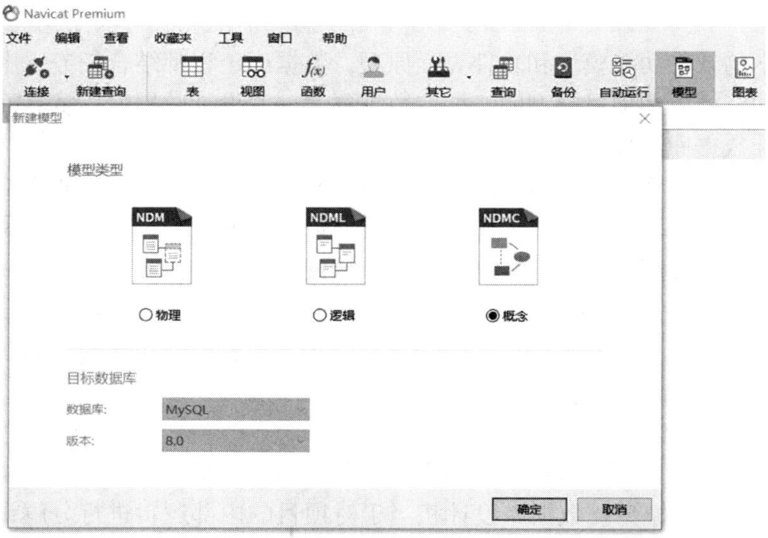

图2-19　新建E-R图

点击“确定”按钮进入模型设计界面。

（1）添加一个实体到概念模型

若要添加一个新的实体，点击工具栏的“实体”图标按钮，并点击画布中的任何位置，即可添加实体。添加实体后可以修改实体描述，同时可以右键查看相应的功能选项。添加学生实体效果如图2-20所示。

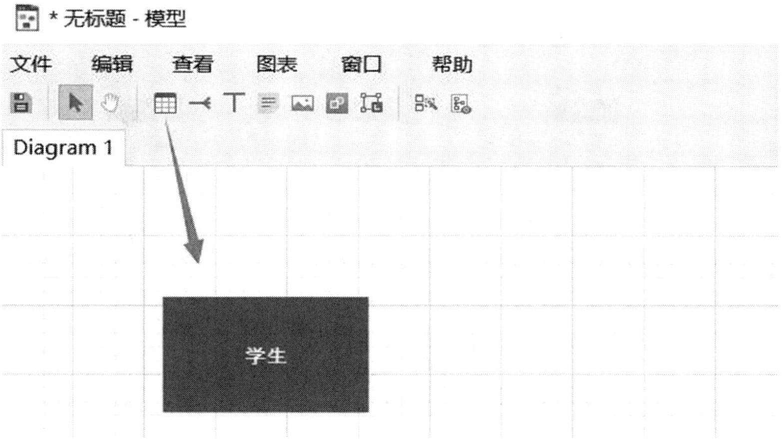

图2-20 新建实体

（2）添加一个关系到概念模型

若要添加一个关系，点击工具栏的“关系”图标按钮，并拖放子实体到父实体上。添加学生、课程、班级实体及其之间的关系，具体效果如图2-21所示。

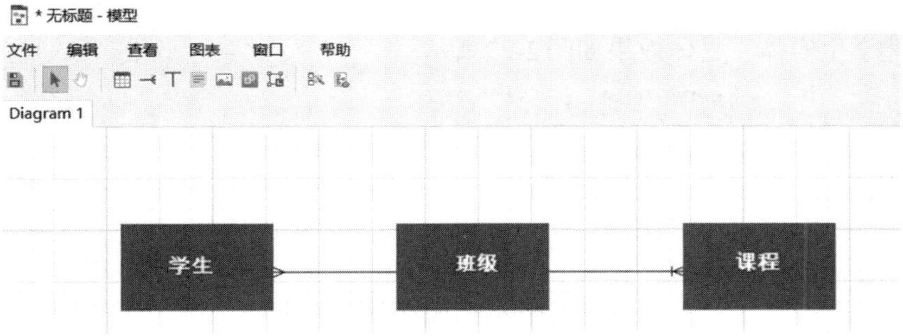

图2-21 新建关系

绘制完成后，按组合键Ctrl+S保存模型。

2. 步骤2：逻辑结构设计

创建好概念模型，就可以成功抽象出系统中相关数据实体和实体之间的关系。接下来创建逻辑结构模型，逻辑结构模型包括实体、属性和关系三个方面。

创建一个逻辑模型，从主菜单中选择“文件”—“新建模型”。在“新建模型”窗口中，选择“模型类型”为“逻辑”。其界面如图2-22所示。

图2-22　新建逻辑模型

（1）添加实体到逻辑模型

若要添加一个新的实体，点击工具栏的“实体”图标按钮，再点击画布中的任何位置即可新建学生实体。具体效果如图2-23所示。

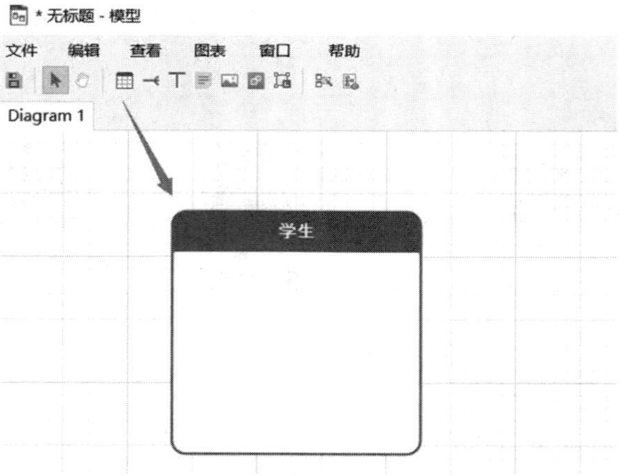

图2-23　逻辑模型添加实体

（2）实体设计器

实体设计器是一个用于设计实体的基本工具，可以用于创建、编辑和删除实体的属性、关系等。双击图2-23中的实体，弹出如图2-24所示实体设计器”窗口。

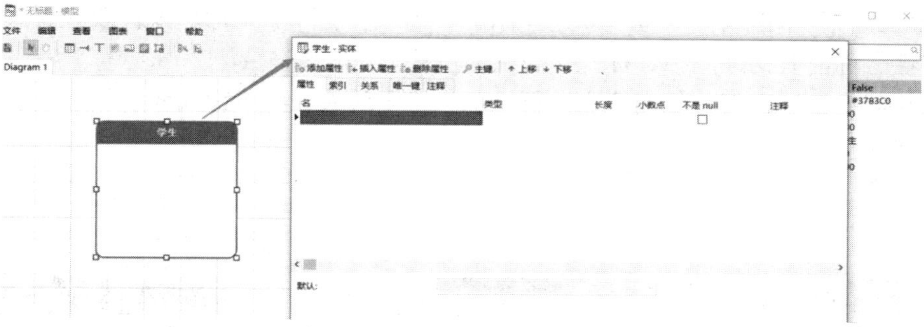

图2-24 实体设计器

通过表设计器，可以将之前绘制E-R图时得出的实体属性添加进来，并指定相应的数据类型。其界面如图2-25所示。

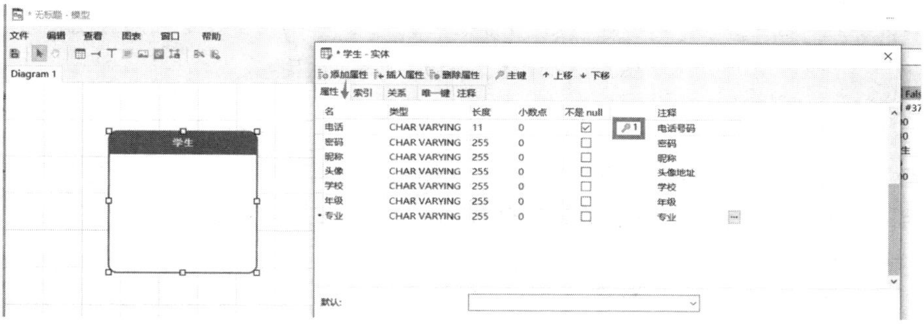

图2-25 E-R图添加属性

确认无误后点击“确认”按钮，即可将属性添加到实体上，显示效果如图2-26所示。

图2-26 含属性的实体

说明：右键单击属性，也可以选择添加、插入、删除、重命名属性及设置属性为主键。属性名称前有钥匙图标，标识该属性为主键。

用相同的方法，将其他实体也进行添加。显示效果如图2-27所示。

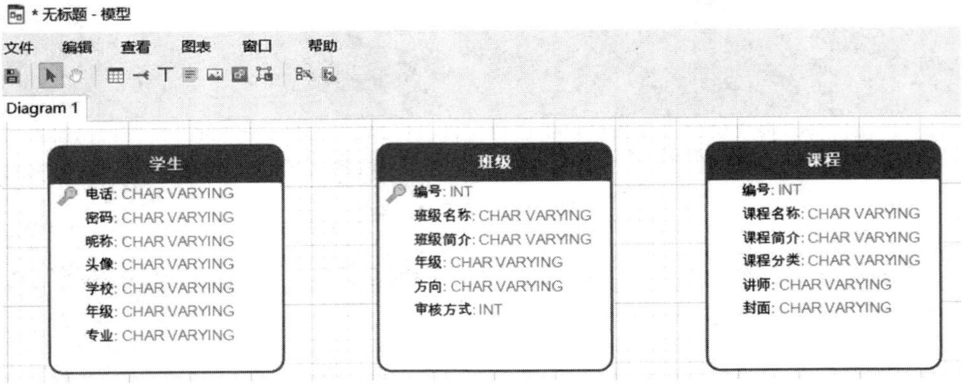

图2-27　学生、班级、课程E-R图

（3）添加关系到逻辑模型

实体之间需要添加关系，可以点击工具栏的“关系”图标按钮，并由子实体拖拉一个属性到父实体的属性上。添加关系后的实体关系如图2-28所示。

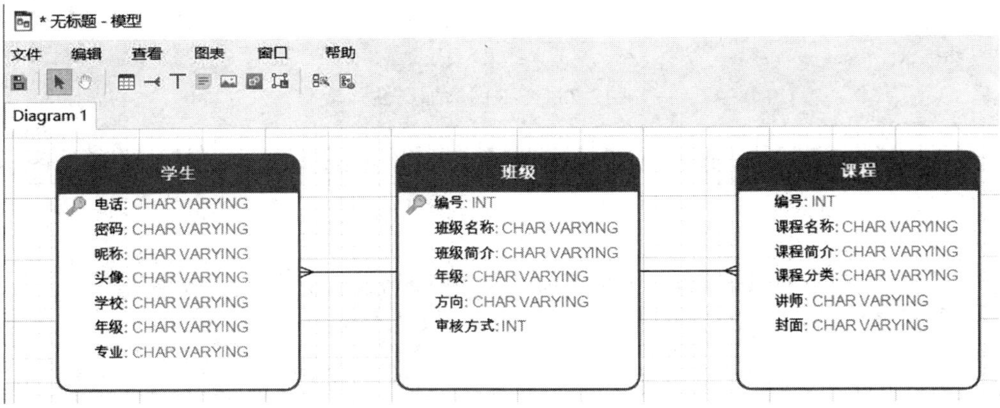

图2-28　学生、班级、课程逻辑模型

保存模型后，进入下一步物理模型设计。

3. 步骤3：物理结构设计

有了逻辑结构模型，接下来创建物理结构模型，包括数据库或模式的表、栏位、视图、外键约束和其他物理属性。

创建物理模型，从主菜单中选择“文件”—“新建模型”。在“新建模型”窗口中，选择“模型类型”为“物理”，以及选择目标“数据库”和“版本”，显示效果如图2-29所示。

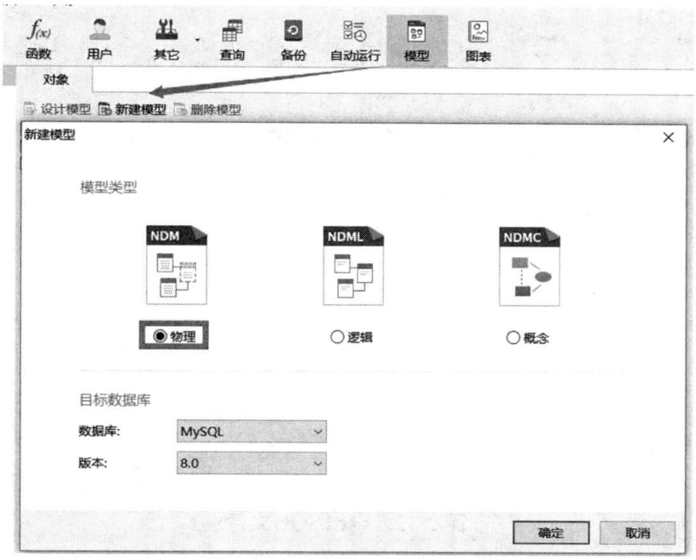

图2-29　新建物理模型

与逻辑模型设计基本一致，可以添加实体、属性、实体间的关系，最终得出课程、班级、学生的表关系，如图2-30所示。

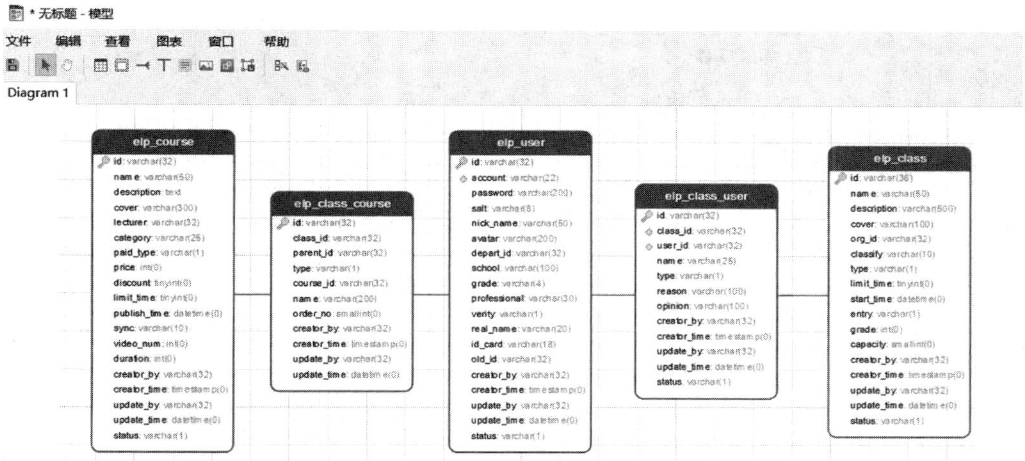

图2-30　表关系

由于学生、课程、班级之间存在多对多关系，因此通过中间表转化为一对多关系，以减少冗余数据存储。

说明：在实际项目开发中，不一定严格地按照数据库设计范式进行外键约束，需要根据实际业务需求做取舍。

物理结构设计好后，就可以将物理模型导出为SQL语句。

在Navicat中选择“文件”—“导出SQL…”，在弹出的框中输入保存文件名称，如图2-31所示。

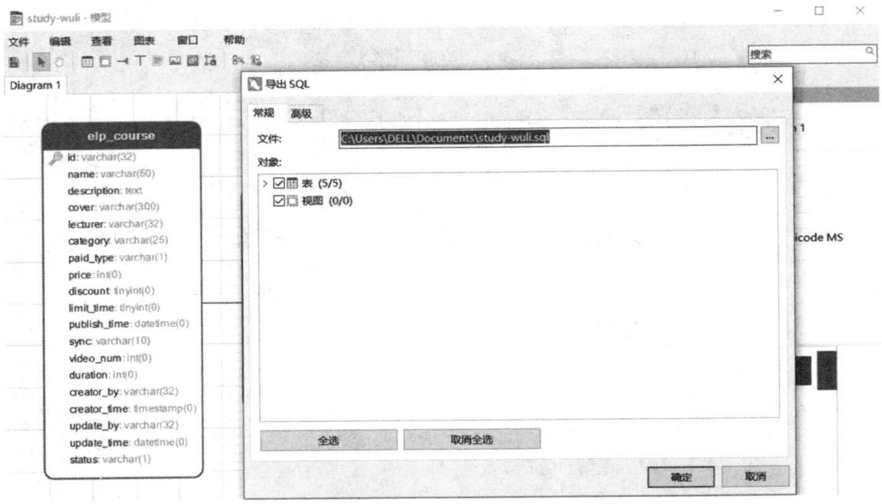

图2-31　导出SQL文件

输入SQL存储路径和文件名后，点击“确认”按钮保存数据库SQL文件。

打开Navicat，创建数据库并执行刚才生成的SQL文件即可完成相关数据表的创建。在Navicat中创建MySQL连接，右键点击连接选择“新建数据库”，弹出如图2-32所示新建数据库对话框。

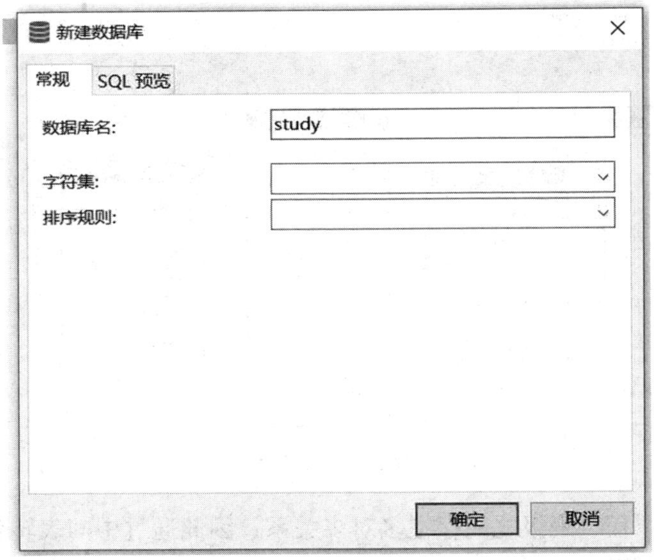

图2-32　新建数据库

输入数据库名称和字符集，点击“确认”按钮创建数据库。

创建数据库后，右键点击该数据库，选择“运行SQL文件”，选择上一步导出的SQL文件，完成数据表的创建。如图2-33所示。

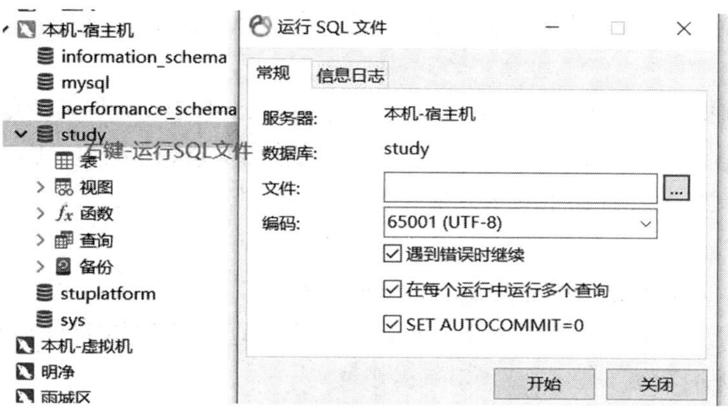

图2-33　运行SQL文件

执行成功后，可以看到数据表已成功创建。其显示效果如图2-34所示。

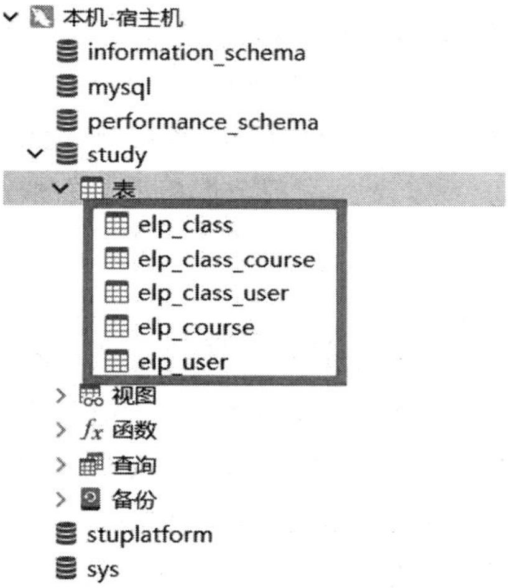

图2-34　通过SQL创建表

至此，从需求分析、实体E-R图绘制、概念模型设计、逻辑模型设计、物理模型设计到真正数据库、数据表的创建就完成了。

请同学们根据业务需求完成其他表的设计和创建工作。

二、职业知识

1. 数据库E-R图

E-R图即实体—关系图，是一种用于表示系统中各个实体之间关系的图表。在E-R图中，各个实体以图形化的方式呈现，而实体之间的关系则通过线段和箭头来表示。通过E-R图，可以清晰地看到系统中的各个实体以及它们之间的联系，有助于理解和分析系统的结构。

在绘制E-R图时，通常需要首先确定系统中的实体；然后分析实体之间的关系，包括一对一、一对多和多对多等关系；最后，将这些关系用图形化的方式表示出来，形成完整的E-R图。

E-R图在数据库设计中有着非常重要的应用。通过E-R图，可以清晰地表示出数据库中表之间的关系，有助于设计出更加合理、高效的数据库结构。同时，E-R图也是数据库建模的重要工具之一，有助于减少数据冗余、保证数据一致性，提高数据库的性能和可靠性。

总的来说，E-R图是一种非常重要的分析和设计工具，在系统设计、数据库设计等领域都有着广泛的应用。通过E-R图，可以更加清晰地理解系统的结构和关系，有助于设计出更加优秀的系统。

2. E-R图绘制工具

（1）Power Designer

Power Designer是美国Sybase公司CASE工具集中的专业数据库设计工具，功能强大。它支持从概念数据模型（Conceptual Data Model，CDM）和物理数据模型（Physical Data Model，PDM）两个层次对数据库进行设计。

概念数据模型描述的是独立于数据库管理系统（DataBase Management System，DBMS）的实体定义和实体关系定义；物理数据模型是在概念数据模型的基础上针对目标数据库管理系统的具体化。

（2）Navicat

Navicat是一套可创建多个连接的数据库管理工具，能够便捷地管理MySQL、Redis、Oracle、PostgreSQL、SQLite、SQL Server、MariaDB和MongoDB等多维数据库，兼容GaussDB、OceanBase以及阿里云、腾讯云、华为云、Amazon RDS、Amazon Aurora、Amazon Redshift、Microsoft Azure、Oracle Cloud和MongoDB Atlas等云数据库兼容。它既可以创建、管理和维护数据库，又具备以下特点：

功能全面，满足专业开发人员的所有需求，同时对初学者来说简单易用。

- Navicat的图形用户界面（graphical user interface，GUI）设计良好，可以让用户以安全且简单的方法创建、组织、访问和共享信息。
- Navicat可绘制数据库模型（包含概念模型、逻辑模型、物理模型），并通过模型生成对应的数据库管理语句。
- Navicat支持逆向操作，可以从已有的数据库中导出模型。

执行“逆向数据库到模型…”（右键数据库，选择“逆向数据库到模型”），模型界面将自动生成所有表的模型。完成的数据模型如图2-35所示。

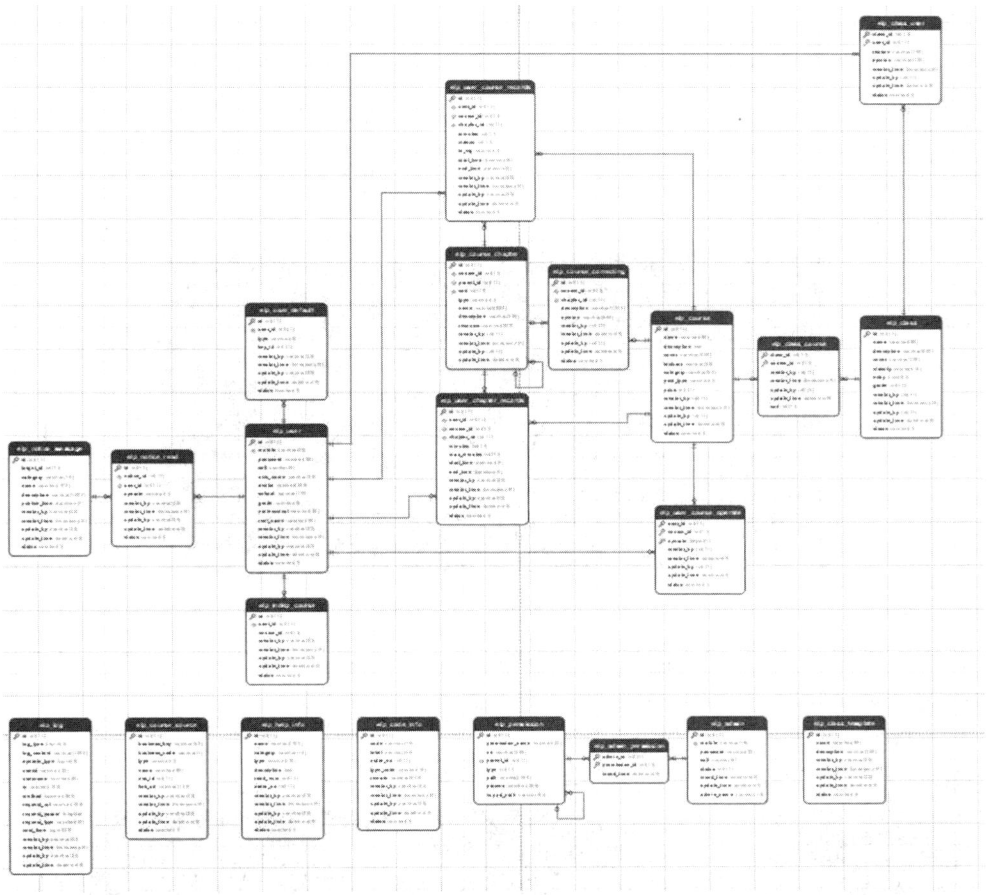

图2-35　完整E-R图

任务三　Vue项目创建及框架搭建

一、职业行动

前面绘制的页面原型确认后，前端工程师便需要使用前端技术转化为前端代码，由于学习平台用户端和管理端的前端部分都是使用Vue创建的，因此，本任务讲解如何使用Vue-CLI脚手架创建Vue项目，并为后续项目具体界面的开发搭建好项目框架。

根据前面的分析，本项目开发前端部分分为用户端和管理端，所以会独立创建两个项目，本项目实验创建的是用户端项目。

1. 步骤1：创建Vue项目

(1) 创建项目目录

在硬盘上任意位置选择一个目录，目录路径不推荐使用中文字符（笔者使用的路径为E:\workspace-jc）。使用CMD将工作目录切换到当前目录上。

（2）创建Vue项目

使用以下命令创建Vue-CLI项目。

```
vue create stuplatform_web
```

该命令执行完成后，进入交互式界面，后续便根据提示进行操作即可。

当在计算机上第一次创建Vue-CLI项目时，这里选择“Manually select features”。界面如图2-36所示。

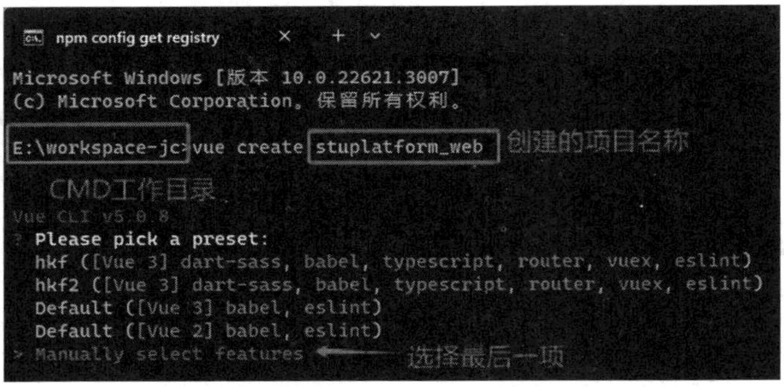

图2-36　创建Vue项目

备注：使用键盘的“上箭头”或“下箭头”进行选择，使用回车键确定选择项。使用空格键可实现勾选，使用回车键进入下一步。

（3）选择安装插件和Vue版本

选择需要安装的插件和功能，保持默认即可。如图2-37所示。

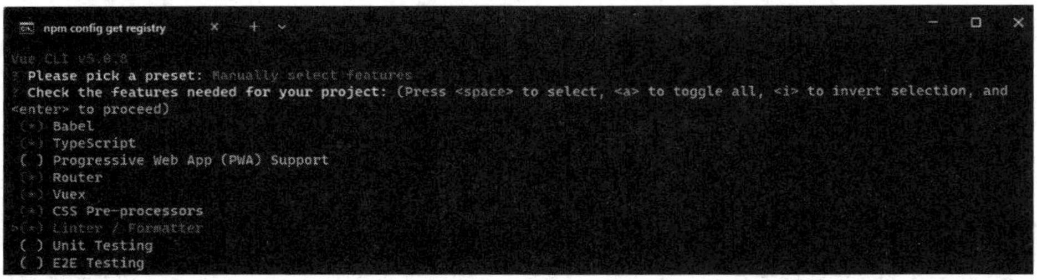

图2-37　选择需要安装的插件

输入回车键进入Vue版本选择，选择Vue 3.x。如图2-38所示。

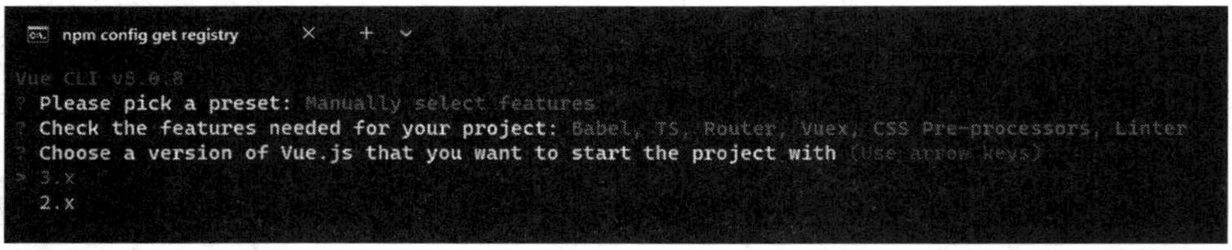

图2-38　选择Vue版本

（4）按需选择语法检查等插件

选择是否使用class-style组件语法，输入y。如图2-39所示。

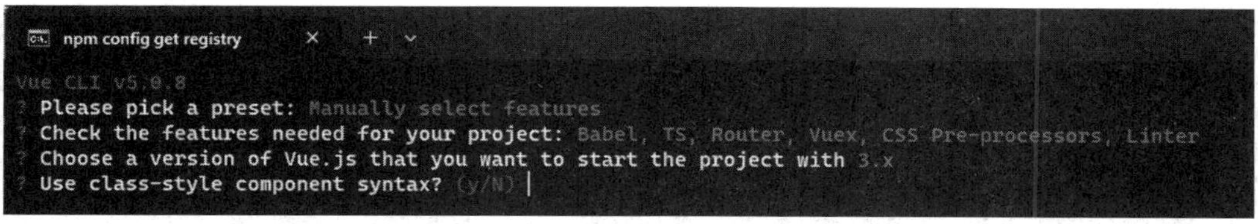

图2-39 选择是否使用class-style组件

选择是否将babel转码器沿用到typescript中，输入y。如图2-40所示。

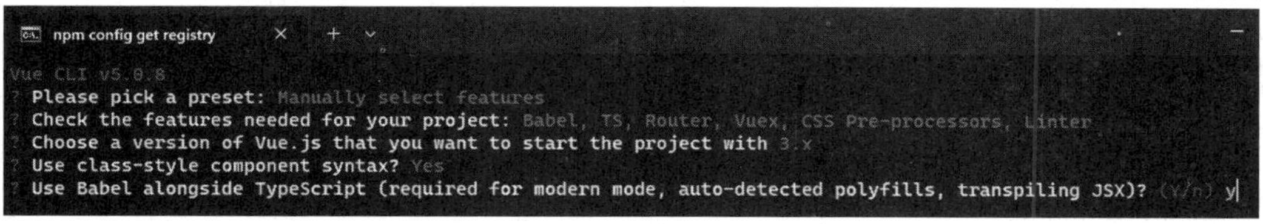

图2-40 选择是否将babel转码器沿用到typescript中

选择路由是否使用历史模式，输入y。备注：老版本的浏览器不支持路由的历史模式。如图2-41所示。

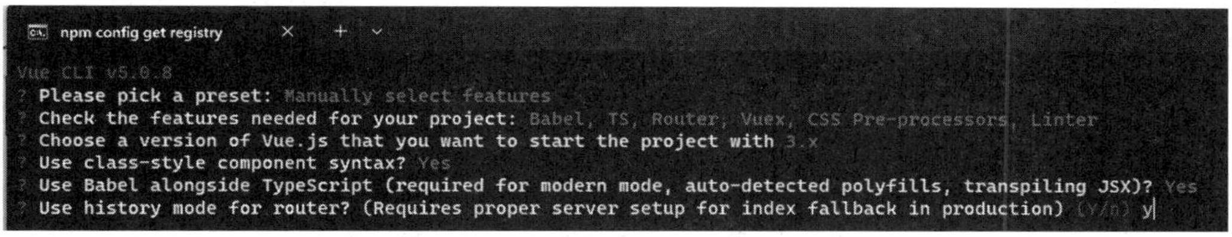

图2-41 选择路由是否使用历史模式

选择CSS预处理语言，选择Sass/SCSS。如图2-42所示。

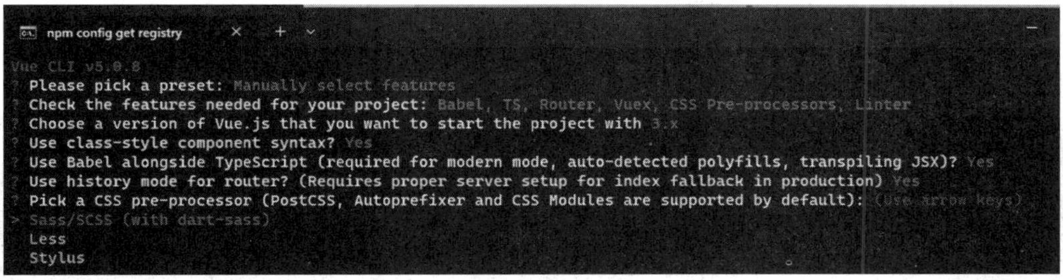

图2-42 选择CSS预处理语言

（5）选择linter校验的标准

学习时推荐选择ESLint with error prevention only（仅报错提醒）或者ESLint+Standard config（默认配置）。在开发具体项目时，建议选择最后一项ESLint + Prettier（严格模式）。如图2-43所示。

```
npm config get registry
Vue CLI v5.0.8
? Please pick a preset: Manually select features
? Check the features needed for your project: Babel, TS, Router, Vuex, CSS Pre-processors, Linter
? Choose a version of Vue.js that you want to start the project with 3.x
? Use class-style component syntax? Yes
? Use Babel alongside TypeScript (required for modern mode, auto-detected polyfills, transpiling JSX)? Yes
? Use history mode for router? (Requires proper server setup for index fallback in production) Yes
? Pick a CSS pre-processor (PostCSS, Autoprefixer and CSS Modules are supported by default): Sass/SCSS (with dart-sass)
? Pick a linter / formatter config:
  ESLint with error prevention only
  ESLint + Airbnb config
  ESLint + Standard config
> ESLint + Prettier
```

图2-43　选择linter校验的标准

备注：ESLint的校验可以培养良好的编码习惯，在严格模式下不合规的语法将导致项目无法成功运行，初学时推荐选择ESLint with error prevention only（仅报错提醒）或者ESLint+Standard config（默认配置）。这里如果选择了ESLint + Prettier配置项，项目创建完成后，在package.json配置文件中，将“plugin：prettier/recommended”这一项删除。如图2-44所示。

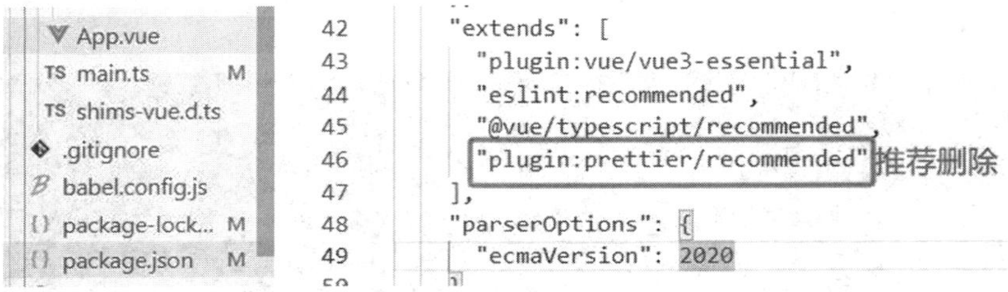

图2-44　使用ESLint+Prettier配置项进行校验

（6）其他配置

其他配置根据提示，大部分情况下保持默认即可。

选择Lint的额外属性：可以随意选择，一般使用默认方式，直接选择第一项Lint on save。如图2-45所示。

```
Vue CLI v5.0.8
? Please pick a preset: Manually select features
? Check the features needed for your project: Babel, TS, Router, Vuex, CSS Pre-processors, Linter
? Choose a version of Vue.js that you want to start the project with 3.x
? Use class-style component syntax? Yes
? Use Babel alongside TypeScript (required for modern mode, auto-detected polyfills, transpiling JSX)? Yes
? Use history mode for router? (Requires proper server setup for index fallback in production) Yes
? Pick a CSS pre-processor (PostCSS, Autoprefixer and CSS Modules are supported by default): Sass/SCSS (with dart-sass
? Pick a linter / formatter config: Prettier
? Pick additional lint features: (Press <space> to select, <a> to toggle all, <i> to invert selection, and <enter> to
proceed)
>(*) Lint on save
 ( ) Lint and fix on commit
```

图2-45　选择Lint的额外属性

选择在哪里进行babel和ESLint的配置：一般选择第二项In package.json。如图4-46所示。

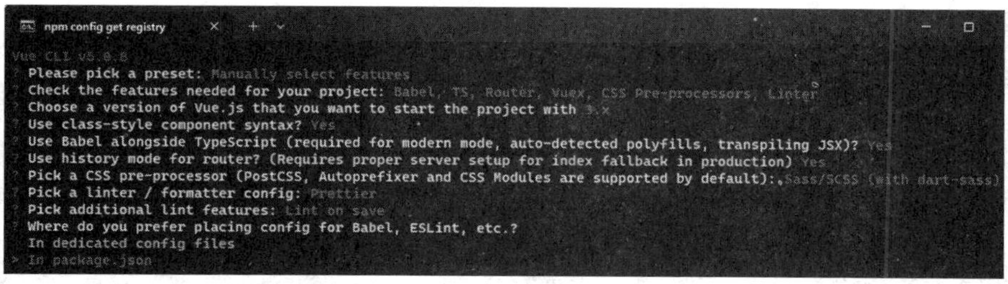

图2-46　选择在哪里进行babel和ESLint的配置

选择是否保存这次的资产配置为预设项：选择y。此处可以自主选择是否保存，保存后可以将此次的配置保存为预设项，下次创建项目时可以直接使用本次的属性配置。如图2-47所示。

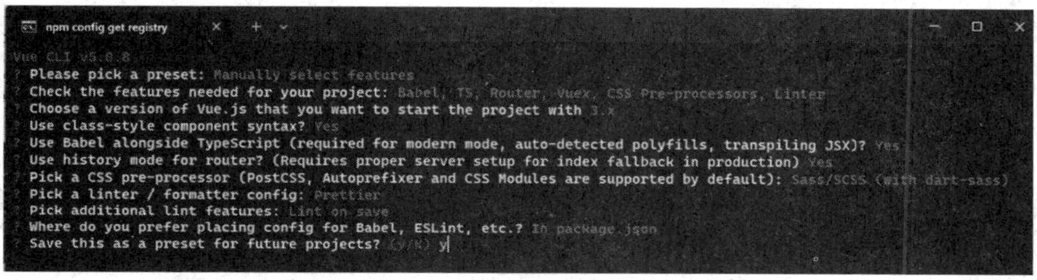

图2-47　选择是否保存这次的资产配置为预设项

设置预设项的名称。上一项选择了y之后会出现此选项。如图2-48所示。

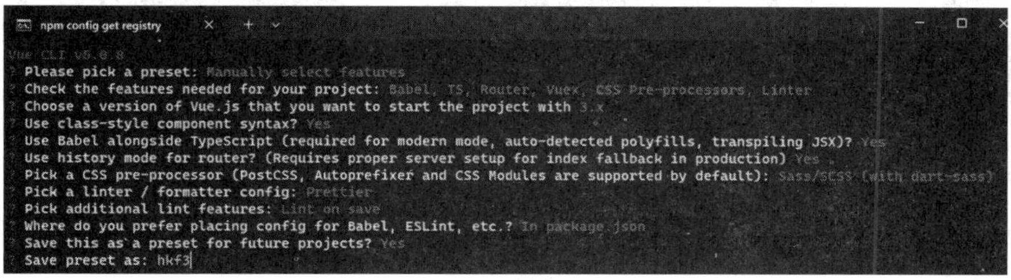

图2-48　设置预设项的名称

等待项目创建完成。如图2-49所示。

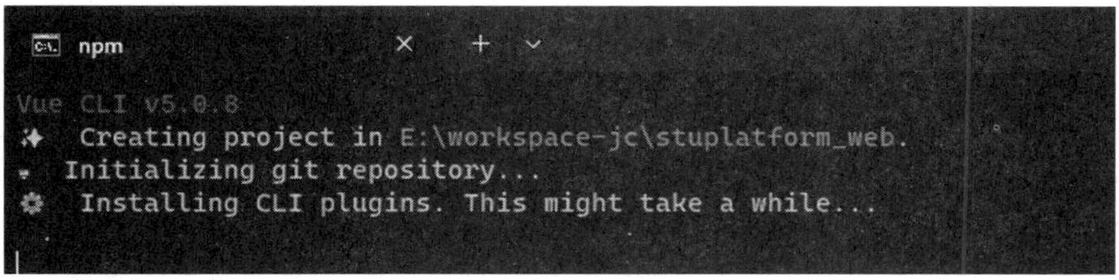

图4-49　等待项目创建完成

控制台提示“Successfully create project 项目名称”时，表示项目创建成功。界面效果如图2-50所示。

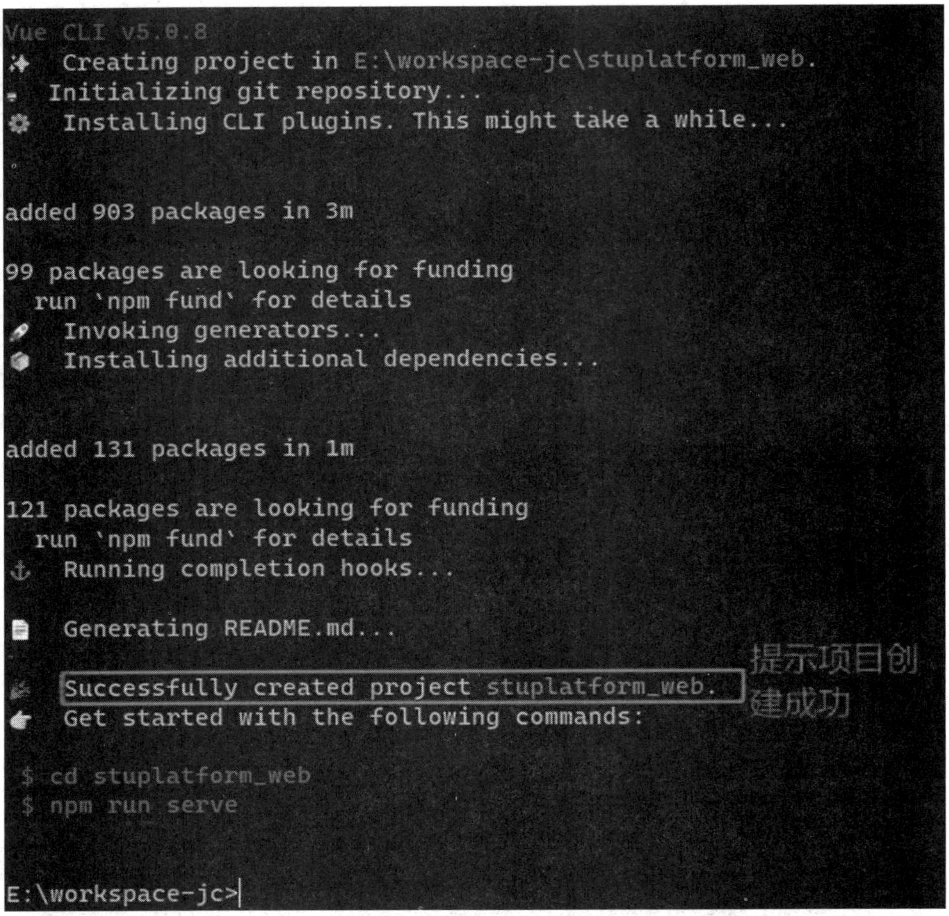

图2-50　Vue项目创建成功

2. 步骤2：运行Vue项目

项目创建成功后，可以通过npm命令在VSCode终端中运行项目，运行成功后即可通过浏览器进行访问。

（1）运行项目

在VSCode中打开终端，确保当前终端命令路径为项目根目录，如果不是需要通过cd命令进入到项目根目录。例如：

```
cd stuplatform_web
```

执行以下命令：

```
npm run serve
```

系统提示“Compiled successfully in ××××ms ”并且提供了访问地址之后，表示项目启动成功。界面如图2-51所示。

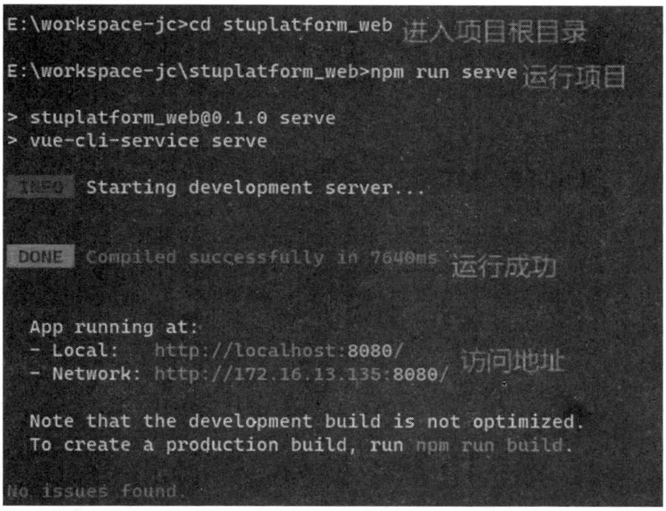

图2-51　运行Vue项目

（2）访问项目

用Ctrl+鼠标左键点击上图中的访问地址，系统会自动打开浏览器（或将地址复制到浏览器的地址栏中访问），便可以看到如图2-52所示项目的运行效果。

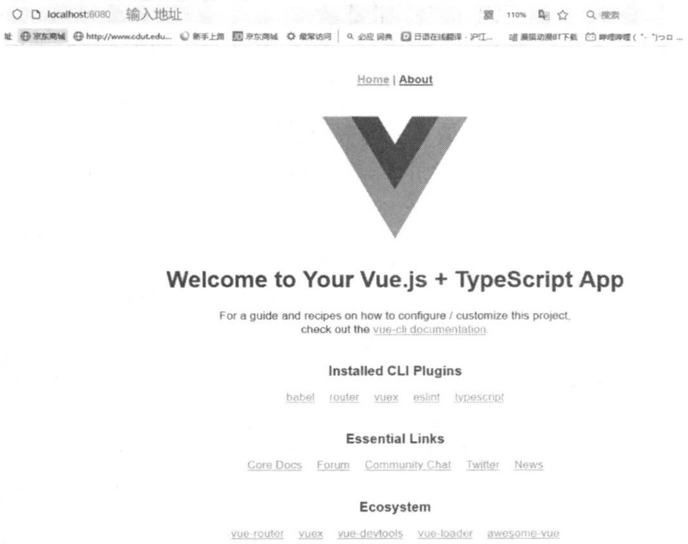

图2-52　Vue项目已运行结果

能打开以上默认的界面，说明Vue项目创建成功。

3. 步骤3：分析项目目录结构

将上一步创建的项目目录stuplatform_web直接拖动到VSCode工具上，即可打开项目。打开项目后，在资源管理器中，可以看到如图2-53所示目录结构。

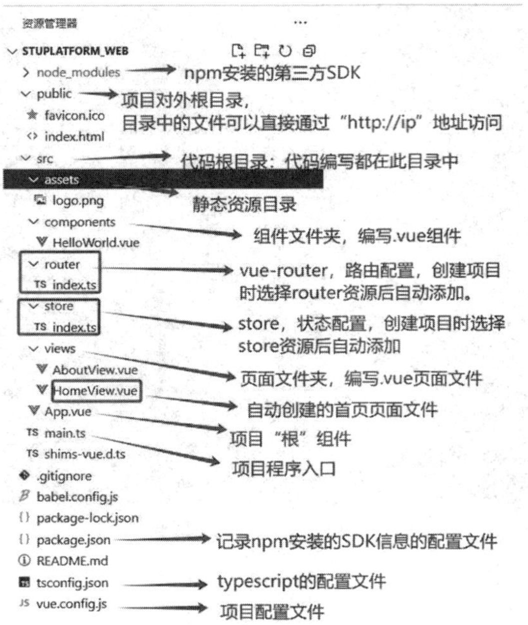

图2-53　Vue项目目录结构

生成的目录结构中比较重要的文件和目录：

——node_modules：npm安装的第三方SDK的代码会被下载到这里。

——public：项目根目录，内部的文件可以直接被浏览器访问到。

　└—index.html：项目的首页，初学者暂不推荐修改该文件内容。

——src：代码根目录，该目录内的所有文件，都会通过webpack进行打包处理。

　├—assets：项目中使用的静态资源目录。

　├—components：编写代码常使用到的文件夹，内部编写.vue的组件文件。

　├—router：路由组件的配置，创建项目时选择了router资产时自动创建。

　├—store：状态管理的配置，创建项目时选择了vuex资产时自动创建。

　├—views：编写代码常用到的文件夹，内部编写.vue的页面组件文件。

　├—HomeView.vue：项目创建好后自动生成的首页页面。

　├—App.vue：项目的根目录组件，开发过程中会修改该文件。

　└—main.ts：项目的程序入口，开发过程中会修改该文件。

——package.json：记录npm安装的SDK信息的配置文件。在项目根目录使用“npm i”命令后，会自动根据该配置文件的内容，将SDK下载到node_modules文件夹中。

——tsconfig.json：typescript的配置文件。

——vue.config.js：项目的配置文件。

4. 步骤4：安装axios网络工具

后续在完成具体的功能时需要通过网络请求后端数据，axios是Vue框架推荐使用的网络请求工具。它可以用于处理get、post等网络请求，因此需要先安装Axios，为后续开发做准备。

（1）在终端里进入项目根目录

使用“命令提示符程序（CMD）”进入项目的根目录。VSCode集成了“命令提示符程序”，其打开方式是：选择项目中的任意文件夹，右键单击，在集成终端打开。其界面如图2-54所示。

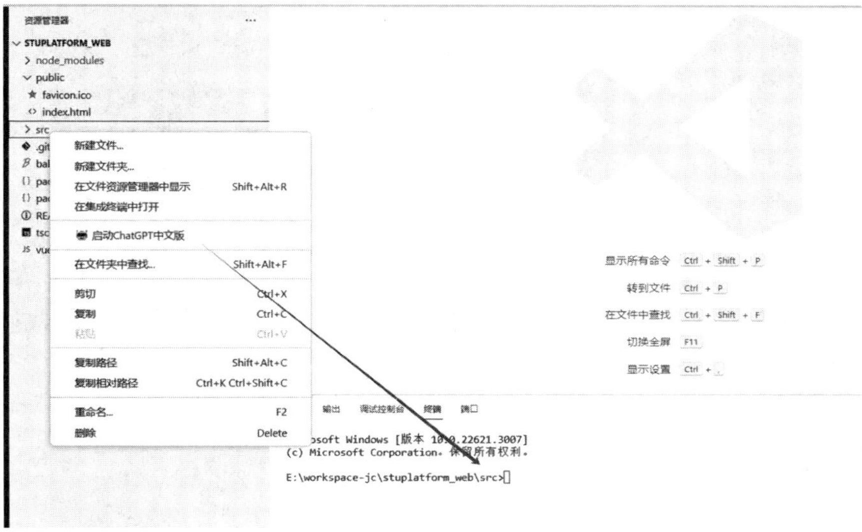

图2-54　VSCode运行文件

注意：打开的目录不是项目根目录，所以需要使用“cd ..”切换到项目根目录。

（2）安装Axios

执行以下命令，安装Axios，界面如图2-55所示。

```
npm i axios
```

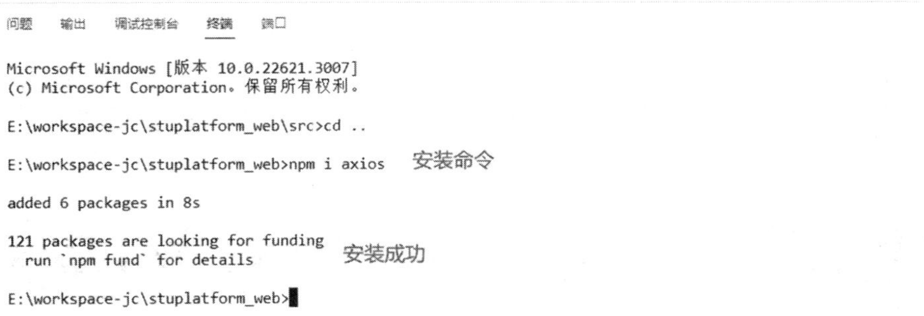

图2-55　安装Axios

备注：npm i是npm install的缩写，axios表示安装的第三方包的名称。

安装完成后打开package.json文件，可以看到axios的安装信息被写入文件中，界面如图2-56所示。

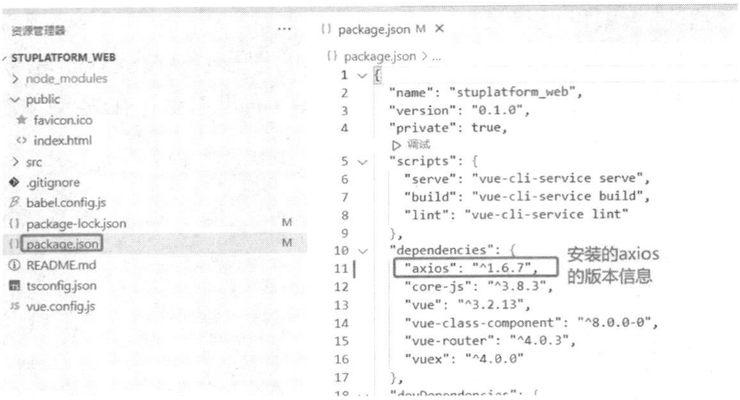

图2-56　查看Axios版本号

安装axios本质上是从远程服务器将文件下载到本地项目中。因此，可以在node_modules文件夹中，找到axios的相关文件。

至此，创建Vue-CLI项目并进行编码前的准备任务全部完成。

二、职业知识

1. 前后端分离架构

前后端分离开发模式是一种软件架构模式，它将应用程序的前端和后端进行分离开发和部署。在这种模式下，前端负责展示界面和用户交互，后端负责处理业务逻辑和数据存储。这种分离使得前端和后端可以独立进行开发、测试和部署，提高了开发效率和灵活性。

在项目开发中，根据技术选型情况，将项目拆分成独立的子项目。比如：Web用户端项目——用于提供给用户在Web页面上操作的界面；Web管理端项目——用于提供给管理员在Web页面上操作的管理平台；移动端项目——用于提供给用户在手机上操作的界面。

2. axios工具

axios是一个AJAX的框架，使用promise的编程风格处理AJAX的返回结果。本任务通过安装axios来学习如何在项目中安装第三方包。本项目采用的Vue开发版本为vue3.x。

任务四　SpringBoot项目创建及框架搭建

一、职业行动

本项目任务三创建了用户端的前端项目，在前后端分离的开发架构下，要实现诸如登录、注册等具体的业务流程，需要与后端接口进行交互。本任务基于Java创建后端接口项目，并完成基于SpringBoot的项目框架搭建。

本任务中SpringBoot版本选择的是3.0.2，需要使用JDK17版本，同时选择3.0.2版本是因为后续SpringCloud目前支持的Spring-Boot3.x版本是3.0.2。

1. 步骤1：创建Java Maven项目

请按照项目一中任务一的操作步骤，创建Java Maven项目。

2. 步骤2：配置SpringBoot依赖

在Maven项目中，通过在pom.xml文件中配置依赖项，完成SpringBoot项目的配置。打开pom.xml，引入相关依赖文件。

（1）引入SpringBoot web项目依赖

在dependencies节点下添加SpringBoot测试和Web项目的依赖文件。

```
<dependencies>
    <!-- spring-boot测试 -->
    <dependency>
        <groupId>org.springframework.boot</groupId>
        <artifactId>spring-boot-starter-test</artifactId>
    </dependency>

    <!-- spring-boot web -->
    <dependency>
        <groupId>org.springframework.boot</groupId>
        <artifactId>spring-boot-starter-web</artifactId>
    </dependency>
</dependencies>
```

（2）引入SpringBoot打包依赖

```
<plugins>
    <!-- 打包的时候跳过测试junit begin -->
    <plugin>
        <groupId>org.apache.maven.plugins</groupId>
        <artifactId>maven-surefire-plugin</artifactId>
        <configuration>
            <skip>true</skip>
        </configuration>
    </plugin>
    <!-- spring-boot项目打包时需要 -->
    <plugin>
        <groupId>org.springframework.boot</groupId>
        <artifactId>spring-boot-maven-plugin</artifactId>
    </plugin>
    <!-- 指定打包的JDK版本 -->
    <plugin>
        <groupId>org.apache.maven.plugins</groupId>
        <artifactId>maven-compiler-plugin</artifactId>
        <configuration>
            <source>17</source>
```

```
            <target>17</target>
        </configuration>
    </plugin>
</plugins>
```

（3）指定资源打包方式

```
<!-- 除.class文件外，还需要打包的资源 -->
<resources>
    <resource>
        <directory>src/main/java</directory>
        <includes>
            <include>**/*.xml</include>
        </includes>
    </resource>
    <resource>
        <directory>src/main/resources</directory>
        <includes>
            <include>**/*</include>
        </includes>
    </resource>
</resources>
```

修改完成后，点击刷新按钮以刷新配置，maven会将依赖包下载到本地。

3. 步骤3：配置项目运行端口号

（1）配置运行端口号

在main/java/resources文件夹中，创建application.yml文件，并配置以下内容。

```
server:
  # 端口号（8080被前端项目占用）
  port: 8084
spring:
  application:
    name: stuplatform_api
```

注意：.yml文件是一种配置文件，上下级之间使用两个空格键缩进，键与值之间使用“:”（注意：冒号后有一个空格）分割，也可以将值写到第二行去。

（2）修改程序启动类

Main方法为程序的启动类，是整个程序的入口。

```
package org.hydrakyoufeng;
import org.springframework.boot.SpringApplication;
import org.springframework.boot.autoconfigure.SpringBootApplication;
import org.springframework.boot.web.servlet.support.SpringBootServletInitializer;
/**
 * 启动类
```

```
 * SpringBootApplication 注解：配置 Spring 的扫描包，默认扫描当前包及后代包
 */
@SpringBootApplication
public class Main extends SpringBootServletInitializer {
    public static void main( String[] args ) {
        SpringApplication.run(Main.class,args);
    }
}
```

4. 步骤4：添加接口测试方法

在 org.hydrakyoufeng 中创建子包 hello，并在包中创建 HelloController.java 文件用于后续接口测试。创建后的目录结构如图 2-57 所示。

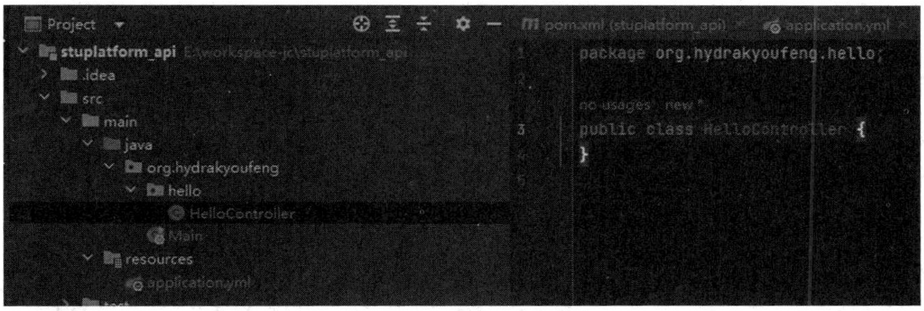

图 2-57　项目的目录结构

修改 HelloController 文件，添加 hello 测试方法，在方法中创建一个 HashMap 对象并设置属性值，code 表示编码，msg 表示成功或失败提示信息，data 返回具体数据。文件内容如下。

```
package org.hydrakyoufeng.hello;
import org.springframework.stereotype.Controller;
import org.springframework.web.bind.annotation.RequestMapping;
import org.springframework.web.bind.annotation.ResponseBody;
import java.util.HashMap;

/**
 * 测试控制器
 * RequestMapping：配置请求映射的路径
 * Controller：表示该类是控制器，Spring 框架自动扫描后会创建该类的实例放入 IOC 容器中
 */
@RequestMapping("hello")
@Controller
public class HelloController {
    /**
     * 测试接口
     * RequestMapping：配置请求映射的子路径
```

```
  * ResponseBody：表示该方法的返回值直接以JSON字符串的方式返回到客户端
  * @return
  */
 @RequestMapping("hello")
 @ResponseBody
 public Object hello() {
   var map = new HashMap<String,Object>();
   map.put("code",1);
   map.put("msg","OK");
   map.put("data","hello world!");
   return map;
 }
}
```

5. 步骤5：运行项目并进行接口测试

（1）运行项目

选中Main文件，然后点击运行按钮，其界面如图2-58所示。

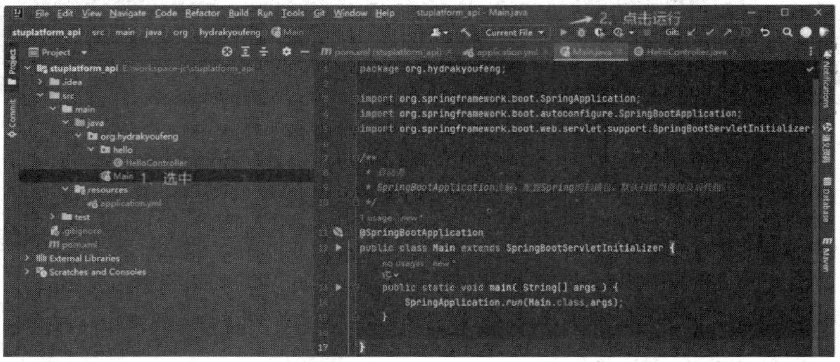

图2-58　运行接口项目

控制台提示：“Started Main in ××× seconds”表示项目运行成功。其界面如图2-59所示。

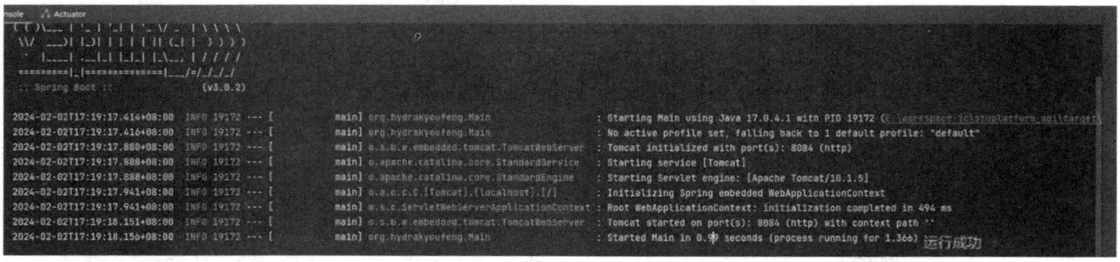

图2-59　接口项目运行成功

（2）在浏览器中访问测试接口

从控制台的提示可以看到，项目在8084端口成功启动了HTTP服务。打开浏览器，访问以下地址：http://127.0.0.1:8084/hello/hello。其运行结果如图2-60所示。

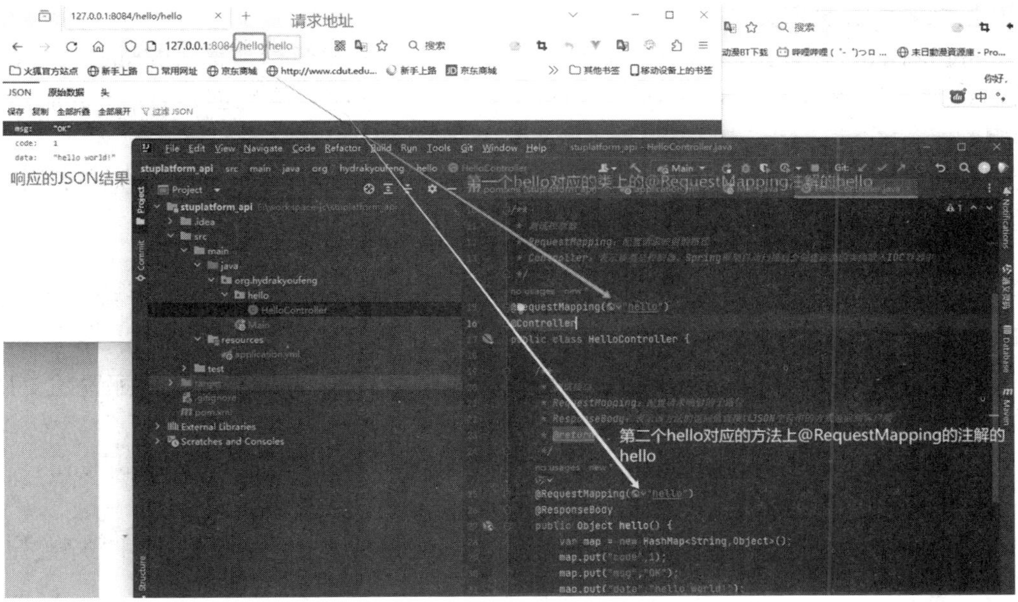

图2-60 项目运行结果展示

可以看到，以浏览器作为HTTP的客户端，访问本机服务端的接口，成功获取到接口返回的结果。

至此，搭建 SpringBoot项目的任务全部完成。

二、职业知识

在学习 SpringBoot时，需要对Spring框架有一定的了解。SpringBoot 简化了基于Spring的应用开发，只需要“run”就能创建一个独立的、生产级别的Spring应用。SpringBoot为Spring平台及第三方库提供开箱即用的设置（提供默认设置，存放默认配置的包就是启动器），这样我们就可以简单地开始。多数SpringBoot应用只需要很少的Spring配置。

1. Spring框架

Spring是一个开源框架，于2003年兴起，是一个轻量级的Java开发框架。为了解决企业级应用开发的复杂性，使用Spring可以让简单的JavaBean实现只有EJB（Enterprise Java Beans）才能完成的事情。Spring不仅局限于服务器端开发，任何Java应用都能在简单性、可测试性和松耦合性等方面从Spring中获益。

为了降低Java开发的复杂性，Spring采用了以下4种关键策略。

（1）基于POJO的轻量级和最小侵入性编程。

（2）通过依赖注入（DI）和面向接口来实现松耦合。

（3）基于切面（AOP）和惯例进行声明式编程。

（4）通过切面和模板减少样式代码。

2. SpringBoot框架

SpringBoot是由Pivotal团队开发的开源项目，它的主要目标是简化SpringMVC应用的初始化和开发过程。使用SpringBoot框架，能够更加简单地创建HTTP的服务端项目。

SpringBoot是所有基于Spring开发的项目的起点。其设计是为了让用户尽可能快地运行Spring应用程序并且尽可能减少用户的配置文件。

3. SpringBoot主要特性

（1）SpringBoot Starter：它将常用的依赖分组进行了整合，将其合并到一个依赖中，这样就可以一次性添加到项目的Maven或Gradle构建中。

（2）自动配置：SpringBoot的自动配置特性利用了Spring 4对条件化配置的支持，合理地推测应用所需的bean并自动化配置他们。

（3）命令行接口（command line interface,CLI）：SpringBoot的CLI发挥了Groovy编程语言的优势，并结合自动配置进一步简化了Spring应用的开发。

（4）Actuator：它为SpringBoot应用的所有特性提供了一个小型的应用程序监控和管理功能。

在使用SpringBoot时，应快速了解每项特性，更好地体验它们如何简化Spring编程模型。

学习考评

一、考评项目

根据本项目所学内容，完成在线学习平台的需求分析及设计，包括模块结构图的绘制、功能流程图的绘制、原型图的绘制、MySQL数据库和用户创建、完成建表语句、Vue项目的创建、SpringBoot项目的创建。

二、实施准备

1. 学生准备工作与要求

学生按照教学进度计划，在完成以下所有任务后，可进行相应学习考评的实施。

（1）理解并掌握学习考评需要的相关理论、知识和方法，按要求完成相关考评环境搭建。

（2）掌握数据库相关概念及E-R图制作方法。

（3）按时、按质量要求完成相应的任务作业。

（4）按规定独立完成相关软件环境的搭建工作。

2. 教师准备工作与要求

（1）在安排学生实施学习考评前，应确保学生已经清楚地了解在线学习平台项目开发的技术选型，并确保已对需求分析、设计和项目搭建做过相应的实操训练。

（2）通过学生课堂问题研讨、作业、实操及其他方式，确认学生已经具备实施学习考评所需要的知识、技能和能力集成，特别是MySQL、Vue、SpringBoot等方面的知识要点。

（3）对协助教师完成测评的学生进行测评方法和监督方法的培训，确保测评结果的准确性、公平性。

（4）准备好测评记录。

三、验证方法与标准

（1）每位测评人员负责对10名学生进行定点、全过程的监督和测评。

（2）详细记录学生在实施学习考评过程中的相关信息、数据、结果、操作方法、完成时间以及出现的错误、事故等情况。

（3）每个学习考评的任务完成及问题解决等操作要求在120 min内完成。时间不够可以申请延长时间，总时长不超过180 min。

（4）考评内容及评分标准如表2-1所示。

表2-1 考评内容及评分标准

序号	评分项	得分条件	评分标准	配分	扣分
1	态度	□1.不作弊，确保环境从零开始安装和配置 □2.不超时，确保在规定时间内完成环境的安装和配置 □3.独立解决问题，不抄袭	未完成其中1项扣5分，总扣分不得超过15分	15	
2	专业技能	□1.能正确完成需求分析及设计，绘制模块结构图和功能结构图 □2. 能熟练使用原型图工具，绘制原型图 □3.能正确完成MySQL数据库的创建和数据库用户的设置对用户的授权工作 □4.能正确编写MySQL的建表语句工作 □5.能正确完成Vue项目的创建及框架搭建 □6.能正确完成SpringBoot项目创建及框架搭建	未完成其中1项扣10分，总扣分不得超过60分	60	
3	资料、信息查询能力	□1.能正确使用手册查询资料 □2.能正确使用网络查询资料 □3.能正确记录查询资料出处 □4.能正确记录所需的关键信息 □5.能正确使用AI工具辅助查询	未完成其中1项扣3分，总扣分不得超过15分	15	
4	总结归纳能力	□能将所学知识归纳为思维导图	未完成其中1项扣10分，总扣分不得超过10分	10	
合计				100	

拓展阅读

在当今数字化时代，信息技术的发展日新月异。原型设计工具作为产品设计与开发的重要环节，其重要性不言而喻。墨刀作为一款优秀的国产软件，不仅具备强大的功能，更蕴含着深厚的文化底蕴和思政教育价值。

墨刀原型工具的使用有助于培养学生的创新精神和实践能力。通过墨刀，学生可以自由发挥想象力，将创意转化为具体的界面设计，并在实践中不断修正和完善。这一过程既锻炼了学生的动手能力，又培养了他们的创新思维和解决问题的能力，实现了“知行合一”的教育理念。

此外，墨刀原型工具还彰显了国产软件的自主创新精神。通过学习与使用，学生可以感受到中国软件产业的发展成就，增强民族自豪感和文化自信。同时，墨刀版本的持续更新和升级也激励着学生在学习和生活中保持积极进取的态度，勇于探索和创新。

项目三 学习平台管理端功能开发

一、项目描述

学习平台的功能依据使用用户的不同而划分为用户端和管理端两种。用户端主要为学习者提供课程浏览、资源下载和在线视频学习等功能，这些课程资源的管理需要由管理端进行统一管理；管理端是为平台运营者或管理员设计的，用于实现整个平台资源的统一管理，主要包括管理员登录、用户角色管理、课程管理、班级管理的数据导出等功能模块。本项目旨在实现学习平台管理端的功能开发。

二、项目要求

根据目前企业级项目开发的技术要求，通过开发学习平台管理端功能，掌握如何在企业级项目中进行管理端功能的开发。

（1）管理员登录功能开发。

（2）API接口文档编写及单元测试。

（3）权限模块开发。

（4）课程管理模块开发。

（5）班级管理模块开发。

（6）Excel数据导出功能模块开发。

（7）使用AIGC辅助开发用户管理模块。

三、学习目标

（1）掌握如何开发管理员登录功能。

（2）掌握如何在SpringBoot项目中集成swagger编写API接口文档并完成单元测试。

（3）掌握管理平台中角色及权限的设计与开发。

（4）掌握如何在管理平台中开发（各）模块。

（5）掌握如何将数据导出为Excel表格。

（6）掌握如何使用AIGC进行辅助开发。

四、工作场景

在企业级软件开发工作流中，项目二已经完成了项目需求分析、原型图的设计。接下来就是UI工程师根据已确认的用户需求和原型图进行高保真UI设计，前端工程师和后端工程师再根据高保真UI设计稿进行功能开发。本项目假设UI工程师已完成对应界面的设计工作，现在需要前后端工程师将通过代码实现其功能。

任务一　管理员登录功能开发

一、职业行动

管理员在管理端界面通过账号密码实现登录，登录成功后即可进入后端管理系统。管理员通过账号和密码登录，登录成功后由Java后端颁发Token给前端，以便前端再次请求时用于身份识别。

1. 登录功能分析

本任务主要实现登录界面、登录相关的API接口及前后端联调以实现登录功能。

（1）管理员填写手机号码和密码，前端对密码进行MD5加密后，请求登录接口进行登录。

（2）服务端接收到用户的请求后，判断管理员是否登录成功。

（3）如果登录成功，获取管理员的基本信息，权限列表。

（4）生成随机Token，将Token值和管理员基本信息，权限列表等信息返回给客户端，并将Token与管理信息、权限信息关联保存在Redis中。

2. 登录功能流程

登录功能流程图如图3-1所示。

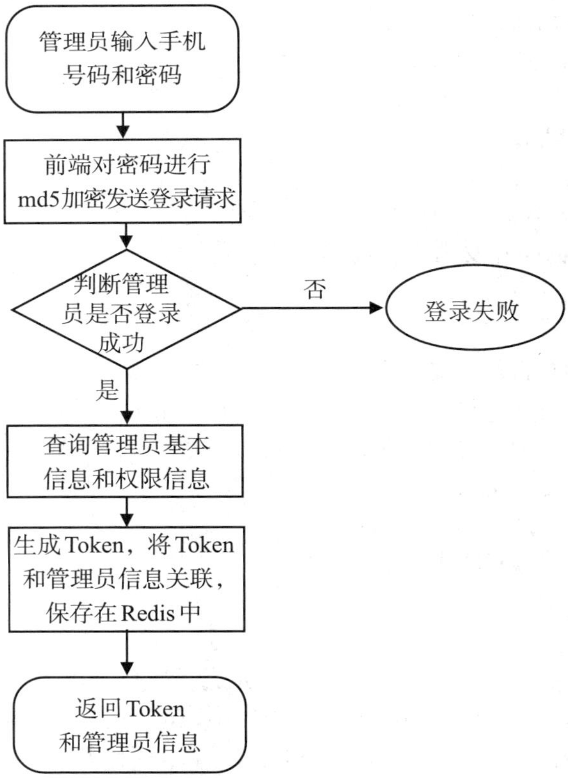

图3-1　登录流程图

（1）步骤1：管理员登录接口开发

本任务实现登录接口功能，为管理员登录界面提供数据接口。在项目二中任务四的SpringBoot项目基础上进行开发。

① 添加MySQL数据驱动及相关依赖

由于登录功能需要用到MySQL数据库操作，数据访问层采用MyBatis框架，因此需要先添加MySQL和MyBatis的依赖。同时，为简化实体对象的编码，采用lombok插件为实体类自动添加getter和setter方法。修改pom.xml，添加相关依赖。

```
<?xml version="1.0" encoding="UTF-8"?>
<project xmlns="http://maven.apache.org/POM/4.0.0"
      xmlns:xsi="http://www.w3.org/2001/XMLSchema-instance"
       xsi:schemaLocation="http://maven.apache.org/POM/4.0.0  http://maven.apache.org/xsd/maven-4.0.0.
xsd">
   <dependencies>
      <!-- lombok，方便生成getter和setter -->
      <dependency>
         <groupId>org.projectlombok</groupId>
         <artifactId>lombok</artifactId>
         <scope>provided</scope>
      </dependency>
      <!-- 参数校验 -->
      <dependency>
         <groupId>org.springframework.boot</groupId>
         <artifactId>spring-boot-starter-validation</artifactId>
      </dependency>
      <!-- 整合mybatis，需要配置数据源。 -->
      <!-- 暂时先不使用 -->
      <dependency>
         <groupId>org.mybatis.spring.boot</groupId>
         <artifactId>mybatis-spring-boot-starter</artifactId>
         <version>3.0.2</version>
      </dependency>

      <!-- MySQL驱动包 -->
      <dependency>
         <groupId>com.mysql</groupId>
         <artifactId>mysql-connector-java</artifactId>
         <version>8.1.0</version>
      </dependency>
   </dependencies>
</project>
```

② 配置MySQL连接信息

添加MySQL驱动依赖后，还需要配置datasource数据源和MyBatis，指明数据库连接地址、账号密码等信息，在application.yml文件添加相关配置。

```
spring:
 application:
  name: stuplatform_api
 datasource:
  driverClassName: com.mysql.cj.jdbc.Driver
  #格式：协议类型://主机地址:端口号/数据库名称?参数。注意修改端口号和数据库名称。
  url:  jdbc:mysql://127.0.0.1:3306/stuplatform?serverTimezone=PRC&characterEncoding=utf-8&useSSL=
true&zeroDateTimeBehavior=convertToNull
  username: stuplatform #修改为自己的数据用户名
  password: 123456 #修改为自己的数据库密码
  hikari:
   #允许的最小连接数（默认10）
   minimum-idle: 10
   #允许的最大连接数量
   maximum-pool-size: 25
   #自动提交
   auto-commit: true
   #一个连接idle状态的最大时长（毫秒），超时则被释放（retired），缺省:10分钟
   idle-timeout: 300000
   #等待连接池分配连接的最大时长（毫秒），超过这个时长还没可用的连接则发生SQLExcep-
tion，缺省:30秒
   connection-timeout: 90000
   #一个连接的生命时长（毫秒），超时而且没被使用则被释放（retired），缺省:30分钟，建议设置
比数据库超时时长减少30秒
   max-lifetime: 600000
   #测试语句
   connection-test-query: SELECT 1
mybatis:
 mapper-locations: classpath:mapper/*Mapper.xml
 configuration:
  callSettersOnNulls: true
  logImpl: org.apache.ibatis.logging.stdout.StdOutImpl
```

其中的数据库账号、密码等信息需要修改为读者自己的账号信息。

③ 定义返回数据实体类

前端界面调用接口后，需要后端统一返回指定格式数据。本项目中使用阿里的标准，本例定义实体类为ResultEntity，返回体中应该包含以下三个部分。

- code：状态码，用于标识该次请求是否成功。
- msg：响应消息。

● data：响应的结果数据。

添加stuplatform.utils.ResultEntity类，主要代码如下。

```
…
@Data
@NoArgsConstructor
@AllArgsConstructor
@ToString
public class ResultEntity<T> {
  private int code;
  private String msg;
  private T data;
  public static ResultEntity<Object> success() {
    return success("操作成功");
  }
  public static ResultEntity<Object> success(String msg) {
    return success(msg,null);
  }
  public static <T>ResultEntity<T> success(String msg,T data) {
    return new ResultEntity<>(1,msg,data);
  }
  public static ResultEntity<Object> error(String msg) {
    return new ResultEntity<>(0,msg,null);
  }
  public static ResultEntity<Object> error() {
    return error("操作失败");
  }
}
```

④ 定义接收数据实体类

封装AdminLoginDTO类，用于接收用户登录时提交的信息。添加stuplatform.dto.AdminLoginDTO类，dto包中的所有类都是标准的实体类，这些类主要用于规定请求的数据格式，搭配Spring Boot参数校验启动器（spring-boot-starter-validation），AdminLoginDTO类使用lombok的注解，省去手动添加getter和setter方法。

```
@Data
@NoArgsConstructor
@AllArgsConstructor
@ToString
public class AdminLoginDTO {
  @NotBlank(message="手机号码不能为空")
  @Pattern(regexp="^1\\d{10}$",message = "手机号码格式不正确")
  private String mobile;
```

```
  @NotBlank(message="密码不能为空")
  @Length(min = 32,max = 32,message = "密码必须是md5加密值")
  private String password;
}
```

⑤ 定义业务传输实体类

添加stuplatform.vo.AdminLoginVO类，服务端返回的实体类。vo包中的所有类都是标准的实体类，这些类主要用于定义服务端返回的数据格式。主要代码如下。

```
@Data
@ToString
@NoArgsConstructor
@AllArgsConstructor
public class AdminLoginVO {
  private Integer id;
  private String admin_name;
}
```

⑥ 定义异常类

在Spring Boot的项目中，逻辑失败时（如：登录时手机号码或密码错误）抛出异常，是常用的编程方式。这里定义了一个异常，用于表示系统中逻辑出现了失败。添加stuplatform.exception.ProcessException类，主要代码如下。

```
@Data
public class ProcessException extends RuntimeException{
  private final int code;
  public ProcessException() {
    this(400,"业务流程错误");
  }
  public ProcessException(String msg) {
    this(400,msg);
  }
  public ProcessException(int code,String msg) {
    super(msg);
    this.code = code;
  }
}
```

⑦ 定义全局异常处理器

定义全局异常处理器用于异常处理。ResponseEntity是Spring Boot提供的响应实体类，可以定义响应报文的状态码、响应体、响应头信息。

添加stuplatform.controller.GlobalExceptionHandler类，主要代码如下。

```
@RestControllerAdvice
public class GlobalExceptionHandler {
  private static final Logger log = LoggerFactory.getLogger(GlobalExceptionHandler.class);
```

```
    /**
     * 方法参数校验异常
     * MethodArgumentNotValidException：Spring Boot参数校验不通过时抛出的异常
     */
    @ExceptionHandler(MethodArgumentNotValidException.class)
    public ResponseEntity<ResultEntity<String>> handleMethodArgumentNotValidException(MethodArgu-
mentNotValidException e) {
        log.error("[全局异常处理] [参数校验不通过]{}", e.getMessage(), e);
        String msg = e.getBindingResult().getAllErrors().get(0).getDefaultMessage();
        ResultEntity resultEntity = ResultEntity.error(msg);
        return ResponseEntity.status(400).body(resultEntity);
    }
    /**
     * 全局异常处理
     */
    @ExceptionHandler(Exception.class)
    public ResponseEntity<ResultEntity<String>> handleException(Exception e) {
        log.error("[全局异常处理] [发生异常]{}", e.getMessage(), e);
        ResultEntity resultEntity = ResultEntity.error("发生异常");
        return ResponseEntity.status(500).body(resultEntity);
    }
    /**
     * 自定义异常处理（业务逻辑异常）
     */
    @ExceptionHandler(ProcessException.class)
    public ResponseEntity<ResultEntity<String>> handleException(ProcessException e) {
        log.error("[全局异常处理] [发生异常]{}", e.getMessage(), e);
        ResultEntity resultEntity = ResultEntity.error(e.getMessage());
        return ResponseEntity.status(400).body(resultEntity);
    }
}
```

@RestControllerAdvice注解表示该类是增强的控制器，@ExceptionHandler表示该方法用于处理特定的异常。

⑧ 实现登录控制层Controller

添加stuplatform.controller.LoginController类，用于处理登录相关的控制器。主要代码如下。

```
@RestController
@RequestMapping("login")
public class LoginController {
    private final LoginService loginService;
    @Autowired
```

```
    public LoginController(LoginService loginService) {
        this.loginService = loginService;
    }
    /**
     * 管理员登录
     * Valid注解：进行参数校验
     * RequestBody注解：将请求体参数绑定到方法参数上
     * @param loginDTO
     * @return
     */
    @Validated
    @PostMapping("adminLogin")
    public ResponseEntity adminLogin(@Valid @RequestBody AdminLoginDTO loginDTO) {
        return ResponseEntity.ok().body(loginService.adminLogin(loginDTO));
    }
}
```

⑨ 实现登录业务逻辑层Service

添加stuplatform.service.LoginService接口，实现逻辑层方法的声明。主要代码如下。

```
public interface LoginService {
    ResultEntity adminLogin(AdminLoginDTO adminLoginDto);
}
```

添加stuplatform.service.impl.LoginServiceImpl类，用于逻辑层方法的实现。adminLogin方法用于处理管理员的登录逻辑。当电话号码或密码错误时，抛出ProcessException表示登录失败；当电话号码和密码正确时，返回登录成功的结果，并将查询出的用户信息返回到客户端。主要代码如下。

```
@Service
public class LoginServiceImpl implements LoginService {
    private final AdminMapper adminMapper;
    @Autowired
    public LoginServiceImpl(AdminMapper adminMapper) {
        this.adminMapper = adminMapper;
    }
    public ResultEntity adminLogin(AdminLoginDTO adminLoginDto) {
        AdminLoginVO adminLoginVO = adminMapper.login(adminLoginDto);
        if (null == adminLoginVO) {
            throw new ProcessException("电话号码或密码错误");
        }
        // 添加token生成，获取权限相关代码
        return ResultEntity.success("登录成功",adminLoginVO);
    }
}
```

⑩ 实现登录数据访问层Mapper

添加stuplatform.mapper.AdminMapper接口，实现数据层的方法定义。主要代码如下。

```
@Repository
public interface AdminMapper {
  /**
   * 登录：根据手机号码和密码查询管理员
   * @param param
   * @return
   */
  AdminLoginVO login(AdminLoginDTO param);
}
```

⑪ 配置MyBatis SQL语句

添加resources/mapper/AdminMapper.xml文件，配置MyBatis的登录SQL语句，主要代码如下。

```
<?xml version="1.0" encoding="UTF-8" ?>
<!DOCTYPE mapper PUBLIC "-//mybatis.org//DTD Mapper 3.0//EN" "http://mybatis.org/dtd/myba-
tis-3-mapper.dtd">
<mapper namespace="org.hydrakyoufeng.stuplatform.mapper.AdminMapper">
  <select id="login" resultType="org.hydrakyoufeng.stuplatform.vo.AdminLoginVO">
    SELECT
      a.id,
      a.admin_name
    FROM
      elp_admin a
    WHERE a.password = MD5(CONCAT(#{password},a.salt))
     AND a.mobile = #{mobile}
     AND a.status = 1
  </select>
</mapper>
```

至此，完成了登录接口的编写。接下来通过测试工具进行接口测试，确保在进行前后端联调对接时接口的正确性。

⑫ 登录接口测试

点击IDEA的程序运行按钮，运行程序后，在Postman接口测试工具中进行测试，结果如图3-2所示。

图3-2 登录接口测试

输入正确的手机号和密码，提示登录成功。至此，后端登录的API接口就准备好了。接下来进行登录界面开发和联调。

（2）步骤2：管理端登录界面开发

在项目二中任务三的基础上进行管理端界面的开发，本任务主要完成登录界面及登录功能的实现。

① 引入ElementPlus框架

ElementPlus是一款UI框架，可以与Vue配合使用以提升界面开发效率。在使用前需要先进行安装，使用VSCode打开项目二中任务三创建的项目，在终端窗口进入项目根目录，执行以下命令，安装ElementPlus。

```
npm i element-plus
```

系统提示："added ×× packages in ××s"表示npm安装包成功。配置Element-Plus，修改src/main.ts，通过import ElementPlus引入ElementPlus模块；导入样式及国际化模块；将ElementPlus挂载到Vue实例上。

main.ts文件关键代码如下。

```
// elementPlus
import ElementPlus from 'element-plus'
// 引入css样式
import 'element-plus/theme-chalk/index.css'
// 国际化：使用中文语言包
import locale from 'element-plus/es/locale/lang/zh-cn'
// ElementPlus使用dayjs，这里也引入中文语言包
import 'dayjs/locale/zh-cn'

const app = createApp(App);
// 使用Element Plus，并配置国际化
```

```
app.use(ElementPlus,{locale});
// 挂载
app.mount("#app");
```

② 安装ts-md5依赖

因为项目中需要将密码进行MD5加密，所以需要该工具。执行以下命令安装。

```
npm i ts-md5
```

③ App.vue文件添加缓存功能

修改src/App.vue文件，主要完成以下功能：使用组件缓存，将组件缓存下来，避免组件切换时重复渲染。App.vue文件部分代码如下。

```
<template>
  <router-view v-slot="{ Component }">
    <!-- keep-alive：使用组件缓存 -->
    <keep-alive>
      <component :is="Component" />
    </keep-alive>
  </router-view>
</template>
```

④ 创建登录界面

新增src/views/LoginView.vue文件，用于编写登录页面，登录界面主要包括登录表单、电话号码输入框、密码输入框、登录按钮和重置按钮。点击“登录”按钮后，使用Element Plus的表单校验功能来验证电话号码和密码是否符合规范，然后使用axios发起异步请求到登录接口。登录成功后，将用户信息保存到vuex中，并使用vue-router跳转到管理端首页。

LoginView.vue文件主要界面部分代码如下。

```
<template>
   <section class="main">
     <el-form
      ref="myFormRef"
      :model="formData"
      :rules="rules"
      label-width="0px"
      size="large"
     >
      <h2>欢迎使用管理系统</h2>
      <el-form-item prop="mobile">
       <el-input
        v-model="formData.mobile"
        placeholder="请输入电话号码"
        maxlength="11"
        type="tel"
       clearable
```

```
        />
      </el-form-item>
      <el-form-item prop="password">
        <el-input
          v-model="formData.password"
          type="password"
          maxlength="21"
          placeholder="请输入密码"
          show-password
        />
      </el-form-item>
      <el-form-item class="item-btns">
        <el-button
          type="primary"
          native-type="submit"
          @click.prevent="submitForm(myFormRef)"
          >登录</el-button
        >
        <el-button type="primary" @click="resetForm(myFormRef)">清空</el-button>
      </el-form-item>
    </el-form>
  </section>
</template>

<script setup lang="ts">
// 省略部分代码
/**
 * 点击登录按钮
 * @param myFormRef
 */
const submitForm = (myFormRef: FormInstance) => {
  // validate：校验表单
  myFormRef.validate((valid) => {
    // 校验失败
    if (!valid) {
      return;
    }

    // 拷贝formData中的数据，避免把密码加密后密码框内容发生变化
    const data = {
      ...formData,
    };
```

```
  // MD5 加密
  data.password = Md5.hashStr(data.password);
  // 发起异步请求
  axios({url:"api/login/adminLogin",data,method:"post"}).then((res) => {
    // 登录成功
    if (res.data.code > 0) {
      window.alert("登录成功");

      // 将数据存入 Vuex
      store.commit("setAdmin", res.data.data);

      // 跳转到首页
      router.push("/home");
    }
  },() => {
    window.alert("登录失败");
  });
 });
};

</script>
```

⑤ 新增主页面

创建src/views/HomeView.vue文件，代码如下。

```
<template>
  <div class="home">
    我是管理员首页
  </div>
</template>
<script lang="ts" setup>
</script>
```

⑥ 配置vuex保持用户信息

修改src/store/index.ts文件，定义vuex保存管理员信息，代码如下。

```
import { createStore } from "vuex";

export default createStore({
  state: {
    admin: {}
  },
  getters: {},
  mutations: {
    // 保存管理员信息
```

```
    setAdmin(state, payload) {
      state.admin = payload;
    },
  },
  actions: {},
  modules: {},
});
```

⑦ 配置页面路由

因为新增了页面，要修改路由的配置信息。修改src/router/index.ts文件，用于配置路由信息，代码如下。

```
import { createRouter, createWebHistory, RouteRecordRaw } from "vue-router";

const routes: Array<RouteRecordRaw> = [
  {
    path: "/",
    name: "login",
    component: () => import(/* webpackChunkName: "login" */ "@/views/LoginView.vue"),
  },
  {
    path: "/home",
    name: "home",
    component: () =>
      import(/* webpackChunkName: "home" */ "@/views/HomeView.vue")
  },
];

const router = createRouter({
  history: createWebHistory(process.env.BASE_URL),
  routes,
});

export default router;
```

⑧ 配置跨越访问

因为API服务器和前端应用不在同一个域中，所以有跨域问题。可以采用以下三种方案来解决。

- 前端配置开发代理：推荐方案，仅在开发阶段有效，在生产阶段可以与nginx反向代理无缝衔接。
- 后端解决：一种全面的解决方案，开发和生产阶段都有效，但可能涉及安全风险。
- 配置nginx的反向代理：仅在生产环境中有效，也是企业中主流的解决方案。

本任务采用前端配置代理的方式解决跨域问题，需修改src/vue.config.js文件，代码如下。

```
const { defineConfig } = require("@vue/cli-service");
module.exports = defineConfig({
  transpileDependencies: true,
  devServer: {
    port: 8080,
    proxy: {
      '/api': {
        target: 'http://127.0.0.1:8084',
        // 允许跨域
        changeOrigin: true,
        ws: false, // 如果要代理 websockets，配置此参数
        secure: false, // 如果是https接口，需要配置此参数
        pathRewrite: {
          '^/api': ''
        }
      }
    },
  }
});
```

⑨ 测试页面功能

通过npm run serve命令运行项目，使用浏览器访问http://localhost:8080，打开如图3-3所示登录页面。

图3-3　登录页面

输入正确的账号密码后，即可完成登录并跳转到首页。至此，登录功能完成。在商业项目中，登录成功后会颁发Token给前端，下次前端请求时需带上该Token作为认证的身份标识。由于篇幅所限，在此不做详细展开。

二、职业知识

1. 跨域问题

跨域问题是浏览器为保护用户信息安全而实施的同源策略（same-origin policy）。该策略规定，页面只能请求同源资源（相同协议、域名和端口）。当JavaScript发起的请求目标与当前页面在协议、域名或端口任一维度上不一致时，浏览器会阻止该请求的发送或响应的接收。

跨域问题的解决方法包括以下三种。

（1）应用层面解决：例如Spring Boot 项目中如何解决跨域问题。

（2）反向代理解决：例如Nginx 中如何解决跨域问题。

（3）网关中解决：例如Spring Cloud Gateway 中如何解决跨域问题。

本任务中采用在Vue项目中配置代码的方式实现跨域访问。

2. MyBatis框架

MyBatis 是一款优秀的持久层框架，支持自定义 SQL、存储过程以及高级映射。它免除了几乎所有 JDBC 代码及设置参数和获取结果集的工作。MyBatis 可以通过简单的 XML 文件或注解来配置和映射原始类型、接口和 Java POJO（plain old java objects，普通老式 Java 对象）为数据库中的记录。

（1）优点

- MyBatis是一个半自动ORM框架，作用于DAO层。
- 与Hibernate相比，它是一个轻量级的选手，具有灵活的SQL操作。
- 小巧、简单、易学。
- 与JDBC相比，实现了SQL和代码的分离，可重用。

（2）缺点

- SQL编写量大，需要对SQL语句熟悉。
- 数据可移植性较差。

任务二 API接口文档编写及单元测试

一、职业行动

本项目中任务一实现了登录界面和登录API接口的联调。在真实企业项目中，通常界面由前端工程师实现，后端API接口由Java工程师实现。只有双方遵循相同的数据接口规范时才能完成登录功能。

前后端工程师如何确保数据格式一致？这就需要有规范的API接口文档。本任务介绍Swagger文档工具如何集成到Spring Boot项目，生成API文档。

1. 步骤1：添加Swagger文档工具依赖

在Springboot项目中添加Swagger依赖，在pom.xml文件中添加如下内容。

```
    <!-- spring 整合 swagger：spring3.x 的方案 -->
<dependency>
  <groupId>org.springdoc</groupId>
  <artifactId>springdoc-openapi-starter-webmvc-api</artifactId>
  <version>2.3.0</version>
</dependency>

<!-- swagger 的 ui 页面：spring3.x 的方案 -->
```

```
<dependency>
   <groupId>org.springdoc</groupId>
   <artifactId>springdoc-openapi-starter-webmvc-ui</artifactId>
   <version>2.3.0</version>
</dependency>
```

备注：本任务采用的依赖版本是3.0.0版本。

2. 步骤2：添加Swagger的配置类

在Springboot项目根目录下，新建stuplatform.config.SwaggerConfig.java文件，添加以下代码。

```
    package org.hydrakyoufeng.stuplatform.config;
/**
 * Swagger 配置
 */
@Configuration
public class SwaggerConfig {
   @Bean
   public OpenAPI springShopOpenAPI() {
      Info info = new Info()
            .contact(new Contact().email("1888@qq.com").name("test"))
            .version("v1.0.0")
            .title("学习平台 API 文档")
            .description("学习平台 API 文档"的详细描述);
      return new OpenAPI().info(info);
   }
}
```

3. 步骤3：在Controller上添加注解

修改stuplatform.controller.LoginController.java文件，添加Swagger相关注解，以便自动生成API接口文档。修改后的代码如下。

```
@RestController
@RequestMapping("login")
public class LoginController {
   private final LoginService loginService;
   @Autowired
   public LoginController(LoginService loginService) {
      this.loginService = loginService;
   }
   /**
    * 管理员登录
    * Valid 注解：进行参数校验
    * RequestBody 注解：将请求体参数绑定到方法参数上
    * @param loginDTO
```

```
     * @return
     */
    @Validated
    @PostMapping("adminLogin")
    @ApiOperation(value="管理员登录",notes = "管理员登录接口说明")
    public ResponseEntity adminLogin(@Valid @RequestBody AdminLoginDTO loginDTO, HttpServletRe-
quest request) throws Exception {
        return ResponseEntity.ok().body(loginService.adminLogin(loginDTO,request));
    }
}
```

4. 步骤4：查看接口文档并完成测试

本项目启动成功后，系统会自动提供API接口文档的页面，本任务使用浏览器访问以下地址：http://127.0.0.1:8084/swagger-ui.html。其界面如图3-4所示。

图3-4　接口文档界面

打开页面后点击展开按钮，再点击“Try it out”按钮，界面如图3-5所示。

图3-5　接口文档示例

填写参数后点击“Execute”按钮进行测试，界面如图3-6所示。

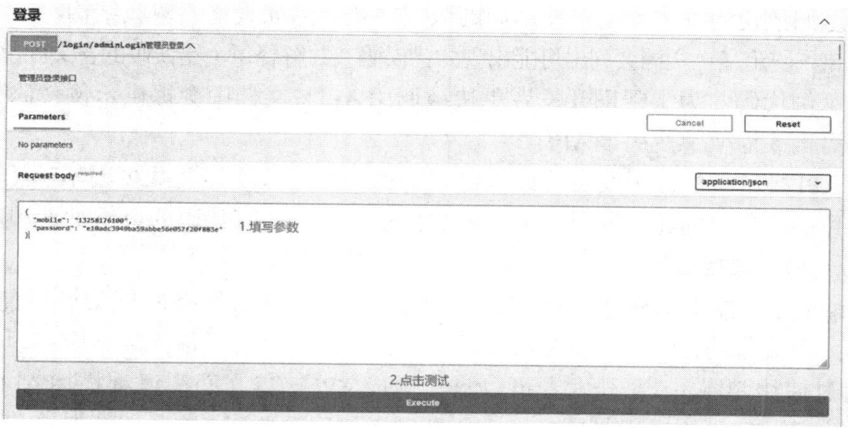

图3-6 执行接口测试

在如图3-7所示的窗口中，可以看到接口调用后的结果。

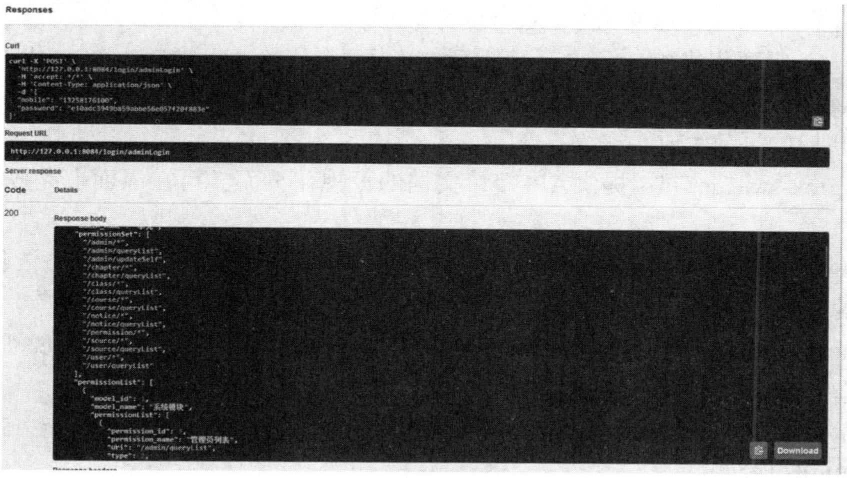

图3-7 接口测试返回结果

至此，Spring Boot集成Swagger，自动生成API接口文档，完成单元测试的实验。

二、职业知识

1. API接口文档

之前使用Java的Spring Boot框架搭建了API接口项目，并且也编写了管理员的登录接口。因为已经完成了前后端接口的联调工作，接口是自己编写的，对于调用的URL地址、参数、返回情况都了如指掌，所以能够顺利地使用AJAX（axios）完成接口的调用。而在商业级项目中，前后端都是通过分工完成的，接口文档就特别重要。

API接口文档的作用主要体现在以下五个方面。

（1）说明功能：文档会清晰地说明该API接口的功能，即用于查询管理员权限列表。

（2）定义请求参数：文档会详细说明请求参数的格式和含义，例如管理员ID、父节点ID等。

（3）返回值说明：文档会描述返回的数据格式，例如表格、树状结构等。

（4）错误码定义：文档会列出可能出现的错误码，并解释每个错误码的含义和出现场景。

（5）示例代码：为了帮助开发者更快地调用API，文档中会提供示例代码，展示如何在不同语言或框架中使用该API。

通过API接口文档，开发者可以快速理解如何使用该功能，减少因不熟悉API使用方式而导致的错误或问题。同时，良好的文档也有助于提高代码的可维护性和可读性。

2. Swagger文档工具

Swagger是一种用于构建、描述、可视化RESTful Web服务的框架。目前Swagger已经成为一个流行的API设计和文档生成工具，被广泛应用于各种Web应用程序和云服务中。通过使用Swagger，开发者可以自动生成API接口文档，详细描述API的功能、请求参数、返回值、错误码等信息，方便开发者使用和调用API，从而直接在页面上快速地完成单元测试。

3. SpringBoot集成Swagger

Spring2.x和Spring3.x集成Swagger的方案不同。

Spring2.x需要集成Swagger2，通过添加以下两个依赖，完成Swagger的集成。

Springfox-swagger2：用于在Spring项目中集成Swagger功能。提供了很多注解，以方便API接口的自动生成。

Springfox-swagger-ui：提供API接口文档的可视化页面，可在界面上完成API接口的测试。

Spring3.x需要集成Swagger3（OpenAPI 3规范），通过添加以下两个依赖，完成Swagger的集成。

Springdoc-openapi-starter-webmvc-api：用于在Spring项目中集成Swagger功能。提供了很多注解，以方便API接口的自动生成。

Springdoc-openapi-starter-webmvc-ui：提供API接口文档的可视化页面，可在界面上完成API接口的测试。

任务三 课程管理模块的开发

一、职业行动

管理员登录管理后端后，可以对课程进行管理，主要包括查询课程列表，对课程进行添加、修改、删除操作。

1. 主要功能

（1）课程管理——查询列表

- 用户点击左侧菜单树中的课程列表项，进入课程列表页面。
- 系统以表格的方式列出课程信息，列出的信息包括课程名称、类别、付费类型、价格、封面图、状态、创建时间等。

- 用户填写查询条件，包括课程名称、付费方式（如免费或付费）、添加时间（范围）。
- 系统根据查询条件对列表中的数据进行筛选。

（2）课程管理——增加

- 在课程列表页面中，用户点击“增加”按钮。
- 系统提示录入资料。
- 用户输入课程名称、课程简介、课程类别（例如：JavaSE，JavaScript，Vue）、付费方式（1—免费，2—付费，3—限免）、售价、课程封面图。输入完成后提交这些资料。
- 系统校验用户输入是否合法。
- 用户点击“关闭”按钮结束该流程。
- 系统回到课程列表页面并刷新数据。

（3）课程管理——修改

- 在课程列表页面中，用户可以选择需要修改的课程信息。
- 系统列出用户选择的课程信息的资料，包括课程名称、课程简介、课程类别、付费方式（1—免费，2—付费，3—限免）、售价、课程封面图。
- 用户修改列出的资料后提交这些资料。
- 系统校验用户输入是否合法。
- 系统结束该流程，然后回到课程列表页面并刷新数据。

（4）课程管理——删除

- 在课程列表页面中，用户可以选择需要删除的课程信息。
- 系统提示用户是否确认删除该课程信息。
- 用户确认后，系统完成删除操作。
- 系统刷新课程列表页面。

（5）章节管理——查询列表

- 用户点击左侧菜单树中的课程列表，进入课程列表页面。
- 用户选择课程列表信息，点击“章节添加”按钮，进入章节列表页面。
- 系统以表格的方式列出课程及章节信息，列出的信息包括课程名称、章节名称、章节类型、修改时间。

（6）章节管理——增加

- 在章节列表页面中，用户点击“增加”按钮。
- 系统提示录入资料。
- 用户输入章节名称、章节类型（1—目录，2—OSS视频，3—外联视频，4—外联地址）、章节简介。输入完成后提交这些资料。
- 系统校验用户输入是否合法。
- 系统刷新章节列表的数据。

（7）章节管理——修改

- 在章节列表页面中，用户可以选择需要修改的章节信息。
- 系统列出用户选择的课程信息的资料，包括章节名称、课程简介、课程类别、付费方式（1—免费，2—付费，3—限免）、售价、课程封面图。

- 用户修改列出的资料后提交这些资料。
- 系统校验用户输入是否合法。
- 系统结束该流程，并刷新章节列表的数据。

（8）章节管理——删除

- 在章节列表页面中，用户可以选择需要删除的课程信息。
- 系统提示用户是否确认删除章节信息。
- 用户确认后，系统完成流程。
- 系统刷新章节列表页面。

2. 流程

（1）步骤1：课程查询功能

首先实现课程列表查询功能，界面如图3-8所示。

图3-8　查询课程界面

①课程列表页面制作

由于多个界面可能都会用到课程查询和课程列表，因此采用组件化思想，将课程表格制作为组件以便复用。创建src/components/course/CourseTable.vue文件，代码如下。

```
<template>
  <section>
    <el-form ref="myForm" :model="formData" label-width="100px">
     // 此处省略搜索表单界面代码
</el-form>

    <el-table :data="tableData" border>
    // 此处省略课程表格界面代码
</el-table>

    <el-pagination
     :currentPage="formData.currentPage"
     :page-size="formData.pageSize"
     :page-sizes="[10, 20, 50]"
```

```
        layout="total, sizes, prev, pager, next, jumper"
    :total="total"
    @size-change="handleSizeChange"
    @current-change="handleCurrentChange"
   />
  </section>
</template>
<script lang="ts" setup>
// 省略部分代码
/**
 * 调用axios，查询数据
 */
const handleQuery = (currentPage: number) => {
 formData.currentPage = currentPage;
 formData.pageSize = formData.pageSize || 10;
 axios({ url: "/api/course/queryList",
 method:"POST",
 data,headers: { "Authorization": store.state.admin?.token}}).then(({ data }) => {
    // 查询成功，将结果数据赋值到tableData中
    if (data.code > 0) {
      // 重置表格数据
      tableData.length = 0;
      // 将接口返回的数据数组，添加到表格数据中，tableData是响应式数据，表格组件会自动更新表格数据
      tableData.push(...data.data.list);
      // 将接口返回的总行数赋值到total中，total传递到分页器组件中，会自动更新分页器组件中的数据
      total.value = data.data.total;
    }
 });
};
…
</script>
<style lang="scss" scoped>
//省略样式代码
</style>
```

修改src/views/CourseView.vue文件，引入自定义组件CourseTable.vue，代码如下。

```
    <template>
 <section>
  <table-component
  ref="tableRef"></table-component>
     </section>
```

```
</template>
<script lang="ts" setup>
import TableComponent from "@/components/course/CourseTable.vue";
</script>
```

② 编写课程查询和课程列表Java接口

在pom.xml中添加PageHelper的相关依赖，在<dependencies>标签中添加以下代码。

```
<!-- 分页插件：spring3.x 的方案 -->
<dependency>
  <groupId>com.github.pagehelper</groupId>
  <artifactId>pagehelper-spring-boot-starter</artifactId>
  <version>2.1.0</version>
</dependency>
```

在application.yml的根项目下添加以下配置，代码如下。

```
pagehelper:
 # 分页插件的方言：mysql
 helper-dialect: mysql
 # 是否开启分页合理化：开启后一些不合理参数设置会被自动修正
 reasonable: true
 support-methods-arguments: true
```

编写用户定义分页的父类DTO ，创建stuplatform.dto.PageDTO.java文件，代码如下。

```
@Data
@ToString
public class PageDTO {
  private Integer currentPage = 1;
  private Integer pageSize = 25;
}
```

编写用户查询课程列表的DTO ，创建stuplatform.dto.CourseListDTO.java文件，代码如下。

```
/**
 * 获取用户查询课程列表的DTO
 */
@Data
@NoArgsConstructor
@ToString
public class CourseListDTO extends PageDTO {
  private String name;
  private Integer paid_type;
  private String creator_time_begin;
  private String creator_time_end;
}
```

编写课程模块的控制层，创建stuplatform.controller.CourseController.java文件，代码如下。

```
@RestController
@RequestMapping("course")
@Tag(name = "课程")
public class CourseController {
  @Autowired
  private CourseService courseService;
  @PostMapping("queryList")
  @ResponseBody
  public ResponseEntity queryList(@RequestBody CourseListDTO courseListDTO) throws Exception {
    return ResponseEntity.ok(courseService.queryList(courseListDTO));
  }
}
```

编写课程模块的逻辑层接口定义，定义查询课程列表的方法，创建stuplatform.service.CourseService.java文件，代码如下。

```
public interface CourseService {
  ResultEntity queryList(CourseListDTO courseListDTO) throws Exception;
}
```

编写课程模块的逻辑层实现定义，实现查询课程列表的方法，创建stuplatform.service.impl.CourseServiceImpl.java文件，代码如下。

```
@Service
@Slf4j
public class CourseServiceImpl implements CourseService {
  @Autowired
  private CourseMapper courseMapper;
  @Override
  public ResultEntity queryList(CourseListDTO courseListDTO) {
    log.info("courseListDTO = " + courseListDTO);
    // 开启分页
    PageHelper.startPage(courseListDTO.getCurrentPage(),
        courseListDTO.getPageSize(),
        "update_time desc");
    PageInfo pageInfo = new PageInfo(courseMapper.queryList(courseListDTO));
    return ResultEntity.success("查询成功",pageInfo);
  }
}
```

知识点：

- 逻辑分页：将所有数据查询出来，然后通过程序算法进行分页。
- 物理分页：在查询的时候就只查询指定页数的数据。比起逻辑分页而言占有更少的内存，是项目中最常用的分页方式。
- PageHelper分页插件：内置了MyBatis的拦截器，自动根据拦截MyBatis的逻辑，完成分页查询的SQL语句，同时生成查询语句查询出总行数。

定义课程列表的返回结果对象，创建stuplatform.service.vo.CourseListVO.java文件，代码如下。

```
@Data
@NoArgsConstructor
@ToString
public class CourseListVO {
  /**
   *课程类别 例如：JavaSE,JavaScript,Vue
   */
  private String category;
  /**
   *封面图 直接存入封面图预览地址：一般为七牛云
   */
  private String cover;
  /**
   *课程简介 富文本格式
   */
  private String description;

  /*此处省略部分字段*/

  private String sync;
  /**
   *视频数量
   */
  private Integer video_num;
}
```

编写课程列表的数据层的接口定义，定义查询列表的方法，创建stuplatform.service.mapper.CourseMapper.java文件，代码如下。

```
public interface CourseMapper {
   /**
   * 查询课程列表
   * @param courseListDTO
   * @return
   */
  List<CourseListVO> queryList(CourseListDTO courseListDTO);
}
```

编写配置查询课程列表的SQL语句，创建src/main/resources/mapper/CourseMapper.xml文件，代码如下。

```
<?xml version="1.0" encoding="UTF-8" ?>
<!DOCTYPE mapper PUBLIC "-//mybatis.org//DTD Mapper 3.0//EN" "http://mybatis.org/dtd/mybatis-3-mapper.dtd">
```

```
<mapper namespace="org.hydrakyoufeng.stuplatform.mapper.CourseMapper">
  <!--查询课程列表 -->
  <select id="queryList" resultType="org.hydrakyoufeng.stuplatform.vo.CourseListVO">
    SELECT
    c.category,
    c.cover,
    c.creator_by,
    c.creator_time,
    c.description,
    c.id,
    c.lecturer,
    c.NAME,
    c.paid_type,
    c.price,
    c.STATUS,
    c.update_by,
    c.update_time
    FROM
    elp_course c
    <where>
      <if test="name != null and name neq ''">
        AND c.name LIKE CONCAT('%',#{name},'%')
      </if>
      <if test="paid_type != null">
        AND c.paid_type = #{paid_type}
      </if>
      <if test="creator_time_begin != null and creator_time_begin neq ''">
        AND c.creator_time >= #{creator_time_begin}
      </if>
      <if test="creator_time_end != null and creator_time_end neq ''">
        AND c.creator_time &lt;= concat(#{creator_time_end}, ' 23:59:59')
      </if>
    </where>
  </select>
</mapper>
```

添加测试数据，完成测试。

管理员用户登录，进入后台首页，点击左侧菜单的“课程列表”项目。可以使用多种条件组合查询，确保课程列表数据显示正确无误。

（2）步骤2：课程增加功能

本步骤旨在实现课程的添加功能。新增课程时，需要输入课程名称、课程类别、付费类型、价格、讲师信息、封面图片、课程描述等内容。新增课程界面如图3-9所示。

图3-9　新增课程界面

① 课程增加功能的公共方法封装

封装Axios异步请求通用类：因为所有请求都要加baseURL和添加token字段比较麻烦，所以做统一的封装。创建src/utils/request/index.ts文件，代码如下。

```
import {default as axios,AxiosRequestConfig,AxiosResponse} from "axios";
import store from "@/store";

// 后端API接口返回的数据格式
interface IResusltEntity<T = any> {
  code: number,
  data: T,
  msg: string
}

const baseURL = "/api";

const request = <D = any,T = any>(config:AxiosRequestConfig<D>): Promise<AxiosResponse<IResusltEn-
tity<T>>> => {
  config.baseURL = baseURL;

  // 如果有token，添加到请求头中
  const token = store.state.admin?.token;
  if (token) {
    // 合并对象
    config.headers = Object.assign(
      {
```

```
            Authorization: token
        },
        config.headers);
    }
    // 做失败的预处理
    const promise = axios(config);
    promise.then(res => {
        if (res.data.code < 0) {
            alert(res.data.msg);
        }
    },() => {
        alert("操作失败");
    });
    return promise;
}
export default request;
```

封装通用弹窗组件：对弹窗进行封装，将window.alert的弹窗方法变为ElmentPlus的提示框，让界面更加美观。创建src/utils/dialog/index.ts文件，代码如下。

```
import { ElMessage } from "element-plus";
window.alert = function (value: string | any): void {
    if (typeof value == "object") {
        ElMessage(value);
    } else if (typeof value == "string") {
        // 简单判断内容，根据内容来决定弹窗的类型
        if (value.indexOf("错误") != -1
        || value.indexOf("异常") != -1
        || value.indexOf("失败") != -1
        || value.indexOf("无法") != -1 ) {
            ElMessage({
                message: value,
                type: "error",
            });
        } else if (value.indexOf("成功") != -1) {
            ElMessage({
                message: value,
                type: "success",
            });
        } else {
            ElMessage({
                message: value,
                type: "info",
```

```
        });
      }
    }
};
```

在main.ts文件中，引入弹窗自定义组件，修改src/main.ts方法，引入封装的弹窗方法。

```
import "@/utils/dialog";
app.mount("#app");
```

② 增加课程页面制作

添加“增加”按钮，并根据权限判断是否显示“增加”按钮。改src/store/index.ts：在getters中添加一个计算属性，用于判断当前用户是否有指定权限，同时在保存管理信息时设置权限ID的集合，代码如下。

```
import { createStore } from "vuex";
export default createStore({
  state: {
    admin: {
      // 权限id集合
      permissionIds: [],
      // 身份令牌
      token: "",
    }
  },
  getters: {
    // 判断管理员是否拥有指定权限
    hasPermission: (state) => (id: number[]) => {
      const permissionIds = state.admin.permissionIds;
      if (permissionIds) {
        return permissionIds.some(v => v == id);
      }
    }
  },
  mutations: {
    // 保存管理员信息
    setAdmin(state, payload) {
      const admin = payload;
      admin.permissionIds = [];
      if (payload.permissionList) {
        payload.permissionList.forEach((item: any) => {
          item.permissionList.forEach((item2: any) => {
            admin.permissionIds.push(item2.permission_id);
          })
        });
```

```
    }
    state.admin = admin;
    console.log("State.admin = ", state.admin);
  },
},
actions: {},
modules: {},
});
```

修改src/components/course/CourseTable.vue文件：添加“增加”按钮，点击“增加”按钮后触发自定义事件，让父组件显示增加组件。增加按钮使用store的getters判断当前用户是否有权利看到增加按钮，将权限做到了按钮级别，代码如下。

```
<template>
  <section>
    <el-form ref="myForm" :model="formData" label-width="100px">
      <el-row>
        <el-col :sm="12" :md="8" :lg="6">
          <el-form-item label="课程名称" prop="name">
            <el-input v-model="formData.name" />
          </el-form-item>
        </el-col>
        <el-col :sm="12" :md="8" :lg="6">
          <el-form-item label="付费类型" prop="paid_type">
            <paid-type-select v-model="formData.paid_type"></paid-type-select>
          </el-form-item>
        </el-col>
        <el-col :sm="12" :md="8" :lg="6">
          <el-form-item label="添加时间" prop="creator_time">
            <el-date-picker
v-model="formData.creator_time"
type="daterange" start-placeholder="开始时间"
end-placeholder="结束时间"
format="YYYY-MM-DD"
value-format="YYYY-MM-DD" />
          </el-form-item>
        </el-col>
      </el-row>
      <el-row>
        <el-button type="primary" @click.prevent="handleQuery （1） " native-type="submit">查询</
el-button>
        <el-button @click="handleReset(myForm)">重置</el-button>
        <!-- 使用store的getters判断是否有权限，12表示课程管理的权限ID -->
```

```
            <el-button type="primary"
            @click="handleShow('insert')"
            v-if="store.getters.hasPermission(12)">增加</el-button>
        </el-row>
    </el-form>
    <el-table :data="modelValue" border>
        <el-table-column prop="name" label="课程名称">
        </el-table-column>
        <el-table-column prop="category" label="类别">
        </el-table-column>
        <el-table-column prop="paid_type" label="付费类型">
            <template #default="scope">
                <span>{{ scope.row.paid_type == 0 ? '免费' : scope.row.paid_type == 1 ? '付费' : '限免' }}</
span>
            </template>
        </el-table-column>
        <el-table-column prop="price" label="价格（元）">
        </el-table-column>
        <el-table-column label="封面图">
            <template #default="scope">
                <img :src="scope.row.cover" class="image" />
            </template>
        </el-table-column>
        <el-table-column prop="creator_time" label="创建时间" />
        <!-- 操作按钮列 -->
        <el-table-column label="操作">
            <template #default>
                <el-button type="warning" :icon="Edit" circle plain text />
                <el-button type="danger" :icon="Delete" circle plain text />
            </template>
        </el-table-column>
    </el-table>
  <el-pagination
    :currentPage="formData.currentPage"
    :page-size="formData.pageSize"
    :page-sizes="[10, 20, 50]"
    layout="total, sizes, prev, pager, next, jumper"
    :total="total"
    @size-change="handleSizeChange"
    @current-change="handleCurrentChange"
/>
</section>
```

```
</template>
<script lang="ts" setup>
// 省略部分代码
/**
 * 点击增加按钮，显示增加页面
 */
const handleShow = (value:"insert") => {
  // 触发查询事件（子传父）
  emits("show", value);
}

handleReset(undefined);

// 将重置方法暴露给父组件
defineExpose({handleReset})
</script>
```

定义付费类型下拉框组件，增加 src/components/course/PaidTypeSelect.vue 文件，代码如下。

```
<template>
  <el-select>
    <el-option value="" v-if="empty"></el-option>
    <el-option
    v-for="item in paidTypeOptions"
    :key="item.value"
    :label="item.label"
    :value="item.value" />
  </el-select>
</template>
<script lang="ts" setup>
import { defineProps } from "vue";

// 是否包含空选项
defineProps({
 empty: {
  type: Boolean,
  default: () => true,
 },
});

// 选项
const paidTypeOptions = [
```

```
  { label: "免费", value: "0" },
  { label: "付费", value: "1" },
  { label: "限免", value: "2" },
];
</script>
```

说明：关于课程封面图片，可以使用七牛云OSS存储，提高网站访问速度。篇幅所限，作为拓展任务完成。

编写增加页面，并完成在列表页面点击“增加”按钮，可以显示增加页面的功能。添加src/components/course/CouseInsert.vue文件：定义增加组件，代码如下。

```
<template>
  <el-dialog :model-value="true" title="课程增加" width="80% " :close-on-click-modal="false" :be-
fore-close="handleClose">
    <el-form ref="myForm" :model="formData" :rules="rules" label-width="100px">
      <el-row>
        <el-col :md="12" :sm="24">
          <el-form-item label="课程名称" prop="name">
            <el-input v-model="formData.name" maxlength="32" />
          </el-form-item>
        </el-col>
        <el-col :md="12" :sm="24">
          <el-form-item label="课程类别" prop="category">
            <el-input v-model="formData.category" maxlength="32" placeholder="填写java、vue、python等"
/>
          </el-form-item>
        </el-col>
        <el-col :md="12" :sm="24">
          <el-form-item label="付费类型" prop="paid_type">
            <paid-type-select v-model="formData.paid_type" :empty="false"></paid-type-select>
          </el-form-item>
        </el-col>
        <el-col :md="12" :sm="24">
          <el-form-item label="价格" prop="price">
            <el-input v-model="formData.price" type="number" maxlength="8">
              <template #append>元</template>
            </el-input>
          </el-form-item>
        </el-col>
        <el-col :md="12" :sm="24">
          <el-form-item label="讲师" prop="lecturer">
            <el-input v-model="formData.lecturer" maxlength="32" placeholder="填写讲师姓名"/>
          </el-form-item>
```

```
        </el-col>
        <el-col :md="24">
          <el-form-item label="封面图" prop="cover">
            <image-upload v-model="formData.cover" />
          </el-form-item>
        </el-col>
        <el-col :md="24">
          <el-form-item label="课程描述" prop="description">
            <el-input type="textarea" v-model="formData.description" maxlength="256" :rows="5" resize=
"none" />
          </el-form-item>
        </el-col>
      </el-row>
      <el-row>
        <el-button type="warning" @click="handleClose">{{ updateData.length == 0 ? "取消" : "关闭" }}</
el-button>
        <el-button @click="handleClear(myForm)">清空</el-button>
        <el-button type="primary" @click.prevent="handleInsert(myForm)" native-type="submit" > 增 加 </
el-button>
      </el-row>
    </el-form>
  </el-dialog>
</template>

<script setup lang="ts">
// 省略部分代码
// 记录增加的数据
const updateData = reactive<any[]>([]);

// 定义事件触发器
const emits = defineEmits(["close"]);

// 接收表单参数
const formData = reactive({
  name: "",
  cover: "",
  price: 0,
  paid_type: "0",
  lecturer: "",
  category: "",
  description: ""
});
```

```
const myForm = ref<FormInstance>();

const rules = reactive<FormRules>({
  name: [{ required: true, message: "请输入标题", trigger: "blur" }],
  price: [{ required: true, message: "请输入价格", trigger: "blur" }],
  category: [{ required: true, message: "请选择类别", trigger: "blur" }],
  lecturer: [{ required: true, message: "请输入讲师", trigger: "blur" }],
});

const handleClose = () => {
  emits("close", updateData);
  updateData.length = 0;
};

const handleClear = (myForm: FormInstance) => {
  if (!myForm) {
    return;
  }
  myForm.resetFields();
}

const handleInsert = (myForm: FormInstance) => {
  myForm.validate((valid) => {
    // 校验失败
    if (!valid) {
      return;
    }

    // 发起请求
    request({
      data: formData,
      method: "POST",
      url: "/course/insert" }).then(res => {
      if (res.data.code > 0) {
        alert("增加成功");
        updateData.push({ ...formData });
        myForm.resetFields();
      } else {
        alert("增加失败");
      }
```

```
  }, () => {
    alert("增加失败");
  })
 });
}
</script>
```

修改 src/views/CourseViews.vue 文件：引入增加组件，并控制增加组件的显示与隐藏，代码如下。

```
<template>
 <section>
  <!-- 面包屑导航组件 -->
  <bread-crumb :model-value="navData"></bread-crumb>
  <!-- 表格组件 -->
  <table-component ref="tableRef" @show="handleShow"></table-component>
  <!-- 使用 keep-alive 搭配动态组件，进行增加、修改组件的缓存 -->
  <keep-alive>
   <component
   :is="getComponent"
   :rowData="rowData"
   @close="handleClose"></component>
  </keep-alive>
 </section>
</template>
<script lang="ts" setup>
// 省略部分代码
// 面包屑数据
const navData = [
 {
  name: "课程列表"
 }
]

// 关闭/隐藏组件
const showValue = ref<string>("");

// 表格组件的引用
const tableRef = ref<any>();

// 要修改的行数据
const rowData = ref<any>({});



/**
```

```
 * 显示组件
 * @param
 */
const handleShow = (value: string,row?: any) => {
  showValue.value = value;
  if (row) {
    rowData.value = row;
  }
}

/**
 * 关闭组件
 * @param updated 是否有新数据更新（或更新的数据）
 */
const handleClose = (updated: boolean | any) => {
  showValue.value = "";
  if (updated) {
    if (tableRef?.value) {
      tableRef.value.handleReset()
    }
  }
}

// 根据showValue值，获取要显示的组件
const getComponent = computed(() => {
  if (showValue.value == "update") {
    return UpdateComponent;
  } else if (showValue.value == "insert") {
    return InsertComponent;
  } else {
    return null;
  }
})
</script>
```

③ 编程添加课程Java接口

定义用户增加或修改课程的DTO类，编写stuplatform.dto.CourseDTO.java类，代码如下。

```
@Data
public class CourseDTO {
    private Integer id;
    @NotBlank(message="手机号码不能为空")
```

```
    private String name;
    private String cover;
    private Integer price;
    @NotBlank(message="付费类型不能为空")
    private Integer paid_type;
    @NotBlank(message="讲师名称不能为空")
    private String lecturer;
    @NotBlank(message="类别不能为空")
    private String category;
    private String description;
    private Integer creator_by;
    private Integer update_by;
    private Integer status;
}
```

添加增加课程的方法，修改stuplatform.controller.CourseController.java类，代码如下。

```
@RestController
@RequestMapping("course")
@Tag(name = "课程")
public class CourseController {
    @Autowired
    private CourseService courseService;
    @PostMapping("queryList")
    public ResponseEntity queryList(@RequestBody CourseListDTO courseListDTO) throws Exception {
        return ResponseEntity.ok(courseService.queryList(courseListDTO));
    }
    @PostMapping("insert")
    public ResponseEntity insert(@RequestBody CourseDTO courseDTO) throws Exception {
        return ResponseEntity.ok(courseService.insert(courseDTO));
    }
}
```

添加stuplatform.config.BaseConfig类：用于配置系统中需要用到的对象，这里添加一个ThreadLocal对象，代码如下。

```
/**
 * 定义系统中需要用到的对象
 */
@Configuration
public class BaseConfig {


    /**
     * 用于保存当前线程中登录管理员的ID
     * @return
```

```
    */
    @Bean
    public ThreadLocal<Integer> adminIdTheadLocal() {
        return new ThreadLocal<>();
    }
}
```

修改stuplatform.interceptor.PromissionInterceptor类：增加课程信息时，需要记录当前操作管理员的主键。现在已经在权限拦截器中校验出了用户身份，只需要使用ThreadLocal对象将ID记录下来即可，代码如下。

```
/**
 * 权限拦截器
 */
@Component
@Slf4j
public class PermissionInterceptor implements HandlerInterceptor {
    private final RedisTemplate redisTemplate;
    private final JWTUtils jwtUtils;
    /**
     * 用于保存当前登录管理员的身份信息
     */
    private final ThreadLocal<Integer> adminIdTheadLocal;
    @Autowired
    public PermissionInterceptor(RedisTemplate redisTemplate,
                                 JWTUtils jwtUtils,
                                 @Qualifier("adminIdTheadLocal") ThreadLocal<Integer> adminIdTheadLocal) {
        this.redisTemplate = redisTemplate;
        this.jwtUtils = jwtUtils;
        this.adminIdTheadLocal = adminIdTheadLocal;
    }
    /**
     * 调用Controller之前执行：
     * 1.获取请求头信息中的token，判断token是否有效
     * 2.从redis中获取用户权限信息，与当前的uri地址是否匹配
     */
    @Override
    public boolean preHandle(HttpServletRequest request,
                             HttpServletResponse response,
                             Object handler) throws Exception {
        String requestURI = request.getRequestURI();
        log.info("拦截器" + requestURI);
        // 读出用户的身份令牌数据
        String tokenStr = request.getHeader("Authorization");
```

```
        response.setContentType("application/json;charset=utf-8");
        if (null == tokenStr) {
            response.getWriter().write("{\"code\":0,\"msg\":\"没有传 Token\"}");
            return false;
        }
        //解密
        Map<String,Object> map = jwtUtils.decodeTokenStr(tokenStr);
        //生成redis的key
        String key = jwtUtils.generateCacheKey(map,jwtUtils.getIp(request));
        map = (Map<String, Object>) redisTemplate.opsForValue().get(key);
        //表示已经登录：部分功能登录后就能使用的可以写在这里判断
        if (null != map) {
            if ("/qiniu/getToken".equals(requestURI)) {
                log.info("登录后可以使用的API：" + requestURI);
                return true;
            }
        }
        Set<String> permissionSet = (Set<String>)map.get("permissionSet");
        Integer id = (Integer) map.get("id");
        adminIdTheadLocal.set(id);
        //使用流式编程判断uri是否在权限集合中
        boolean b = permissionSet.stream().anyMatch(s → checkMatches(requestURI,s));
        if (b) {
            return true;
        }
        response.getWriter().write("{\"code\":0,\"msg\":\"没有权限\"}");
        return false;
    }
//...后续其他代码
}
```

定义添加课程模块的逻辑层CourseService接口定义，定义增加课程信息的方法，编写stuplatform.service.CourseService.java文件，代码如下。

```
public interface CourseService {
  ResultEntity queryList(CourseListDTO courseListDTO) throws Exception;
  ResultEntity insert(CourseDTO courseDTO) throws Exception;
}
```

课程模块的逻辑层实现定义，实现增加课程信息的方法，编写stuplatform.service.impl.CourseServiceImpl.java文件，代码如下。

```
@Service
@Slf4j
```

```
public class CourseServiceImpl implements CourseService {
  @Autowired
  private CourseMapper courseMapper;
  @Autowired
  @Qualifier("adminIdTheadLocal")
  private ThreadLocal<Integer> adminIdTheadLocal;
  @Override
  public ResultEntity queryList(CourseListDTO courseListDTO) {
    log.info("courseListDTO = " + courseListDTO);
    // 开启分页
    PageHelper.startPage(courseListDTO.getCurrentPage(),
          courseListDTO.getPageSize(),
          "update_time desc");
    PageInfo pageInfo = new PageInfo(courseMapper.queryList(courseListDTO));
    return ResultEntity.success("查询成功",pageInfo);
  }
  @Override
  public ResultEntity insert(CourseDTO courseDTO) throws Exception {
    courseDTO.setCreator_by(adminIdTheadLocal.get());
    courseDTO.setUpdate_by(adminIdTheadLocal.get());
    courseDTO.setStatus(0);
    int result = courseMapper.insert(courseDTO);
    if (result > 0) {
      return ResultEntity.success("添加成功");
    } else {
      return ResultEntity.error("添加失败");
    }
  }
}
```

添加定义增加课程信息的方法，修改 stuplatform.mapper.CourseMapper.java 接口，代码如下。

```
public interface CourseMapper {
  /**
   * 查询课程列表
   * @param courseListDTO
   * @return
   */
  List<CourseListVO> queryList(CourseListDTO courseListDTO);


  /**
   * 增加课程信息
```

```
     * @param courseDTO
     * @return
     */
    int insert(CourseDTO courseDTO);
}
```

修改 resources/mapper/CourseMapper.xml 文件：添加配置增加课程信息的 SQL 语句，代码如下。

```
<?xml version="1.0" encoding="UTF-8" ?>
<!DOCTYPE mapper PUBLIC "-//mybatis.org//DTD Mapper 3.0//EN" "http://mybatis.org/dtd/myba-
tis-3-mapper.dtd">
<mapper namespace="org.hydrakyoufeng.stuplatform.mapper.CourseMapper">
  <!-- ...之前的代码... -->
    <!-- 插入课程信息的SQL语句 -->
  <insert id="insert" parameterType="org.hydrakyoufeng.stuplatform.dto.CourseDTO">
    INSERT INTO elp_course (name,
    <if test="cover != null and cover neq ''">cover,</if>
    price,
    paid_type,
    lecturer,
    category,
    description,
    creator_by,
    update_by,
    status)
    VALUES (#{name},
    <if test="cover != null and cover neq ''">#{cover},</if>
    #{price},
    #{paid_type},
    #{lecturer},
    #{category},
    #{description},
    #{creator_by},
    #{update_by},
    #{status})
  </insert>

</mapper>
```

至此，添加课程的后端API接口编写完成。经过单元测试后，在添加课程界面上输入课程信息，能成功将课程信息保存到数据库，添加课程功能完成。

（3）步骤3：课程修改功能

课程修改界面与课程添加界面类似。从课程列表中选择具体某条课程后进入课程修改界面，需要先调用后端接口将课程信息展示到界面上，用户在界面上修改数据后再调用后端更新接口，以便将新数据保存至数据库中。

① 管理端界面制作及功能开发

● 课程修改界面制作

在课程列表界面中增加课程修改的入口，需修改src/components/course/CourseTable.vue文件，为修改按钮添加事件处理逻辑，通过store中的getters判断是否应显示该修改按钮，代码如下。

```
<template>
  <section>
      <el-table :data="modelValue" border>
      <el-table-column prop="name" label="课程名称">
      </el-table-column>
      <el-table-column prop="category" label="类别">
      </el-table-column>
      <el-table-column prop="paid_type" label="付费类型">
        <template #default="scope">
          <span>{{ scope.row.paid_type == 0 ? '免费' : scope.row.paid_type == 1 ? '付费' : '限免' }}</
span>
        </template>
      </el-table-column>
      <el-table-column prop="price" label="价格（元）">
      </el-table-column>
      <el-table-column label="封面图">
        <template #default="scope">
          <img :src="scope.row.cover" class="image" />
        </template>
      </el-table-column>
      <el-table-column label="状态">
        <template #default="scope">
          <span>{{getStatus(scope.row.status)}}</span>
        </template>
      </el-table-column>
      <el-table-column prop="creator_time" label="创建时间" />
      <!-- 操作按钮列 -->
      <el-table-column label="操作">
        <template #default="scope">
          <!-- 使用store的getters判断是否有权限，12表示课程管理的权限ID -->
          <el-button
          v-if="store.getters.hasPermission(12)"
          type="warning" :icon="Edit"
          circle plain text
          @click="handleShow('update',scope.row)" />
          <el-button type="danger" :icon="Delete" circle plain text />
```

```
          </template>
        </el-table-column>
      </el-table>
    </section>
</template>
<script lang="ts" setup>
// 省略部分代码

/**
 * 点击增加或修改按钮，显示增加或修改页面
 */
const handleShow = (value:"insert" | "update",rowData?:any) => {
  // 触发显示事件（子传父）
  emits("show", value,rowData);
}
</script>
```

● 创建共用下拉框组件

创建状态下拉框组件，因为很多模块的数据都有状态，且状态码定义一致，所以放入public公共组件中。添加src/components/public/StatusSelect.vue文件，代码如下。

```
<template>
  <el-select>
    <el-option value="" v-if="empty"></el-option>
    <el-option
    v-for="item in options"
    :key="item.value"
    :label="item.label"
    :value="item.value" />
  </el-select>
</template>
<script lang="ts" setup>
import { defineProps } from "vue";

// 是否包含空选项
defineProps({
 empty: {
  type: Boolean,
  default: () => true,
 },
});

// 选项
```

```
const options = [
  { label: "正常", value: "0" },
  { label: "审核中", value: "1" },
  { label: "草稿", value: "2" },
  { label: "被否决", value: "7" },
  { label: "禁用", value: "8" },
  { label: "已删除", value: "9" },
];
</script>
```

● 创建课程修改组件

用于定义课程的修改组件。修改组件可以使用增加组件的代码作为基础进行修改，两个组件的内容很相似。为保持解耦合性增加和修改功能，不推荐共用一个组件。添加 src/components/course/CourseUpdate.vue 文件，代码如下。

```
<template>
  <el-dialog :model-value="modelValue" title="课程增加" width="80%" :close-on-click-modal="false" :be-
fore-close="handleClose">
    <el-form ref="myForm" :model="formData" :rules="rules" label-width="100px">
      // 此处省略编辑课程界面
    </el-form>
  </el-dialog>
</template>

<script setup lang="ts">
// 此处省略部分代码
const handleUpdate = (myForm: FormInstance) => {
  myForm.validate((valid) => {
    // 校验失败
    if (!valid) {
      return;
    }

    // 发起请求
    request({
      data: formData,
      method: "POST",
      url: "/course/update" }).then(res => {
      if (res.data.code > 0) {
        alert("修改成功");
        handleClose();
      } else {
        alert("修改失败");
```

```
    }
  }, () => {
    alert("修改失败");
  })
 });
}
</script>

<style scoped lang="scss">
:deep(.w-e-text-container video) {
  width: 100%;
}
</style>
```

● 界面引入课程修改组件

修改src/views/CourseView.vue文件：引入修改组件，并控制其显示，代码如下。

```
<template>
 <section>
   <table-component  :model-value="tableData"  :total="total"  ref="tableRef"  @query="handleQuery"
@show="handleShow"></table-component>
   <keep-alive>
    <component
    :is="getComponent"
    :rowData="rowData"
    @close="handleClose"></component>
   </keep-alive>  </section>
</template>
<script lang="ts" setup>
// 省略部分代码

// 关闭/隐藏组件
const showObj = reactive<any>({});
// 定义useObj主要是为了避免组件使用v-if被不断销毁并重建
// 第一次显示组件时useObj和showObj都为true，关闭时只将showObj中的值改为false，而useObj不变
const useObj = reactive<any>({});

// 表格数据
const tableData = reactive<Array<object>>([]);

// 要修改的行数据
const rowData = ref<any>({});


/**
```

```
 * 显示组件
 * @param
 */
const handleShow = (value: string,row?: any) => {
  showValue.value = value;
  if (row) {
    rowData.value = row;
  }
}

/**
 * 关闭组件
 * @param updated 是否有新数据更新（或更新的数据）
 */
const handleClose = (updated: boolean | any) => {
  showValue.value = "";
  if (updated) {
    if (tableRef?.value) {
      tableRef.value.handleReset()
    }
  }
}

// 根据showValue值，获取要显示的组件
const getComponent = computed(() => {
  if (showValue.value == "update") {
    return UpdateComponent;
  } else if (showValue.value == "insert") {
    return InsertComponent;
  } else {
    return null;
  }
})
</script>
```

至此，课程修改相关界面制作完成。接下来进行后端接口开发。

② 课程修改Java接口开发

在之前创建好的Spring Boot项目中，添加与完成课程修改相关的接口和方法。

● 创建课程修改Controller层

首先添加修改课程的API接口，添加stuplatform.controller.Controller.java文件，代码如下。

```
@RestController
@RequestMapping("course")
```

```
@Tag(name = "课程")
public class CourseController {
  @Autowired
  private CourseService courseService;

  @PostMapping("queryList")
  public ResponseEntity queryList(@RequestBody CourseListDTO courseListDTO) throws Exception {
    return ResponseEntity.ok(courseService.queryList(courseListDTO));
  }
  @PostMapping("insert")
  public ResponseEntity insert(@RequestBody CourseDTO courseDTO) throws Exception {
    return ResponseEntity.ok(courseService.insert(courseDTO));
  }

  @PostMapping("update")
  public ResponseEntity update(@RequestBody CourseDTO courseDTO) throws Exception {
    return ResponseEntity.ok(courseService.update(courseDTO));
  }
}
```

- 创建课程并修改Service层

添加修改课程信息的方法声明，添加 stuplatform.service.CourseService.java 接口文件，代码如下。

```
public interface CourseService {
  ResultEntity queryList(CourseListDTO courseListDTO) throws Exception;
  ResultEntity insert(CourseDTO courseDTO) throws Exception;
  ResultEntity update(CourseDTO courseDTO) throws Exception;
}
```

修改课程信息的方法实现，创建 stuplatform.service.impl.CourseServiceImple.java 类，代码如下。

```
@Service
@Slf4j
public class CourseServiceImpl implements CourseService {
  @Autowired
  private CourseMapper courseMapper;
  @Autowired
  @Qualifier("adminIdTheadLocal")
  private ThreadLocal<Integer> adminIdTheadLocal;
  @Override
  public ResultEntity queryList(CourseListDTO courseListDTO) {
    log.info("courseListDTO = " + courseListDTO);
    // 开启分页
    PageHelper.startPage(courseListDTO.getCurrentPage(),
        courseListDTO.getPageSize(),
```

```
            "update_time desc");
        PageInfo pageInfo = new PageInfo(courseMapper.queryList(courseListDTO));
        return ResultEntity.success("查询成功",pageInfo);
    }
    @Override
    public ResultEntity insert(CourseDTO courseDTO) throws Exception {
        courseDTO.setCreator_by(adminIdTheadLocal.get());
        courseDTO.setUpdate_by(adminIdTheadLocal.get());
        courseDTO.setStatus(0);
        int result = courseMapper.insert(courseDTO);
        if (result > 0) {
            return ResultEntity.success("添加成功");
        } else {
            return ResultEntity.error("添加失败");
        }
    }
    @Override
    public ResultEntity update(CourseDTO courseDTO) throws Exception {
        courseDTO.setUpdate_by(adminIdTheadLocal.get());
        int result = courseMapper.update(courseDTO);
        if (result > 0) {
            return ResultEntity.success("修改成功");
        } else {
            return ResultEntity.error("修改失败");
        }
    }
}
```

- 定义课程并修改数据访问层Mapper接口

修改课程信息的方法声明，添加stuplatform.mapper.CourseMapper.java接口，代码如下。

```
public interface CourseMapper {

    /**
     * 查询课程列表
     * @param courseListDTO
     * @return
     */
    List<CourseListVO> queryList(CourseListDTO courseListDTO);

    /**
     * 增加课程信息
```

```
     * @param courseDTO
     * @return
     */
    int insert(CourseDTO courseDTO);

    /**
     * 修改课程信息
     * @param courseDTO
     * @return
     */
    int update(CourseDTO courseDTO);
}
```

数据访问层SQL语句实现，新增resources/mapper/CourseMapper.xml文件，代码如下。

```
<?xml version="1.0" encoding="UTF-8" ?>
<!DOCTYPE mapper PUBLIC "-//mybatis.org//DTD Mapper 3.0//EN" "http://mybatis.org/dtd/mybatis-3-mapper.dtd">
<mapper namespace="org.hydrakyoufeng.stuplatform.mapper.CourseMapper">
    <!-- ...之前的其他代码... -->
    <!-- 更新课程信息的SQL语句 -->
    <update id="update" parameterType="org.hydrakyoufeng.stuplatform.dto.CourseDTO">
        UPDATE elp_course
        SET
        name = #{name},
        cover = #{cover},
        price = #{price},
        paid_type = #{paid_type},
        lecturer = #{lecturer},
        category = #{category},
        description = #{description},
        update_by = #{update_by},
        update_time = CURRENT_TIMESTAMP
        WHERE
        id = #{id}
    </update>
</mapper>
```

③ 课程修改功能测试

点击修改按钮，在弹出的页面中完成，修改、重置、取消功能的测试。

（4）步骤4：课程删除功能

管理员通过课程列表界面删除指定的课程，界面效果如图3-10所示。

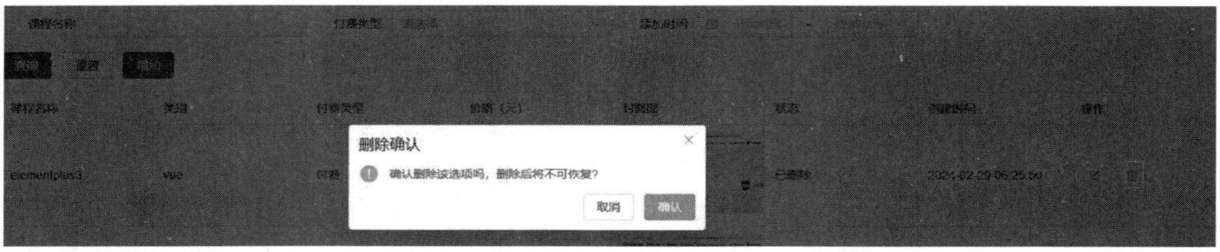

图 3-10　删除课程提示框

① 删除课程相关界面制作

删除功能页面制作比较简单，直接在列表页面上操作即可。为了防止误操作，需要弹出提示框让用户确认后才能删除。

在原有的课程列表界面上，添加删除按钮的功能。修改课程列表界面文件 src/components/course/CourseTable.vue，添加删除功能，代码如下。

```
<template>
 <section>
  <el-table :data="tableData" border>
   <!—省略课程列表内容-->

   <!-- 操作按钮列 -->
   <el-table-column label="操作">
    <template #default="scope">
     <div class="btn-box">
      <!—删除按钮 -->
      <el-button
       v-if="store.getters.hasPermission(12)"
       type="danger"
       :icon="Delete"
       circle
       plain
       text
       @click="handleDelete(scope.row.id)"
      />
     </div>
    </template>
   </el-table-column>
  </el-table>
 </section>
</template>
<script lang="ts" setup>
//…省略部分内容
const handleDelete = (id: number) => {
```

```
 ElMessageBox.confirm("确认删除该选项吗，删除后将不可恢复?", "删除确认", {
  confirmButtonText: "确认",
  cancelButtonText: "取消",
  type: "warning",
 }).then(() => {
  request({ url: '/course/delete/${id}', method: "DELETE" }).then(
   ({ data }) => {
    if (data.code > 0) {
     alert("删除成功");
     handleReset(myForm.value);
    } else {
     alert("删除失败");
    }
   }
  );
 });
};
</script>
```

② 删除课程Java接口编写

● 删除课程Controller层实现

在stuplatform.controller.CourseController.java类中，添加删除课程信息的API接口声明，代码如下。

```
@RestController
@RequestMapping("course")
@Tag(name = "课程")
public class CourseController {
  @Autowired
  private CourseService courseService;

  @DeleteMapping("delete/{id}")
  public ResponseEntity delete(@PathVariable("id") Integer id) throws Exception  {
    return ResponseEntity.ok(courseService.delete(id));
  }
}
```

● 删除课程Service层实现

在stuplatform.service.CourseService.java中，添加删除课程信息的方法声明，代码如下。

```
public interface CourseService {
  // 之前的其他代码...
  ResultEntity delete(Integer id);
}
在 stuplatform.service.impl.CourseServiceImpl.java 类：添加删除课程信息的方法实现。
@Service
```

```
@Slf4j
public class CourseServiceImpl implements CourseService {
  // 之前的其他代码...
  @Override
  public ResultEntity<Object> delete(Integer id) {
    CourseDTO courseDTO = new CourseDTO();
    courseDTO.setId(id);
    courseDTO.setUpdate_by(adminIdTheadLocal.get());
    int result = courseMapper.delete(courseDTO);
    if (result > 0) {
      return ResultEntity.success("删除成功");
    } else {
      return ResultEntity.error("删除失败");
    }
  }
}
```

● 删除课程数据访问层实现

在stuplatform.mapper.CourseMapper.java接口中，添加删除课程信息的DAO层方法声明，代码如下。

```
public interface CourseMapper {
  // 之前的其他代码...

  /**
   * 删除课程信息
   * @param courseDTO
   * @return
   */
  int delete(CourseDTO courseDTO);
}
```

在resources/mapper/CourseMapper.xml文件中，配置删除课程信息的SQL语句，代码如下。

```
<?xml version="1.0" encoding="UTF-8" ?>
<!DOCTYPE mapper PUBLIC "-//mybatis.org//DTD Mapper 3.0//EN" "http://mybatis.org/dtd/mybatis-3-mapper.dtd">
<mapper namespace="org.hydrakyoufeng.stuplatform.mapper.CourseMapper">
  <delete id="delete" parameterType="org.hydrakyoufeng.stuplatform.dto.CourseDTO">
    UPDATE elp_course
    SET status = 9,
    update_time = CURRENT_TIMESTAMP,
    update_by = #{update_by}
    WHERE
    id = #{id}
```

```
  </delete>
</mapper>
```

至此，删除课程的Java接口开发完成。

③ 删除课程功能测试

点击课程列表后的“删除”按钮，弹出删除框，可以成功删除课程。

说明：课程删除采用逻辑删除方式，数据并非真实从数据库中移除，而是通过标记状态的方式实现“删除”。

二、职业知识

1. OSS对象云存储

新增课程时需要上传封面图片，如果把图片都存储在程序所在的服务器，当网速较慢时会影响平台的使用体验。可以采用“数应分离”的思想，将数据和应用分离，将图片等资源采用OSS云存储。

文件上传是常见的网络需求。因为单台服务器的存储空间有限，不易扩展，所以不会将文件直接上传到应用服务器。为此，可以使用对象存储服务（object storage service，OSS）来完成文件的上传和下载。例如阿里云、七牛云等提供的OSS服务就是这样一个平台，提供OSS存储和检索非结构化数据和元数据对象（如文档、图片、视频等）。如图3-11所示为OSS云存储。

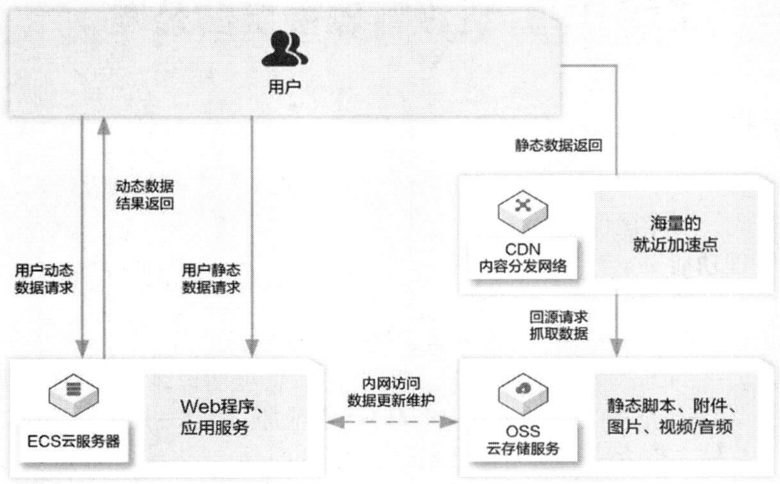

图3-11　OSS云存储

（1）对象存储OSS的特点

① 稳定

- 服务可用性不低于99.9%。
- 规模自动扩展。
- 数据冗余备份，持久性达99.999 999 999%。

② 低成本

- OSS使用成本很低。
- 内网地址访问免流量费。
- 无需运维投入。

③ 安全

- 结合云盾防DDoS系统。
- 多种安全认证机制。
- 提供访问日志，有助于追查非法访问。

④ 大规模、高性能

- 存储容量可无限扩展。
- 处理能力弹性增加。
- 多线BGP网络，确保各运营商访问流畅。

（2）常用的OSS产品

- 七牛云：对象存储产品（Kodo OSS），产品主页：https://www.qiniu.com/products/kodo
- 阿里云：阿里云OSS，https://www.aliyun.com/product/oss。
- 华为云：华为云OBS，https://www.huaweicloud.com/product/obs.html。
- Amazon S3：https://aws.amazon.com/cn/s3/。
- 开源MiniIO：https://min.io。

任务四 班级管理模块的开发

一、职业行动

本任务主要完成学习平台管理端的班级管理功能，包括查询班级列表，以及对班级进行添加、修改、删除操作。

1. 班级管理功能

（1）查询班级列表

- 用户点击左侧菜单树中的班级列表，进入班级列表页面。
- 系统以表格的方式列出班级信息，列出的信息包括班级名称、封面图、班级方向、入班方式（1—无需审核，2—需审核，3—拒绝加入，4—禁用）、年级、状态（正常、审核中、草稿、被否决、禁用、已删除）、创建时间。
- 用户填写查询条件：班级名称、入班方式、年级、创建时间（范围）。
- 系统根据查询条件对列表中的数据进行筛选。

（2）增加班级

- 在班级列表页面中，用户点击“增加”按钮。
- 系统提示录入资料。
- 用户输入班级名称、班级类别（例如：JavaSE,JavaScript,Vue）、入班方式（1—无需审核，2—需审核，3—拒绝加入，4—禁用）、年级、班级封面图。输入完成后提交这些资料。

● 系统校验用户输入是否合法。

● 用户点击“关闭”按钮结束该流程。

● 系统回到班级列表页面并刷新数据。

（3）修改班级

● 在班级列表页面中，用户选择需要修改的班级信息。

● 系统列出用户选择的班级信息的资料：班级名称、班级类别（例如：JavaSE、JavaScript、Vue）、入班方式（1—无需审核，2—需审核，3—拒绝加入，4—禁用）、年级、班级封面图。

● 用户修改列出的资料后提交这些资料。

● 系统校验用户输入是否合法。

● 系统结束该流程，然后回到班级列表页面并刷新数据。

（4）删除班级

● 在班级列表页面中，用户选择需要删除的班级信息。

● 系统提示用户是否确认删除班级信息。

● 用户确认后，系统完成流程。

● 系统刷新班级列表页面。

（5）班级课程分配

● 在班级列表页面中，用户选择需要分配课程的班级信息。

● 系统提示用户选择需要分配的课程。

● 用户确认后，系统完成流程。

● 系统刷新班级列表页面。

2. 流程

（1）步骤1：制作班级管理模块页面

① 制作班级管理页面

以之前制作的课程管理的页面为蓝本制作页面。采用组件化思想，将班级列表、班级新增、班级修改界面单独封装为组件，引入班级管理界面中，方便后续维护。先制作班级管理页面，修改src/views/ClassView.vue文件，代码如下。

```
<template>
  <section>
    <bread-crumb :model-value="navData"></bread-crumb>
    <table-component ref="tableRef" @show="handleShow"></table-component>
    <keep-alive>
      <component
      :is="getComponent"
      :rowData="rowData"
      @close="handleClose"></component>
    </keep-alive>
  </section>
</template>
<script lang="ts" setup>
```

```
// 省略部分代码
/**
 * 显示组件
 * @param
 */
const handleShow = (value: string,row?: any) => {
 showValue.value = value;
 if (row) {
  rowData.value = row;
 }
}

/**
 * 关闭组件
 * @param updated 是否有新数据更新（或更新的数据）
 */
const handleClose = (updated: boolean | any) => {
 showValue.value = "";
 if (updated) {
  if (tableRef?.value) {
   tableRef.value.handleReset()
  }
 }
}

// 根据showValue值，获取要显示的组件
const getComponent = computed(() => {
 if (showValue.value == "update") {
  return UpdateComponent;
 } else if (showValue.value == "insert") {
  return InsertComponent;
 } else {
  return null;
 }
})
</script>
```

② 制作班级表格组件

制作入班方式下拉框组件，添加src/components/class/EntrySelect.vue文件，代码如下。

```
<template>
  <el-select>
    <el-option value="" v-if="empty"></el-option>
```

```
      <el-option
      v-for="item in options"
      :key="item.value"
      :label="item.label"
      :value="item.value" />
    </el-select>
</template>
<script lang="ts" setup>
import { defineProps } from "vue";

// 是否包含空选项
defineProps({
  empty: {
    type: Boolean,
    default: () => true,
  },
});

// 选项：1—无需审核，2—需审核，3—拒绝加入，4—禁用
const options = [
  { label: "无需审核", value: 1 },
  { label: "需审核", value: 2 },
  { label: "拒绝加入", value: 3 },
  { label: "禁用", value: 4 },
];
</script>
```

制作班级表格组件，该组件作为班级管理模块的核心部分，集成了班级列表、班级查询、新增班级的入口以及班级表修改功能的操作接口。需添加 src/components/class/ClassTable.vue 文件，代码如下。

```
<template>
  <section>
    <el-form ref="myForm" :model="formData" label-width="100px">
      // 省略班级搜索表单界面
    </el-form>
    <el-table :data="tableData" border>
      <el-table-column prop="name" label="班级名称"> </el-table-column>
      <el-table-column prop="classify" label="班级方向"> </el-table-column>
      <el-table-column prop="entry" label="入班方式">
        <template #default="scope">
          <span>{{ getEntry(scope.row.entry) }}</span>
        </template>
```

```
</el-table-column>
<el-table-column prop="grade" label="年级"> </el-table-column>
<el-table-column label="封面图">
 <template #default="scope">
  <img :src="scope.row.cover" class="image" />
 </template>
</el-table-column>
<el-table-column label="状态">
 <template #default="scope">
  <span>{{ getStatus(scope.row.status) }}</span>
 </template>
</el-table-column>
<el-table-column prop="creator_time" label="创建时间" />
<!-- 操作按钮列 -->
<el-table-column label="操作">
 <template #default="scope">
  <div class="btn-box">
   <!-- 使用store的getters判断是否有权限，10表示班级管理的权限ID -->
   <el-button
    v-if="store.getters.hasPermission（10）"
    type="warning"
    :icon="Edit"
    circle
    plain
    text
    @click="handleShow('update', scope.row)"
   />
   <el-button
    v-if="store.getters.hasPermission（10）"
    type="danger"
    :icon="Delete"
    circle
    plain
    text
    @click="handleDelete(scope.row.id)"
   />
   <el-button
    v-if="store.getters.hasPermission（10）"
    type="primary"
    plain
    text
    @click="handleShow('course', scope.row)"
```

```
          >
            分配课程
          </el-button>
        </div>
      </template>
    </el-table-column>
  </el-table>

 </section>
</template>
<script lang="ts" setup>
// 省略部分代码

// 引入页面需要用到的图标
import { Delete, Edit } from "@element-plus/icons-vue";

// 使用 computed 的 setter 和 getter 与查询参数的 creator_time_begin 和 creator_time_end 挂钩
formData.creator_time = computed({
  set(val: any) {
    formData.creator_time_begin = val ? val[0] : "";
    formData.creator_time_end = val ? val[1] : "";
  },
  get: () => [formData.creator_time_begin, formData.creator_time_end],
});

/**
 * 将当前表单数据提交进行查询
 */
const handleQuery = (currentPage: number) => {
  formData.currentPage = currentPage;
  formData.pageSize = formData.pageSize || 10;
  request({
    url: "/class/queryList",
    method: "POST",
    data: formData,
  }).then(({ data }) => {
    // 查询成功，将结果数据赋值到 tableData 中
    if (data.code > 0) {
      // 重置表格数据
      tableData.length = 0;
      // 将接口返回的数据数组添加到表格数据中，tableData 是响应式数据，表格组件会自动更新表格
```

```
数据
    tableData.push(...data.data.list);
    // 将接口返回的总行数赋值到total中，total传递到分页器组件中，会自动更新分页器组件中的数据
    total.value = data.data.total;
   }
  });
};

const handleDelete = (id: number) => {
 ElMessageBox.confirm("确认删除该选项吗？删除后用户将无法查看到该班级。", "删除确认", {
  confirmButtonText: "确认",
  cancelButtonText: "取消",
  type: "warning",
 }).then(() => {
  request({ url: '/course/delete/${id}', method: "DELETE" }).then(
   ({ data }) => {
    if (data.code > 0) {
     alert("删除成功");
     handleReset(myForm.value);
    } else {
     alert("删除失败");
    }
   }
  );
 });
};
</script>
```

③ 制作班级信息增加组件

封装班级增加组件，添加src/components/class/ClassInsert.vue文件，代码如下。

```
<template>
 <el-dialog
  :model-value="true"
  title="班级增加"
  width="80%"
  :close-on-click-modal="false"
  :before-close="handleClose"
 >
  <el-form ref="myForm" :model="formData" :rules="rules" label-width="100px">
   <el-row>
    <el-col :md="12" :sm="24">
```

```
    <el-form-item label="班级名称" prop="name">
      <el-input v-model="formData.name" maxlength="32" />
    </el-form-item>
  </el-col>
  <el-col :md="12" :sm="24">
    <el-form-item label="班级方向" prop="classify">
      <el-input
        v-model="formData.classify"
        maxlength="32"
        placeholder="填写java、vue、python等"
      />
    </el-form-item>
  </el-col>
  <el-col :md="12" :sm="24">
    <el-form-item label="入班方式" prop="entry">
      <entry-select
        v-model="formData.entry"
        :empty="false"
      ></entry-select>
    </el-form-item>
  </el-col>
  <el-col :md="12" :sm="24">
    <el-form-item label="年级" prop="grade">
      <el-date-picker
        v-model="formData.grade"
        type="year"
        format="YYYY"
        value-format="YYYY"
        placeholder="选择年份"
      />
    </el-form-item>
  </el-col>
  <el-col :md="24">
    <el-form-item label="封面图" prop="cover">
      <image-upload v-model="formData.cover" />
    </el-form-item>
  </el-col>
  <el-col :md="24">
    <el-form-item label="班级描述" prop="description">
      <el-input
        type="textarea"
        v-model="formData.description"
```

```
          maxlength="256"
          :rows="5"
          resize="none"
        />
      </el-form-item>
    </el-col>
  </el-row>
  <el-row>
    <el-button type="warning" @click="handleClose">{{
      updateData.length == 0 ? "取消" : "关闭"
    }}</el-button>
    <el-button @click="handleClear(myForm)">清空</el-button>
    <el-button
      type="primary"
      @click.prevent="handleInsert(myForm)"
      native-type="submit"
      >增加</el-button
    >
  </el-row>
 </el-form>
</el-dialog>
</template>

<script setup lang="ts">
// 省略部分代码
const handleInsert = (myForm: FormInstance) => {
 myForm.validate((valid) => {
  // 校验失败
  if (!valid) {
   return;
  }

  // 发起请求
  request({
   data: formData,
   method: "POST",
   url: "/class/insert",
  }).then((res) => {
   if (res.data.code > 0) {
    alert("增加成功");
    updateData.push({ ...formData });
```

```
        myForm.resetFields();
      } else {
        alert("增加失败");
      }
    });
  });
};
</script>

<style scoped lang="scss">
:deep(.w-e-text-container video) {
  width: 100%;
}
</style>
```

④ 封装修改班级信息组件

封装班级修改组件，添加src/components/class/ClassUpdate.vue文件，代码如下。

```
<template>
  <el-dialog
    :model-value="true"
    title="课程修改"
    width="80%"
    :close-on-click-modal="false"
    :before-close="handleClose"
  >
    <el-form ref="myForm" :model="formData" :rules="rules" label-width="100px">
      // 省略修改班级表单界面页面代码
    </el-form>
  </el-dialog>
</template>

<script setup lang="ts">
// 省略部分代码

const handleUpdate = (myForm: FormInstance) => {
  myForm.validate((valid) => {
    // 校验失败
    if (!valid) {
      return;
    }

    // 发起请求
```

```
  request({
    data: formData,
    method: "POST",
    url: "/class/update",
  }).then((res) => {
    if (res.data.code > 0) {
      updateData = true;
      alert("修改成功");
      handleClose();
    } else {
      alert("修改失败");
    }
  });
 });
};

// 侦听父传子的参数变化
watch(
 () => props.rowData,
 (newVal) => {
  if (!newVal) {
   return;
  }
  // 将newVal的值合并到formData中，然后组件便根据formData填充值
  // 将数值转为字符串
  newVal.grade = newVal.grade.toString();
  Object.assign(formData, newVal);
 },
 { immediate: true }
);
</script>

<style scoped lang="scss">
:deep(.w-e-text-container video) {
 width: 100%;
}
</style>
```

至此，班级管理相关界面和功能开发完成。

（2）步骤2：开发班级管理模块Java接口

① 控制器层代码编写

根据课程管理的API代码为蓝本，完成API端代码制作。添加班级的控制器stuplatform.controller.ClassController.java文件，代码如下。

```
@RestController
@RequestMapping("class")
@Tag(name = "班级")
public class ClassController {
  @Autowired
  private ClassService classService;

  @PostMapping("queryList")
  public ResponseEntity queryList(@RequestBody ClassListDTO classListDTO) throws Exception {
    return ResponseEntity.ok(classService.queryList(classListDTO));
  }
  @PostMapping("insert")
  public ResponseEntity insert(@RequestBody ClassDTO classDTO) throws Exception {
    return ResponseEntity.ok(classService.insert(classDTO));
  }

  @PostMapping("update")
  public ResponseEntity update(@RequestBody ClassDTO classDTO) throws Exception {
    return ResponseEntity.ok(classService.update(classDTO));
  }

  @DeleteMapping("delete/{id}")
  public ResponseEntity delete(@PathVariable("id") Integer id) throws Exception {
    return ResponseEntity.ok(classService.delete(id));
  }
}
```

② 封装数据传输对象

班级列表的用户请求模型类，添加stuplatform.dto.ClassListDTO.java文件，代码如下。

```
package org.hydrakyoufeng.stuplatform.dto;
import lombok.Data;
@Data
public class ClassListDTO extends PageDTO {
  private Integer grade;
  private String name;
  private String creator_time_begin;
  private String creator_time_end;
  private Integer entry;
}
```

班级增加和修改的用户请求模型类，添加stuplatform.dto.ClassDTO.java文件，代码如下。

```
@Data
public class ClassDTO {
```

```
/**
 * 编号
 */
private Integer id;

/**
 * 班级名称
 */
@NotBlank(message="班级名称不能为空")
private String name;

/**
 * 班级简介
 */
private String description;

/**
 * 封面图 直接存入封面图预览地址：一般为七牛云
 */
private String cover;

/**
 * 班级分类-方向
 */
@NotBlank(message="班级分类方向不能为空")
private String classify;

/**
 * 入班方式：1—无需审核，2—需审核，3—拒绝加入，4—禁用
 */
private Integer entry;

/**
 * 年级 入学年份，年级
 */
@NotBlank(message="班级年级不能为空")
private Integer grade;

/**
 * 创建人编号为当前用户ID
 */
```

```
    private Integer creator_by;

    /**
     * 修改人
     */
    private Integer update_by;

    /**
     * 数据级别  选项：0—正常，1—审核中，2—草稿，7—被否决，8—禁用，9—已删除
     */
    private String status;
}
```

③ 逻辑层代码编写

班级逻辑层接口，添加stuplatform.service.ClassService.java文件，代码如下。

```
package org.hydrakyoufeng.stuplatform.service;
import org.hydrakyoufeng.stuplatform.dto.ClassDTO;
import org.hydrakyoufeng.stuplatform.dto.ClassListDTO;
public interface ClassService {
    Object queryList(ClassListDTO classListDTO) throws Exception;;
    Object insert(ClassDTO classDTO) throws Exception;;
    Object update(ClassDTO classDTO) throws Exception;;
    Object delete(Integer id) throws Exception;;
}
```

班级逻辑层实现，添加stuplatform.service.impl.ClassServiceImpl.java文件，代码如下。

```
@Service
@Slf4j
public class ClassServiceImpl implements ClassService {
    @Autowired
    private ClassMapper classMapper;
    @Autowired
    @Qualifier("adminIdTheadLocal")
    private ThreadLocal<Integer> adminIdTheadLocal;
    @Override
    public Object queryList(ClassListDTO classListDTO) throws Exception {
        log.info("classListDTO = " + classListDTO);
        // 开启分页
        PageHelper.startPage(classListDTO.getCurrentPage(),
                classListDTO.getPageSize(),
                "update_time desc");
        PageInfo pageInfo = new PageInfo(classMapper.queryList(classListDTO));
        return ResultEntity.success("查询成功",pageInfo);
```

```
    }

    @Override
    public Object insert(ClassDTO classDTO) throws Exception {
        classDTO.setCreator_by(adminIdTheadLocal.get());
        classDTO.setUpdate_by(adminIdTheadLocal.get());
        int result = classMapper.insert(classDTO);
        if (result > 0) {
            return ResultEntity.success("添加成功");
        } else {
            return ResultEntity.error("添加失败");
        }
    }

    @Override
    public Object update(ClassDTO classDTO) throws Exception {
        classDTO.setUpdate_by(adminIdTheadLocal.get());
        int result = classMapper.update(classDTO);
        if (result > 0) {
            return ResultEntity.success("修改成功");
        } else {
            return ResultEntity.error("修改失败");
        }
    }

    @Override
    public Object delete(Integer id) throws Exception {
        ClassDTO classDTO = new ClassDTO();
        classDTO.setId(id);
        classDTO.setUpdate_by(adminIdTheadLocal.get());
        int result = classMapper.delete(classDTO);
        if (result > 0) {
            return ResultEntity.success("删除成功");
        } else {
            return ResultEntity.error("删除失败");
        }
    }
}
```

④ 视图模型层代码编写

⑤ 封装班级列表的视图模型类，用于在视图之间传递班级数据，添加stuplatform.vo.ClassListVO.java文件，代码如下。

```
@Data
public class ClassListVO {
    /**
     * 编号
     */
    private Integer id;

    /**
     * 班级描述
     */
    private String description;

    /**
     * 班级名称
     */
    private String name;

    /**
     * 封面图 直接存入封面图预览地址：一般为七牛云
     */
    private String cover;

    /**
     * 班级分类-方向
     */
    private String classify;

    /**
     * 入班方式：1—无需审核，2—需审核，3—拒绝加入，4—禁用
     */
    private Integer entry;

    /**
     * 年级 入学年份，年级
     */
    private Integer grade;

    /**
     * 创建人编号为当前用户 ID
     */
    private Integer creator_by;
```

```
    /**
     * 创建时间 默认为当前时间
     */
    private Date creator_time;

    /**
     * 数据级别 选项：0—正常，1—审核中，2—草稿，7—被否决，8—禁用，9—已删除
     */
    private String status;

}
```

⑥ 数据层代码编写

班级的数据层接口实现，添加stuplatform.mapper.ClassMapper.java文件，代码如下。

```
@Repository
public interface ClassMapper {
    /**
     * 查询班级列表
     * @param classListDTO
     * @return
     */
    List queryList(ClassListDTO classListDTO);

    /**
     * 删除班级：逻辑删除
     * @param classDTO
     * @return
     */
    int delete(ClassDTO classDTO);

    /**
     * 修改班级
     * @param classDTO
     * @return
     */
    int update(ClassDTO classDTO);

    /**
     * 新增班级
     * @param classDTO
```

```
  * @return
  */
 int insert(ClassDTO classDTO);
}
```

添加班级 mapper 配置文件——src/main/resources/mapper/ClassMapper.xml 文件，代码如下。

```
<?xml version="1.0" encoding="UTF-8" ?>
<!DOCTYPE mapper PUBLIC "-//mybatis.org//DTD Mapper 3.0//EN" "http://mybatis.org/dtd/mybatis-3-mapper.dtd">
<mapper namespace="org.hydrakyoufeng.stuplatform.mapper.ClassMapper">

  <!--查询班级列表 -->
  <select id="queryList" resultType="org.hydrakyoufeng.stuplatform.vo.ClassListVO">
    SELECT
    c.id,c.name,c.cover,c.classify,c.entry,c.grade,c.creator_time,c.status,c.description
    FROM
    elp_class c
    <where>
      <if test="name != null and name neq ''">
        AND c.name LIKE CONCAT(#{name},'%')
      </if>
      <if test="entry != null">
        AND c.entry = #{entry}
      </if>
      <if test="grade != null">
        AND c.grade = #{grade}
      </if>
      <if test="creator_time_begin != null and creator_time_begin neq ''">
        AND c.creator_time >= #{creator_time_begin}
      </if>
      <if test="creator_time_end != null and creator_time_end neq ''">
        AND c.creator_time &lt;= CONCAT(#{creator_time_end}, ' 23:59:59')
      </if>
    </where>
  </select>

  <!-- 插入班级信息的SQL语句 -->
  <insert id="insert">
    INSERT INTO elp_class
    (name, description,
    <if test="cover != null and cover neq ''">cover,</if>
```

```
    classify, entry, grade, creator_by, update_by)
    VALUES
    (#{name}, #{description},
    <if test="cover != null and cover neq """>#{cover},</if>
     #{classify}, #{entry}, #{grade}, #{creator_by}, #{update_by})
  </insert>

  <!-- 更新班级信息的SQL语句 -->
  <update id="update">
    UPDATE elp_class
    SET
      name = #{name},
      description = #{description},
      cover = #{cover},
      classify = #{classify},
      entry = #{entry},
      grade = #{grade},
      update_by = #{update_by},
      status = #{status}
    WHERE id = #{id}
  </update>

  <!-- 删除班级：逻辑删除-->
  <delete id="delete" parameterType="org.hydrakyoufeng.stuplatform.dto.CourseDTO">
    UPDATE elp_class
    SET status = 9,
    update_time = CURRENT_TIMESTAMP,
    update_by = #{update_by}
    WHERE
    id = #{id}
  </delete>
</mapper>
```

（3）步骤3：测试班级管理模块功能

- 班级列表查询、查询条件、分页功能是否正常。
- 班级增加，是否进行了数据校验，增加完成后列表是否刷新，并且增加的数据是否显示正确在第一行。
- 班级修改，是否进行了数据校验，修改完成后列表是否刷新，并且修改的数据是否显示正确在第一行。
- 班级删除，是否进行了提示，删除完成后列表是否刷新，并且被删除的数据不再显示在列表中。

完成测试后，班级管理功能的实验便全部完成。

（4）步骤4：开发课程分配功能页面

创建班级之后，需要给班级分配课程，学生通过加入班级来查看课程信息。接下来进行班级课程分配功能模块开发。

① 封装并分配课程组件

课程分配组件，主要完成以下6个功能。

- 页面展示该组件时，首先调用/course/queryListInClass接口以查询已被分配的课程，并将这些课程展示在右侧的结果表格中。
- 提供一个查询框，管理员可以通过名称查询课程，查询时调用/course/queryList-NotInClass接口，查询的结果显示在左侧的表格中。
- 管理员点击左侧表格中的数据，系统将数据放入右侧的结果表格中，并默认选中。
- 在结果表格中，管理员可以更改课程的排列顺序。
- 在结果表格中，管理员可以取消勾选，让该课程最终不进行分配。
- 管理员点击“确认”按钮，调用/class/updateCourse完成课程分配，并根据结果表格中的顺序记录课程的排列顺序。

课程分配界面效果如图3-12所示。

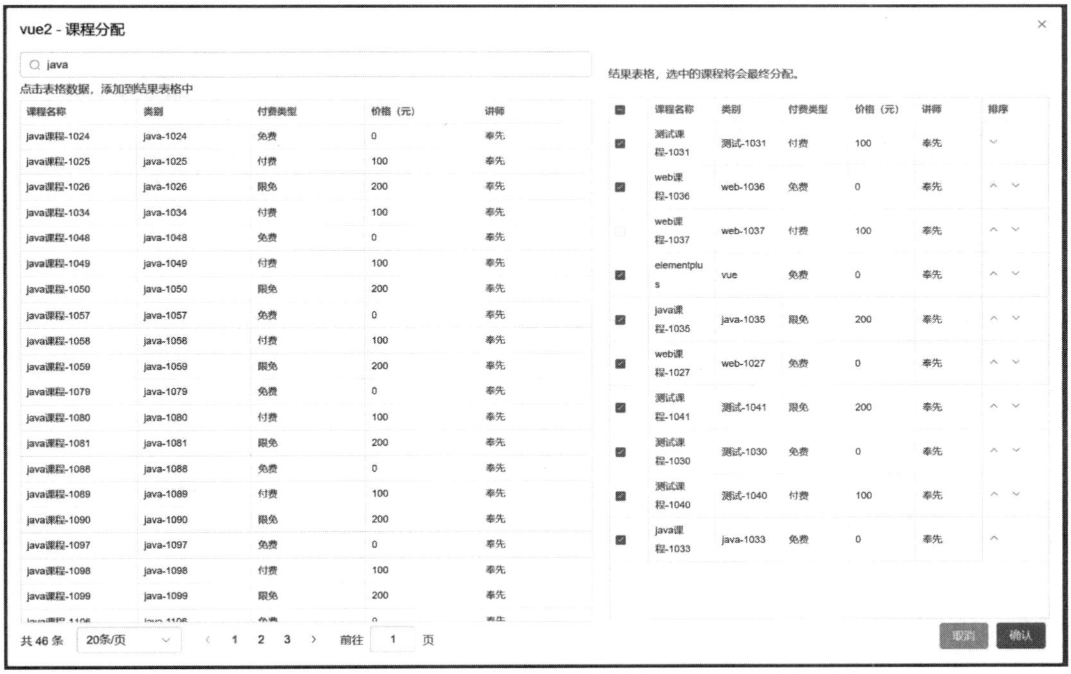

图3-12　课程分配

添加src/components/class/CourseAllocate.vue文件，代码如下。

```
<template>
  <el-dialog
    :model-value="true"
    :title="`${rowData.name} - 课程分配`"
```

```
  :close-on-click-modal="false"
  :before-close="handleClose"
  width="1200px"
>
  <section class="table-box">
    <div class="left-box">
      <el-input
        class="input-name"
        placeholder="输入班级名称查询"
        @input="handelInput"
        :model-value="formData.name"
      >
        <template #prefix>
          <el-icon class="el-input__icon"><search /></el-icon>
        </template>
      </el-input>
      <p class="remark">点击表格数据，添加到结果表格中</p>
      <el-table
        :data="tableData"
        border
        size="small"
        @row-click="handleRowClick"
      >
        <el-table-column prop="name" label="课程名称"> </el-table-column>
        <el-table-column prop="category" label="类别"> </el-table-column>
        <el-table-column prop="paid_type" label="付费类型">
          <template #default="scope">
            <span>{{
              scope.row.paid_type == 0
                ? "免费"
                : scope.row.paid_type == 1
                ? "付费"
                : "限免"
            }}</span>
          </template>
        </el-table-column>
        <el-table-column prop="price" label="价格（元）"></el-table-column>
        <el-table-column prop="lecturer" label="讲师"></el-table-column>
      </el-table>
      <el-pagination
        :currentPage="formData.currentPage"
        :page-size="formData.pageSize"
```

```
            :page-sizes="[10, 20, 50]"
            layout="total, sizes, prev, pager, next, jumper"
            :total="total"
            @size-change="handleSizeChange"
            @current-change="handleCurrentChange"
          />
        </div>
        <div class="right-box">
          <header class="header">结果表格显示，选中的课程将会最终分配。</header>
          <el-table :data="resultData" border size="small" ref="tableResultRef">
            <el-table-column type="selection"> </el-table-column>
            <el-table-column prop="name" label="课程名称"> </el-table-column>
            <el-table-column prop="category" label="类别"> </el-table-column>
            <el-table-column prop="paid_type" label="付费类型">
              <template #default="scope">
                <span>{{
                  scope.row.paid_type == 0
                    ? "免费"
                    : scope.row.paid_type == 1
                    ? "付费"
                    : "限免"
                }}</span>
              </template>
            </el-table-column>
            <el-table-column prop="price" label="价格（元）"></el-table-column>
            <el-table-column prop="lecturer" label="讲师"></el-table-column>
            <el-table-column label="排序">
              <template #default="scope">
                <el-icon class="icon-arrow-up" v-if="scope.$index != 0"><ArrowUp @click="handleUp(scope.$in-
dex)" /></el-icon>
                <el-icon class="icon-arrow-down" v-if="scope. $index != resultData.length - 1" ><ArrowDown
@click="handleDown(scope.$index)" /></el-icon>
              </template>
            </el-table-column>
          </el-table>
          <footer class="footer">
            <el-button type="primary" @click="handleSubmit">确认</el-button>
            <el-button type="warning" @click="handleClose">取消</el-button>
          </footer>
        </div>
      </section>
    </el-dialog>
```

```
</template>

<script setup lang="ts">
// 省略部分代码


/**
 * 点击搜索表格行，将数据移动到结果表格中
 */
const handleRowClick = (row: any, column: any, event: Event) => {
  // 从tableData中找到row的数据，然后从tableData中移除并加入到resultData中。
  const index = tableData.findIndex((v: any) => v.id == row.id);
  if (index >= 0) {
    // resultData中不存在该数据再加入
    if (!resultData.some((v: any) => v.id == row.id)) {
      const row2 = tableData.splice(index, 1)[0];
      resultData.push(row2);
      // 设置新增项默认选中
      tableResultRef.value.toggleRowSelection(row2, true);
    }
  }
};

/**
 * 课程分配
 */
const handleSubmit = () => {
  const data = {
    class_id: props.rowData.id,
    course_ids: resultData.map((v: any) => v.id),
  };

  request({
    url: '/class/updateCourse',
    method: "POST",
    data,
  }).then(({ data }) => {
    // 查询成功，将结果数据赋值到tableData中
    if (data.code > 0) {
      alert("分配课程成功");
      handleClose();
```

```
    }
  });
};
</script>
```

② 实现课程分配界面

上一步封装好课程分配组件后，接下来修改 src/views/ClassView.vue，添加显示课程分配页面的逻辑判断，代码如下。

```
<template>
  <section>
    <bread-crumb :model-value="navData"></bread-crumb>
    <table-component ref="tableRef" @show="handleShow"></table-component>
    <keep-alive>
      <component
      :is="getComponent"
      :rowData="rowData"
      @close="handleClose"></component>
    </keep-alive>
  </section>
</template>
<script lang="ts" setup>
// 省略部分代码

// 面包屑数据
const navData = [
  {
    name: "班级列表"
  }
]

// 关闭/隐藏组件
const showValue = ref<string>("");

const tableRef = ref<any>();

// 要修改的行数据
const rowData = ref<any>({});

/**
 * 显示组件
 * @param
 */
const handleShow = (value: string,row?: any) => {
```

```
 showValue.value = value;
 if (row) {
  rowData.value = row;
 }
}

/**
 * 关闭组件
 * @param updated 是否有新数据更新（或更新的数据）
 */
const handleClose = (updated: boolean | any) => {
 showValue.value = "";
 if (updated) {
  if (tableRef?.value) {
   console.log("调用重置");
   tableRef.value.handleReset()
  }
 }
}

// 根据showValue值，获取要显示的组件
const getComponent = computed(() => {
 if (showValue.value == "update") {
  return UpdateComponent;
 } else if (showValue.value == "insert") {
  return InsertComponent;
 } else if (showValue.value == "course") {
  return CourseAllocate;
 } else {
  return null;
 }
})
</script>
```

（5）步骤5：开发课程分配Java接口

① 班级课程列表查询接口

先完成查询班级中已分配和未分配的课程列表功能，添加两个方法。queryListInClass：用于查询班级中已经分配的课程列表；queryListNotInClass：用于查询班级中未分配的课程列表。修改stuplatform.controller.CourseController.java类文件，代码如下。

```
@GetMapping("queryListInClass/{class_id}")
public ResponseEntity queryListInClass(@PathVariable("class_id") Integer class_id) throws Exception {
```

```
  return ResponseEntity.ok(courseService.queryListInClass(class_id));
}

@PostMapping("queryListNotInClass")
public ResponseEntity queryListNotInClass(@RequestBody CourseListDTO courseListDTO) throws Excep-
tion {
  return ResponseEntity.ok(courseService.queryListNotInClass(courseListDTO));
}
```

修改stuplatform.dto.CourseListDTO.java类：添加一个成员变量class_id，用于接收用户传递的班级ID，代码如下。

```
/**
 * 查询课程分配到的班级id
 */
private Integer class_id;
修改stuplatform.service.CourseService.java接口，添加两个方法：
ResultEntity queryListInClass(Integer classId) throws Exception;
ResultEntity queryListNotInClass(CourseListDTO courseListDTO) throws Exception;
修改stuplatform.service.impl.CourseServiceImpl.java类，添加两个方法的实现：
/**
 * 查询班级中已经分配的课程列表（不分页）
 * @param classId
 * @return
 * @throws Exception
 */
@Override
public ResultEntity queryListInClass(Integer classId) throws Exception {
  return ResultEntity.success("查询成功",courseMapper.queryListInClass(classId));
}

/**
 * 查询班级中未分配的课程列表（分页查询）
 * @param courseListDTO
 * @return
 * @throws Exception
 */
@Override
public ResultEntity queryListNotInClass(CourseListDTO courseListDTO) throws Exception {
  log.info("courseListDTO.getPageSize() = " + courseListDTO.getPageSize());
  PageHelper.startPage(courseListDTO.getCurrentPage(),
        courseListDTO.getPageSize(),
        "c.update_time desc");
```

```
    PageInfo pageInfo = new PageInfo(courseMapper.queryListNotInClass(courseListDTO));
    return ResultEntity.success("查询成功",pageInfo);
}
```

修改 stuplatform.mapper.CourseMapper.java 接口，有两个添加方法。

```
/**
 * 查询分配到指定班级中的所有课程列表
 * @param classId
 * @return
 */
List<CourseListVO> queryListInClass(Integer classId);

/**
 * 查询没有分配到指定班级中的所有课程列表
 * @param courseListDTO
 * @return
 */
List<CourseListVO> queryListNotInClass(CourseListDTO courseListDTO);
```

修改 src/resources/mapper.CourseMapper.xml 文件：配置两个 SQL 语句，代码如下。

```
<select id="queryListInClass" resultType="org.hydrakyoufeng.stuplatform.vo.CourseListVO">
    SELECT
        c.id,
        c.NAME,
        c.category,
        c.lecturer,
        c.paid_type,
        c.price
    FROM
        elp_course c,
        elp_class_course cc
    WHERE c.status = 0
    AND cc.class_id = #{class_id}
    AND cc.course_id = c.id
    ORDER BY cc.sort;
</select>

<select id="queryListNotInClass" resultType="org.hydrakyoufeng.stuplatform.vo.CourseListVO">
    SELECT
        c.id,
        c.NAME,
        c.category,
        c.lecturer,
```

```
        c.paid_type,
        c.price
    FROM
        elp_course c
    WHERE c.status = 0
     AND NOT EXISTS(SELECT 1 FROM elp_class_course cc WHERE cc.class_id = #{class_id} AND
cc.course_id = c.id)
    <if test="null != name and name neq ''">
     AND c.name LIKE CONCAT('%',#{name},'%')
    </if>
  </select>
```

② 课程分配接口

编写课程分配接口，添加课程分配接口的方法。修改 stuplatform.controller. ClassCourse.java类文件，代码如下。

```
/**
 * 给指定的班级分配课程
 * @param classCourseDTO
 * @return
 * @throws Exception
 */
@PostMapping("updateCourse")
public ResponseEntity updateCourse(@RequestBody ClassCourseDTO classCourseDTO) throws Exception
{
  return ResponseEntity.ok(classService.updateCourse(classCourseDTO));
}
```

封装班级课程的用户数据传输模型ClassCourseDTO，添加至stuplatform.dto.，代码如下。

```
ClassCourseDTO.java 类：。
@Data
public class ClassCourseDTO {
  @NotBlank(message = "课程编码不能为空")
  private Integer class_id;
  private List<Integer> course_ids;
  private Integer course_id;
  private Integer sort;
  private Integer update_by;
  private Integer creator_by;
}
```

修改stuplatform.service.ClassService.java接口：添加一个方法，定义分配课程的方法声明，代码如下。

```
/**
 * 分配课程
```

```
 * @param classCourseDTO
 * @return
 */
Object updateCourse(ClassCourseDTO classCourseDTO);
```

修改 stuplatform.service.impl.ClassServiceImpl.java 类：添加实现分配课程的方法，代码如下。

```
/**
 * 分配课程，先将班级中的所有课程删除，再循环添加
 * 此处使用了事务
 * @param classCourseDTO
 * @return
 */
@Override
@Transactional(rollbackFor = Exception.class)
public Object updateCourse(ClassCourseDTO classCourseDTO) {
  classCourseDTO.setUpdate_by(adminIdTheadLocal.get());
  classCourseDTO.setCreator_by(adminIdTheadLocal.get());
  // 先将所有课程都删除
  classMapper.deleteCourse(classCourseDTO);
  List<Integer> list = classCourseDTO.getCourse_ids();
  // 因为要使用索引，所以需要遍历
  for (int i = 0; i < list.size(); i++) {
    classCourseDTO.setCourse_id(list.get(i));
    classCourseDTO.setSort(i);
    classMapper.insertCourse(classCourseDTO);

  }
  return ResultEntity.success("课程分配成功");
}
```

说明：

@Transactional 注解：用于开启事务，rollbackFor 属性表示发生了指定的异常类型（及其子类型）之后，回滚事务。使用该注解之后，方法内的数据库操作会在一个事务中进行，方法正常结束后提交事务，方法中抛出了 rollbackFor 指定的异常类型（默认为运行期异常）后会回滚事务。注意：方法必须抛出异常才能正确回滚。

修改 stuplatform.mapper.ClassMapper.java 接口：添加数据分层法定义，需要添加两个方法。deleteCourse，用于删除班级中的所有课程；insertCourse，用于给班级添加课程，代码如下。

```
/**
 * 将指定班级的所有课程删除
 * @param classCourseDTO
 */
void deleteCourse(ClassCourseDTO classCourseDTO);


/**
```

```
 * 将所有课程都添加到指定班级
 * @param classCourseDTO
 */
void insertCourse(ClassCourseDTO classCourseDTO);
```

修改src/resources/mapper/ClassMapper.xml文件：添加SQL语句的配置，代码如下。

```
<!-- 删除班级中的所有课程 -->
<delete id="deleteCourse">
  DELETE FROM elp_class_course
  WHERE class_id = #{class_id}
</delete>

<!-- 插入班级课程信息的SQL语句 -->
<delete id="insertCourse">
  INSERT INTO elp_class_course
  (class_id, course_id, sort,update_by, creator_by)
  VALUES
  (#{class_id}, #{course_id}, #{sort}, #{update_by}, #{creator_by})
</delete>
```

（6）步骤6：测试课程分配功能

- 是否能够正确从班级列表页面进入课程分配页面。
- 进入课程分配页面后，班级中已经分配的课程是否能够正确列出。
- 进入课程分配页面后，是否能够正确查询出未分配的课程列表。
- 点击左侧列表中的数据，检查数据是否正确转移到右侧的结果表格中，并且结果表格中应该过滤掉相同的数据。
- 右侧结果表格中的排序功能是否正常，点击上下箭头后能够正确进行位置调整。
- 点击“确认”按钮后，最终课程是否正确被分配到指定班级中。

完成测试后，本次课程分配功能的全部测试即告完成。

二、职业知识

Vue提供了一个名为Draggable的插件来实现拖拽特性。该插件可以为Vue中的任何元素添加可拖拽特性，并支持可选的排序、限制拖拽时的移动范围等高级特性。Draggable为基于Sortable.js的vue组件，用以实现拖拽功能。

Draggable有以下特性：

（1）支持触摸设备。

（2）支持拖拽和选择文本。

（3）支持智能滚动。

（4）支持不同列表之间的拖拽。

（5）不以jQuery为基础。

（6）和视图模型同步刷新。

（7）和vue2的过渡动画兼容。

（8）支持撤销操作。

（9）当需要完全控制时，可以抛出所有变化。

可以和现有的UI组件兼容。

官方地址：https://github.com/SortableJS/Vue.Draggable

中文版文档：https://www.itxst.com/vue-draggable/tutorial.html

具体用法请参考官方文档，可以作为拓展任务将课程分配功能使用拖拽实现分配。

学习考评

一、考评项目

根据本项目所学内容，完成对在线学习平台管理端的功能开发，包括管理员登录功能、API接口文档的编写及单元测试、角色权限设计及开发、课程管理模块的开发、班级管理模块的开发、Excel数据导出功能模块开发、用户管理模块开发。

二、实施准备

1. 学生准备工作与要求

学生按照教学进度计划，在完成以下所有任务后，可进行相应学习考评的实施。

（1）理解并掌握学习考评需要的相关理论、知识和方法，并能应用这些知识进行相关功能模块的开发。

（2）按时、按质量要求完成相应的任务作业。

（3）按规定独立完成相关软件环境的安装和配置。

（4）在安装环境过程中，能快速借助网络和AI工具解决问题。

2. 教师准备工作与要求

（1）在安排学生实施学习考评前，应确保学生已经清楚地了解在线学习平台项目开发的技术选型，并确保已对相关软件的安装和配置做过相关的实操训练。

（2）通过学生课堂问题研讨、作业、实操及其他方式，确认学生已经具备实施学习考评所需要的知识、技能和能力集成，特别是Java、SpringBoot、MyBatis、MySQL、Vue、ElementPlus等方面的知识要点。

（3）对协助教师完成测评的学生进行测评方法和监督方法的培训，确保测评结果的准确性、公平性。

（4）提前准备好相关软件安装包。

（5）准备好测评记录。

三、验证方法与标准

（1）每位测评人员负责对10名学生进行定点、全过程的监督和测评。

（2）详细记录学生在实施学习考评过程中的相关信息、数据、结果、操作方法、完成时间以及出现错误、事故等情况。

（3）每个学习考评的环境安装和配置、问题解决等操作要求在120 min内完成。时间不够可以申请延长时间，总时长不超过180min。

（4）考评内容及评分标准如表3-1所示。

表3-1 考评内容及评分标准

序号	评分项	得分条件	评分标准	配分	扣分
1	态度	□1.不作弊，确保环境从0开始安装和配置 □2.不超时，确保在规定时间内完成环境的安装和配置 □3.独立解决问题，不抄袭	未完成其中1项扣3分，总扣分不得超过9分	9	
2	专业技能	□1.能正确完成管理员登录功能开发 □2.能正确使用Swagger完成API文本的编写和单元测试 □3.能正确完成角色权限的设计与开发 □4.能正确完成课程管理模块的开发 □5.能正确完成班级管理模块的开发 □6.能正确完成Excel数据导出功能模块的开发 □7.能正确完成用户管理模块的开发	未完成其中1项扣10分，总扣分不得超过70分	70	
3	资料、信息查询能力	□1.能正确使用手册查询资料 □2.能正确使用网络查询资料 □3.能正确记录查询资料出处 □4.能正确记录所需的关键信息 □5.能正确使用AI工具辅助查询	未完成其中1项扣2分，总扣分不得超过10分	10	
4	总结归纳能力	□能将所学知识归纳为思维导图	未完成其中1项扣11分，总扣分不得超过11分	11	
合计				100	

拓展阅读

在平台开发过程中，充分利用了文心一言和通义灵码等国产AIGC工具辅助代码生成，这不仅提高了代码的编写效率，更在无形中引导学生树立正确的价值观和科技观念。

在当前全球化的背景下，科技竞争日益激烈，拥有自主创新的科技能力对于一个国家的长远发展至关重要。通过使用国产AIGC工具，向学生传递积极支持国家科技创新、推动科技自立自强的信息，引导学生树立为国家科技进步贡献力量的远大志向。

编程是当代学生必备的一项技能，它不仅能够培养学生的逻辑思维能力，还能够提升他们的问题解决能力。通过利用AIGC工具辅助代码生成，学生可以在实践中学习编程技巧，提升编程水平，为将来投身科技事业打下坚实的基础。

项目四
学习平台用户端功能开发

一、项目描述

学习平台用户端，主要为学习者提供课程浏览、资源下载和在线视频学习等功能。本项目主要实现的功能模块包括用户登录注册模块、班级管理模块、在线学习模块、视频在线播放模块、用户资料下载模块、纠错功能模块等。根据需求，本项目结合AIGC工具实现学习平台用户端功能开发。

二、项目要求

根据目前企业级项目开发的技术要求，通过开发学习平台用户端功能，掌握如何在企业级项目中进行用户端功能的开发。

（1）用户登录注册功能模块开发。
（2）用户班级管理模块开发。
（3）用户在线学习模块开发。
（4）视频在线播放及防盗链功能开发。
（5）用户资料下载功能模块开发。
（6）使用AI辅助开发纠错功能模块。

三、学习目标

（1）掌握如何开发用户登录注册模块的功能。
（2）掌握如何开发用户班级管理模块的功能。
（3）掌握如何开发视频在线播放及防盗链功能。
（4）掌握如何开发用户在线学习模块。
（5）掌握如何开发用户资料下载功能模块。
（6）掌握如何使用AI辅助开发纠错功能模块。

四、工作场景

项目三完成了管理端功能模块的开发，本项目假设UI工程师已完成用户端界面的高保真UI设计工作，现在需要前后端工程师通过代码实现用户端的登录注册、班级模块、在线学习、视频播放、资料下载、在线纠错等功能模块的开发。

任务一 登录注册功能模块开发

一、职业行动

学生用户需要先在学习平台用户端注册，注册完成后才能登录平台并选择班级，在对应的班级中学习相应的视频课程。

本任务主要完成注册、登录相关界面和功能的开发，具体页面效果及界面所需的字段内容参见项目二中任务一的原型图。

1. 登录注册功能

（1）用户注册

● 用户进入注册页面。

● 系统提示用户输入信息，包括手机号码、密码、密码确认等。用户输入完成后提交这些资料。

● 系统校验用户输入是否合法。

● 系统完成该用例后，系统跳转至登录页面。

（2）用户登录

（1）用户进入登录页面。

（2）系统提示用户输入信息，包括手机号码、密码、图形验证码等。

（3）系统校验用户输入是否合法。

（4）系统完成该用例后，系统跳转至首页。

2. 流程

（1）步骤1：初始化用户端项目

新建学习平台用户端项目，包括以下几项具体要求。

● 创建名为stuplatform_web的VueCli项目。

● 创建时要求使用vue3、typescript、vue-router、vuex。

● 添加axios、ts-md5、element-plus的依赖。

● 配置element-plus。

● 将之前编写的可以沿用的代码拷贝进新的项目中，并确保其可以使用。

● 配置开发的代理服务器。

① 创建stuplatform_web项目

通过vue命令创建用户端项目，名称为stuplatform_user。

```
vue create stuplatform_user
```

后续步骤基本与项目二中任务三创建管理端项目一致，这里不再展开讲解，等待项目创建完成。

② 安装项目所需插件

使用npm安装项目需要的插件，在命令提示符程序中依次执行以下命令，安装axios、ts-md5、element-plus、qiniu-js。

```
npm i axios
npm i ts-md5
npm i element-plus
npm i qiniu-js
```

其他公共文件内容参考学习平台管理端项目，复制过来即可使用。

（2）步骤2：开发注册页面功能

① 编写用户注册页面

新建用户注册页面，在界面上实现注册表单。src/views/UserLogon.vue文件代码如下。

```
<template>
 <section class="view-box">
  <el-form ref="myForm" :model="formData" :rules="rules">
   <header>账号注册</header>
   <el-form-item prop="mobile">
    <el-input
     type="tel"
     maxlength="11"
     placeholder="请输入手机号码"
     v-model="formData.mobile"
     clearable
    ></el-input>
   </el-form-item>
   <el-form-item prop="password">
    <el-input
     type="password"
     maxlength="19"
     placeholder="请输入密码"
     v-model="formData.password"
     show-password
    ></el-input>
   </el-form-item>
   <el-form-item prop="repassword">
    <el-input
     type="password"
     maxlength="19"
     placeholder="请输入确认密码"
     v-model="formData.repassword"
     show-password
    ></el-input>
   </el-form-item>
   <el-form-item>
    <div class="btn-box">
```

```
      <el-button
        type="primary"
              @click.prevent="handleSubmit(myForm)"
              native-type="submit"
              >注册</el-button
            >
            <router-link to="/login">使用已有账号登录</router-link>
          </div>
        </el-form-item>
      </el-form>
    </section>
  </template>
```

界面制作完成后，添加相应的表单校验及注册功能，代码如下。

```
<script lang="ts" setup>
//省略部分代码
const formData = reactive({
  password: "",
  repassword: "",
});

// 表单对象
const myForm = ref();

// 密码的自定义校验器
const validatePass = (rule: any, value: any, callback: any) => {
  if (!value) {
    callback(new Error("请输入密码"));
  } else {
    if (value.length < 6) {
      callback(new Error("密码必须在6到19位之间"));
      return;
    }
    if (formData.repassword) {
      if (formData.repassword != formData.repassword) {
        callback(new Error("Please input the password"));
        return;
      }
    }
    callback();
  }
};
```

```
// 确认密码的自定义校验器
const validatePass2 = (rule: any, value: any, callback: any) => {
  if (!value) {
    callback(new Error("请输入密码确认"));
  } else if (value !== formData.password) {
    callback(new Error("两次密码不一样"));
  } else {
    callback();
  }
};

// 电话号码的自定义校验器
const validateMobile = (rule: any, value: any, callback: any) => {
  if (!value) {
    callback(new Error("请输入电话号码"));
  } else if (!/^1[3456789]\d{9}$/.test(value)) {
    callback(new Error("手机号码格式不正确"));
  } else {
    request({ url: '/login/getExistsMobile/${value}' }).then(
      (res) => {
        if (res.data.data >= 1) {
          callback("电话号码已经使用");
        } else {
          callback();
        }
      },
      () => {
        callback("校验失败");
      }
    );
  }
};

// 定义表单校验规则
const rules = reactive<FormRules>({
  mobile: [{ validator: validateMobile, trigger: "blur" }],
  password: [{ validator: validatePass, trigger: "blur" }],
  repassword: [{ validator: validatePass2, trigger: "blur" }],
});

const router = useRouter();

// 注册
```

```
const handleSubmit = async (myForm: FormInstance | undefined) => {
 if (!myForm) {
  return;
 }
 await myForm.validate((valid) => {
  // 校验失败
  if (!valid) {
   return;
  }
  // 拷贝一个 formData，避免修改 password 后更新表单数据
  const data = { ...formData };
  data.password = Md5.hashStr(data.password);
  request({ url: '/login/userLogon', data, method: "post" }).then(
   (res) => {
    if (res.data.code >= 1) {
     alert("注册成功");
     router.push("/login");
     myForm.resetFields();
    } else {
     alert("注册失败");
    }
   }
  );
 });
};
</script>
```

② 完成路由配置

配置注册页面和首页，修改 src/router/index.ts 文件，加入注册路由，代码如下。

```
import { createRouter, createWebHistory, RouteRecordRaw } from 'vue-router'
const routes: Array<RouteRecordRaw> = [
 // 注册页面
 {
  path: '/logon',
  name: 'logon',
  component: () => import(/* webpackChunkName: "logon" */ '@/views/LogonView.vue')
 },
 // 默认页面
 {
  path: '/:pathMatch(.*)*',
  redirect: '/login'
 }
```

```
]

const router = createRouter({
 history: createWebHistory(process.env.BASE_URL),
 routes
})
export default router
```

③ 封装页面公共头部组件

封装公用头部组件，添加src/components/public/SiteHeader.vue文件，代码如下。

```
<template>
 <header>
  <section class="center-container">
   <!-- logo图片：同学们可以设计自己的Logo图片 -->
   <img
    src="https://www.myinfomation.com/static/images/logo.png"
    class="img-logo"
   />
   <nav class="nav">
    <span>学习平台</span>
   </nav>
  </section>
 </header>
</template>

<script lang="ts" setup>
</script>
```

④ 添加缓存功能

修改src/App.vue文件：引入公共头部，keep-alive搭配router-view使用，完成组件缓存，代码如下。

```
    <template>
 <section>
  <site-header></site-header>
  <router-view #default="{ Component }">
   <keep-alive>
    <component :is="Component" />
   </keep-alive>
  </router-view>
 </section>
</template>

<script lang="ts" setup>
```

```
import SiteHeader from "@/components/public/SiteHeader.vue";
</script>

<style lang="scss">

</style>
```

⑤ 查看页面效果

使用浏览器访问http://127.0.0.1:8081/logon查看页面，效果如图4-1所示。

图4-1　登录界面

（3）步骤3：开发注册功能Java接口

① 注册功能控制层实现

添加用户注册和判断手机号码是否存在的两个API接口定义，修改stuplatform.controller.LoginController.java文件，代码如下。

```
/**
 * 用户注册：用户自己在前端填写信息进行注册
 * @param userDTO
 * @return
 */
@Validated
@PostMapping("userLogon")
@Operation(summary="用户注册",description = "用户注册接口")
public ResponseEntity userLogon(@Valid @RequestBody UserDTO userDTO) throws Exception {
    return ResponseEntity.ok().body(loginService.userLogon(userDTO));
}

/**
 * 用于注册时判断手机号码是否存在
```

```
 * ResultEntity中的data表示根据电话号码查询出的用户数据，如果大于等于1表示手机号码已经存在
 * @param mobile
 * @return
 * @throws Exception
 */
@GetMapping("getExistsMobile/{mobile}")
public ResponseEntity getExistsMobile(@PathVariable("mobile") String mobile) throws Exception {
  return ResponseEntity.ok(loginService.queryUserCount(mobile));
}
```

② 注册功能逻辑层代码编写

添加用户注册和根据电话号码查询用户数量的方法，修改stuplatfomr.service.LoginService.java文件，代码如下。

```
  /**
   * 用于用户注册
   * @param userDTO
   * @return
   * @throws Exception
   */
  ResultEntity userLogon(UserDTO userDTO) throws Exception;

  /**
   * 根据电话号码查询用户数量
   * @param mobile
   * @return
   */
ResultEntity queryUserCount(String mobile);
```

实现接口中定义的方法，修改stuplatform.service.impl.LoginServiceImpl.java文件，代码如下。

```
 import org.hydrakyoufeng.stuplatform.mapper.UserMapper;
// 中间代码省略...

    private final UserMapper userMapper;

    @Autowired
  public LoginServiceImpl(AdminMapper adminMapper,
                UserMapper userMapper,
                RedisTemplate redisTemplate,
                JWTUtils jwtUtils) {
    this.adminMapper = adminMapper;
    this.userMapper = userMapper;
    this.redisTemplate = redisTemplate;
    this.jwtUtils = jwtUtils;
```

```
    }

// 其他代码省略

@Override
    public ResultEntity userLogon(UserDTO userDTO) throws Exception {
        // 生成6位随机数作为盐
        String salt = RandomString.make（6）;
        userDTO.setSalt(salt);
        // 复用之前用户增加的逻辑
        if (userMapper.insert(userDTO) == 1) {
            return ResultEntity.success("注册成功");
        } else {
            return ResultEntity.success("注册失败");
        }
    }

    @Override
    public ResultEntity queryUserCount(String mobile) {
        UserDTO userDTO = new UserDTO();
        userDTO.setMobile(mobile);
        return ResultEntity.success("查询成功",userMapper.queryCount(userDTO));
}

// 其他代码省略
```

备注：用户注册的数据层逻辑，直接复用之前用户增加的方法。

③ 注册功能数据层代码编写

添加一个方法声明，用于查询用户的数量，修改stuplatform.mapper.UserMapper.java文件，代码如下。

```
    /**
     * 根据条件查询用户的数量
     * @param userDTO
     * @return
     */
    int queryCount(UserDTO userDTO);
```

配置查询用户数量的SQL语句，修改src/resources/mapper/UserMapper.xml文件，代码如下。

```
<select id="queryCount" resultType="java.lang.Integer">
    SELECT COUNT(*) FROM elp_user
    WHERE mobile = #{mobile}
</select>
```

（4）步骤4：测试注册功能

启动stuplatform_user和stuplatform_api项目。使用浏览器访问注册页面http://localhost:8081/logon。进行以下功能测试。

- 页面是否校验了电话号码和密码不能为空以及格式的正确性。
- 页面是否校验了密码和确认密码必须一致。
- 是否能够成功完成电话号码的注册。
- 再次用同样的电话号码注册，页面是否会提示错误。
- 测试完成后，表示用户注册功能的实验全部完成。

（5）步骤5：开发密码登录功能界面

① 制作登录页面

添加src/views/LoginView.vue文件：用于制作登录页面，代码如下。

```
<template>
 <section class="view-box">
  <aside class="aside">
   <img
    src="https://www.myinfomation.com/static/stuplatform/login.png"
    class="img"
   />
  </aside>
  <section class="right-box">
   <h2 class="h2">学习平台</h2>
   <el-menu
    :default-active="activeIndex"
    class="el-menu-demo"
    mode="horizontal"
    active-text-color="var(--color-primary)"
   >
    <el-menu-item :index="1">密码登录</el-menu-item>
    <el-menu-item :index="2">验证码登录</el-menu-item>
   </el-menu>
   <keep-alive>
    <component :is="getComponent"></component>
   </keep-alive>
   <footer class="footer">
    <el-button text type="primary" plain @click="() => router.push('/logon')">立即注册</el-button>
   </footer>
  </section>
 </section>
</template>

<script lang="ts" setup>
// 省略部分代码
const activeIndex = ref<number>（1）；
```

```
// 根据用户选择，获取不同登录方式的表单组件
const getComponent = computed(() => {
  if (activeIndex.value == 1) {
    return PasswordForm;
  } else if (activeIndex.value == 2) {
    return CodeForm;
  } else {
    return null;
  }
});
</script>
```

② 制作登录表单

添加 src/components/login/PasswordForm.vue 文件，封装密码方式登录的表单组件，代码如下。

```
<template>
  <el-form ref="myForm" :model="formData" :rules="rules">
    <el-form-item prop="mobile">
      <el-input
        type="tel"
        maxlength="11"
        placeholder="请输入手机号码"
        v-model="formData.mobile"
        clearable
      ></el-input>
    </el-form-item>
    <el-form-item prop="verificationCode">
      <el-input
        maxlength="4"
        placeholder="请输入图形验证码"
        v-model="formData.verificationCode"
      >
        <template #suffix>
          <img
            :src="verificationCodePath"
            @click="handleChangeCode(myForm)"
            class="code-image"
          />
        </template>
      </el-input>
    </el-form-item>
    <el-form-item prop="password">
```

```
    <el-input
      type="password"
      maxlength="19"
      placeholder="请输入密码"
      v-model="formData.password"
      show-password
    ></el-input>
   </el-form-item>
   <el-form-item>
    <div class="btn-box">
      <el-button
       type="primary"
       @click.prevent="handleSubmit(myForm)"
       native-type="submit"
       >登录</el-button
      >
    </div>
   </el-form-item>
  </el-form>
</template>

<script setup lang="ts">
// 省略部分代码

const formData = reactive({
  uuid: "",
  password: "",
});

const verificationCodePath = ref("");

const handleChangeCode = () => {
  request({ url: "/login/verificationCode" }).then((res) => {
    if (res.data.code >= 1) {
      formData.uuid = res.data.data.uuid;
      verificationCodePath.value = res.data.data.codeImage;
    }
  });
};


// 定义表单校验规则
```

```
const rules = reactive<FormRules>({
  mobile: [
    { required: true, message: "请输入手机号码", trigger: "blur" },
    {
      pattern: /^1[3456789]\d{9}$/,
      message: "请输入合法的手机号码",
      trigger: "blur",
    },
  ],
  verificationCode: [
    { required: true, message: "请输入图形验证码", trigger: "blur" },
  ],
  password: [
    { required: true, message: "请输入密码", trigger: "blur" },
    {
      min: 6,
      max: 19,
      message: "请输入6到19位密码",
      trigger: "blur",
    },
  ],
});

// 状态管理
const store = useStore();

// 表单组件
const myForm = ref();

// 登录
const handleSubmit = (myForm: FormInstance | undefined) => {
  if (!myForm) {
    return;
  }
  myForm.validate((valid) => {
    // 校验失败
    if (!valid) {
      return;
    }
    // 拷贝一个formData，避免修改password后更新表单数据
    const data = { ...formData };
    data.password = Md5.hashStr(data.password);
```

```
    request({ url: '/login/userLoginByPassword', data, method: "post" }).then(
      (res) => {
        if (res.data.code >= 1) {
          alert("登录成功");
          // 更新用户的状态信息
          store.commit("setUser", res.data.data);
          // 登录成功后跳转到课程列表页面
          router.push("/home");
          myForm.resetFields();
        } else {
          alert("登录失败");
        }
      }
    );
    // 无论登录成功与否，都需要重新刷新验证码
    handleChangeCode();
  });
};

onActivated(() => {
  handleChangeCode();
})
</script>
```

说明：

- onActivated钩子函数：使用keep-alive组件之后新增的生命周期钩子函数，当组件被激活时被调用。此处用于每次打开该页面时刷新图片验证码。
- 图形验证码的作用：可以有效避免客户端采用爆破的方式将密码或者用户名进行破解。

添加src/components/login/CodeForm.vue文件：封装验证方式登录的表单组件，代码如下。

```
<template>
  <section>我是验证码登录页面</section>
</template>

<script setup lang="ts">

</script>

<style lang="scss" scoped>

</style>
```

备注：页面内容先随便填写一些，目前仅作为能够切换登录方式的登录页面展示，内部代码后续制作功能时再详细讲解。

③ 配置页面路由

修改src/router/index.ts：配置登录页面的路由，代码如下。

```
import { createRouter, createWebHistory, RouteRecordRaw } from 'vue-router'
const routes: Array<RouteRecordRaw> = [
  // 登录页面
 {
  path: '/login',
  name: 'login',
  component: () => import(/* webpackChunkName: "login" */ '@/views/LoginView.vue')
 },
 ]
export default router
```

（6）步骤6：开发密码登录Java接口

① 控制层代码编写

修改stuplatform.controller.LoginController.java，添加获取图形验证码和使用密码登录的API接口定义。

verificationCode：用于获取图形验证码。

userLoginByPassword：使用密码进行登录。

代码如下。

```
/**
 * 获取图形验证码
 * @return
 * @throws Exception
 */
@GetMapping("verificationCode")
public ResponseEntity verificationCode() throws Exception {
  return ResponseEntity.ok(loginService.verificationCode());
}
/**
 * 用户使用密码登录。
 * 注意：要使用分组校验时需要用到Validated注解
 * @param userLoginDTO
 * @return
 * @throws Exception
 */
@PostMapping("userLoginByPassword")
public ResponseEntity userLoginByPassword(@Validated(UserLoginPassword.class) @RequestBody User-
LoginDTO userLoginDTO,HttpServletRequest request) throws Exception {
  return ResponseEntity.ok(loginService.userLoginByPassword(userLoginDTO,request));
}
```

② 数据传输模型层代码编写

添加stuplatform.dto.UserLoginDTO.java：用作前端用户登录的数据传输模型，代码如下。

```
@Data
@NoArgsConstructor
@AllArgsConstructor
@ToString
public class UserLoginDTO {
    /**
     * 使用了分组检验：密码登录、验证码登录、获取手机验证码都需要
     */
    @NotBlank(message="手机号码不能为空",
            groups = {UserLoginPassword.class,UserLoginCode.class, UserGetMobileCode.class})
    @Pattern(regexp="^1\\d{10}$",message = "手机号码格式不正确",
            groups = {UserLoginPassword.class,UserLoginCode.class, UserGetMobileCode.class})
    private String mobile;

    /**
     * 使用了分组检验：密码登录需要
     */
    @NotBlank(message="密码不能为空",
            groups = {UserLoginPassword.class})
    @Length(min = 32,max = 32,message = "密码必须是md5加密值",
            groups = {UserLoginPassword.class})
    private String password;

    /**
     * 使用了分组检验：密码登录、获取手机验证码都需要
     */
    @NotBlank(message="uuid不能为空",
            groups = {UserLoginPassword.class, UserGetMobileCode.class})
    private String uuid;

    /**
     * 使用了分组检验：密码登录、获取手机验证码都需要
     */
    @NotBlank(message="图形验证码不能为空",
            groups = {UserLoginPassword.class, UserGetMobileCode.class})
    private String verificationCode;
    /**
     * 使用了分组检验：获取手机验证码需要
     */
```

```
    @NotBlank(message="手机验证码不能为空",
          groups = {UserLoginCode.class})
    private String code;
}
```

说明：

● 分组校验：在DTO的校验注解上，可以使用groups来指定该校验规则归属于哪些组中。

● groups参数：需要指定一个Class数组，通常会自定义一些接口，通过接口的class来进行分组。

● UserLoginDTO：除了密码登录之外，手机验证码登录、获取登录验证码、验证码登录都需要用到该类，但不同的业务逻辑参数的校验要求不同，所以需要用到分组校验。

● @Valid与@Validated注解的区别：@Valid不能指定校验的组，而@Validated可以指定校验的组。

添加stuplatform.validate.UserLoginPassword.java接口：用于标识分组校验的组，代码如下。

```
package org.hydrakyoufeng.stuplatform.validate;
public interface UserLoginPassword {
}
```

添加stuplatform.validate.UserLoginCode.java接口：用于标识分组校验的组，代码如下。

```
package org.hydrakyoufeng.stuplatform.validate;
public interface UserLoginCode {
}
```

添加stuplatform.validate.UserGetMobileCode.java接口：用于标识分组校验的组，代码如下。

```
package org.hydrakyoufeng.stuplatform.validate;
public interface UserGetMobileCode {
}
```

③ 逻辑层和工具类代码编写

添加stuplatform.service.LoginService.java接口：添加逻辑层的方法声明，代码如下。

```
/**
 * 获取登录图形验证码，以base64的加密字符串方式返回图片
 */
ResultEntity verificationCode() throws Exception;


/**
 * 使用密码进行登录
 * @param userLoginDTO
 * @return
 */
ResultEntity userLoginByPassword(UserLoginDTO userLoginDTO,HttpServletRequest request) throws Ex-
ception;
```

添加stuplatform.utils.VerificationCodeUtils.java类：图形验证码的工具类，代码如下。

```
/**
 * 图形验证码工具
 * @author HydraKyouFeng
 *
 */
@Component
public class VerificationCodeUtils {

    /**
     * 字体大小
     */
    private int fontSize = 20;

    private Random random = new Random();

    /**
     * 用于生成验证码的种子字符串
     */
    private String codeSeed = "123456789abcdefghjkmnpqrstuvwxyz";

    @Autowired
    private RedisTemplate redisTemplate;

    /**
     * 生成图形验证码的图片
     * @param str 需要生成验证码的字符串
     * @return
     */
    public RenderedImage createCodeImage(String str) {
        int width = str.length() * fontSize + 4;
        int height = fontSize + 6;
        BufferedImage image = new BufferedImage(width, height,BufferedImage.TYPE_INT_RGB);

        Font mFont = new Font("Arial", Font.TRUETYPE_FONT, fontSize);
        Graphics g = image.getGraphics();
        Random rd = new Random();
        // 设置背景颜色
        g.setColor(new Color(rd.nextInt(55) + 200, rd.nextInt(55) + 200, rd.nextInt(55) + 200));g.fillRect(0, 0, 
width, height);
        // 设置字体
        g.setFont(mFont);
```

```
    // 画边框
//     g.setColor(Color.black);
//     g.drawRect(0, 0, width - 1, height - 1);

    // 画验证码
    for (int i = 0; i < str.length(); i++) {
      g.setColor(new Color(rd.nextInt(200), rd.nextInt(200), rd.nextInt(200)));
      g.drawString(str.charAt(i) + "",2 + 20 * i + rd.nextInt（8） - 4, rd.nextInt(6 * 2) + fontSize - 6);
    }
    // 随机产生2个干扰线
    for (int i = 0; i < 2; i++) {
      g.setColor(new Color(rd.nextInt(200), rd.nextInt(200), rd.nextInt(200)));
      int x1 = rd.nextInt(5);
      int x2 = width - rd.nextInt(5);
      int y1 = 2 + rd.nextInt(height - 4);
      int y2 = 2 + rd.nextInt(height - 4);
      g.drawLine(x1, y1, x2, y2);
    }
    g.dispose();
    return image;
  }

  /**
   * 将图片以jpeg的方式输出到输出流上
   * @param image
   * @throws IOException
   */
  public void writeToStream(RenderedImage image,OutputStream os) throws IOException {
    ImageIO.write(image, "jpeg", os);
  }

  public String getCodeImageBase64(String str) throws IOException {
    ByteArrayOutputStream baos = new ByteArrayOutputStream(512);
    RenderedImage image = createCodeImage(str);
    writeToStream(image,baos);
    Base64.Encoder encoder = Base64.getEncoder();
    // 对图片的二进制数据进行base64编码
    String base64 = encoder.encodeToString(baos.toByteArray());
    return "data:image/jpeg;base64," + base64;
  }
```

```
/**
 * 生成4位数的随机验证码
 * @return
 */
public String getRandomCode() {

  StringBuilder sb = new StringBuilder();
  for (int i = 0;i < 4;i ++) {
    int r = random.nextInt(codeSeed.length());
    char c = codeSeed.charAt(r);
    // 如果生成的是字母，随机变为大写或小写
    if (r >= 9) {
      r = random.nextInt（10）；
      if (r >= 5) {
        sb.append(c);
      } else {
        sb.append(Character.toUpperCase(c));
      }
    } else {
      sb.append(c);
    }



  }
  return sb.toString();
}

/**
 * 对外可以直接提供现成逻辑的方法
 * 生成随机验证码字符串，并根据字符串生成Base64的图，最后将验证码的值存储到redis中
 * @return base64编码的图形验证码和uuid的值
 */

public Map<?,?> getAndSave() throws Exception {
  // 生成验证码
  String code = getRandomCode();
  // 生成UUID
  String uuid = UUID.randomUUID().toString();
  // 将验证码的值保存到redis中（保存小写字母方便比较）；验证码有效期5分钟。
  redisTemplate.opsForValue().set(uuid,code, 5, TimeUnit.MINUTES);
  // 生成base64的验证码图片
```

```
        String base64 = getCodeImageBase64(code);
        return Map.of("codeImage", base64, "uuid", uuid);
    }
    /**
     * 从redis中校验图形验证码是否正确
     * @param uuid
     * @param code
     * @throws Exception
     */

    public void valideteCode(String uuid,String code) throws Exception {
        // 从redis中获取验证码
        String codeFromRedis = (String) redisTemplate.opsForValue().get(uuid);
        // 判断验证码是否过期
        if (codeFromRedis == null) {
            throw new ProcessException("验证码已经失效");
        }
        // 无论成功与否，都删除验证码，避免使用同样的验证码，导致绕过验证码
        redisTemplate.delete(uuid);
        // 判断验证码是否正确
        if (codeFromRedis.equalsIgnoreCase(code)) {
            return;
        }
        throw new ProcessException("验证码错误");
    }
}
```

说明：

● 图形验证码的值是采用随机算法生成的4位长的字符串。

● 采用了UUID随机字符串来作为键，将该键与验证码的值关联后存入Reids。

UUID会返回给前端，用户人工识别了验证码的值后，登录时也将UUID和验证码的值传递上来，后端进行验证码的校验。

● 验证码的校验结果无论成功与否，都应该让其失效，如果不失效实际上验证码已经被绕开，前端填写正确的验证码之后，后续便可以继续进行密码或用户名的校验。

添加stuplatform.utils.Md5Utils.java类：Md5编码工具类，代码如下。

```
@Component
public class Md5Utils {
    /**
     * 将byte数组进行md5编码
     * @param bytes
     * @return
     */
```

```
    public String encode(byte[] bytes) throws Exception {
    MessageDigest md = MessageDigest.getInstance("MD5");
        md.update(bytes);
        byte[] b = md.digest();
      BigInteger bi = new BigInteger(1, b);
      return bi.toString(16);
    }

    /**
     * 将字符串进行md5编码
     * @param value
     * @return
     * @throws Exception
     */
    public String encode(String value) throws Exception {
      return encode(value.getBytes());
    }
}
```

修改stuplatform.service.impl.LoginServiceImpl.java类：逻辑层的方法实现，代码如下。

```
import org.hydrakyoufeng.stuplatform.utils.*;

// 中间代码省略...
  /**
   * 验证码工具类
   */
private final VerificationCodeUtils verificationCodeUtils;

/**
 * md5 编码工具类
*/
private final Md5Utils md5Utils;

  @Autowired
  public LoginServiceImpl(AdminMapper adminMapper,
                    UserMapper userMapper,
                    RedisTemplate redisTemplate,
                    JWTUtils jwtUtils,
                    VerificationCodeUtils verificationCodeUtils,
                    MobileCodeUtils mobileCodeUtils,
                    Md5Utils md5Utils) {
    this.adminMapper = adminMapper;
```

```
        this.userMapper = userMapper;
        this.redisTemplate = redisTemplate;
        this.jwtUtils = jwtUtils;
        this.verificationCodeUtils = verificationCodeUtils;
        this.mobileCodeUtils = mobileCodeUtils;
        this.md5Utils = md5Utils;
    }
// 其他代码省略...
    /**
     * 用户使用手机号码和密码登录
     * @param userLoginDTO
     * @param request
     * @return
     * @throws Exception
     */
    @Override
    public ResultEntity userLoginByPassword(UserLoginDTO userLoginDTO,
                                  HttpServletRequest request)
            throws Exception {
        verificationCodeUtils.valideteCode(userLoginDTO.getUuid(),
                userLoginDTO.getVerificationCode());
        UserLoginVO userLoginVO = userMapper.login(userLoginDTO);
        if (null == userLoginVO) {
            throw new ProcessException("电话号码或密码错误");
        }
        if (null == userLoginVO.getPassword() || "".equals(userLoginVO.getPassword())) {
            throw new ProcessException("用户未设置密码，请使用验证码登录");
        }
        if (!"0".equals(userLoginVO.getStatus())) {
            throw new ProcessException("该账号目前无法使用");
        }

        // 判断：md5(用户输入密码+盐）是否等于数据库中的密码
        String passwordInput = md5Utils.encode(userLoginDTO.getPassword() + userLoginVO.getSalt());
        if (!userLoginVO.getPassword().equals(passwordInput)) {
            throw new ProcessException("电话号码或密码错误");
        }

        // 生成 tokenMap
        Map<String,Object> tokenMap = jwtUtils.createTokenMap(userLoginVO.getId(),"USR");
        String tokenStr = jwtUtils.encodeTokenMap(tokenMap);
```

```
    String cacheKey = jwtUtils.generateCacheKey(tokenMap,jwtUtils.getIp(request));

    // 调用 redisTemplate，将 token 的信息保存到缓存中
    redisTemplate.opsForValue().set(cacheKey,tokenMap);

    // 将 token 返回给前端
    userLoginVO.setToken(tokenStr);

    // 清空不需要返回到前端的密码和盐的信息
    userLoginVO.setPassword(null);
    userLoginVO.setSalt(null);

    return ResultEntity.success("登录成功",userLoginVO);
  }
// 其他代码省略...
}
```

注意：status 的判断是在程序中进行的，状态不正常的用户会单独提示“该账号目前无法使用”。

④ 数据层代码编写

修改 stuplatform.mapper.UserMapper.java 接口：数据层的方法声明，添加用户登录的方法，代码如下。

```
/**
 * 用于用户登录
 * @param userLoginDTO
 * @return
 */
UserLoginVO login(UserLoginDTO userLoginDTO);
```

修改 src/resources/mapper/UserMapper.xml 文件：配置 MyBatis 的用户登录的 SQL 语句，代码如下。

```
<!--
登录：用户密码登录和验证码登录都需要用到该部分代码。
密码登录：在控制层已经校验了密码不能为空。
空密码：因为新用户首次使用验证码登录时，没有设置密码，所以密码为空时不允许使用密码登录，需要放到程序中进行判断。
验证码登录：先判断验证码是否正确，再获取一行用户数据，此时不需要校验密码。
由于还需要判断 status 状态字段，为了兼顾两方的逻辑，因此将相关数据返回后在程序中进行判断
-->
<select id="login" resultType="org.hydrakyoufeng.stuplatform.vo.UserLoginVO">
    SELECT u.id,
    u.mobile,
    u.nick_name,
    u.avatar,
```

```
    u.school,
    u.grade,
    u.professional,
    u.real_name,
    u.status,
    u.password,
    u.salt
    FROM elp_user u
    WHERE mobile = #{mobile}
</select>
```

备注：login中配置的SQL语句，在密码登录和验证码登录场景中均会应用。

（7）步骤7：测试登录功能

- 点击“登录”按钮时，页面是否校验了用户输入的内容是否符合既定规范。
- 点击验证码图片区域时，验证码图片是否能够正常刷新。
- 无论登录成功与否，点击登录后验证码图片是否会进行刷新。
- 登录功能是否运行正常，包括无效的用户名和密码组合无法成功登录，正确的用户名和密码能够顺利登录系统。
- 登录成功后，系统是否会跳到首页。
- 当使用状态不正确的手机号码尝试登录时，系统是否会提示该账号当前无法使用或存在异常。

全部测试通过后，标志着用户使用手机号码和密码登录功能的实验圆满结束。

二、职业知识

1. 图形验证码

图形验证码的主要作用是防范针对特定接口的暴力破解攻击。比如：使用枚举法试图破解指定账户的密码、海量请求发送手机验证码的接口以进行超负荷的手机验证码发送。图形验证码是一种基于计算机的图灵测试技术，需要人工识别并输入验证码内容，以此对程序访问进行人工干预，从而避免程序未经授权地随意访问接口。

图形验证码制作步骤如下：

（1）提供login/verificationCode接口供客户端调用。

（2）后端生成两个随机字符串uuid和code，其中uuid作为唯一的key用于关联code，code作为验证码的值来生成对应的验证码图片。

（3）将生成的验证码图片内容进行base64编码处理。将编码后的字符串使用codeImage变量保存。

（4）接口返回uuid和codeImage两个字符串。img标签的src属性直接使用该字符串，浏览器可以正确地将图片显示出来。

（5）前端访问登录和发送验证码接口时，将uuid和人工识别出的验证码值作为参数传递上来，后端通过该参数来关联验证码的code值，判断前端输入的验证码是否正确。

2. 短信验证码登录

短信验证码登录是在项目开发过程中很常见的一种方式，也是前端与后端接通数据的重要渠道。由于短信接口不是免费的，需要防止攻击者进行恶意盗刷。所以在获取验证码的过程中，需要结合图形验证码等技术手段，尽可能排除机器人进行的恶意操作。

短信验证码登录主要流程如下：

（1）当用户输入手机号时，点击“获取验证码”按钮。

（2）浏览器会向服务器发起一个短信验证码接口的请求，这个请求需要携带手机号。

（3）服务器收到请求后，为此手机号生成一个随机验证码，记录生成时间，并保存在服务器。

（4）服务器携带手机号和生成的验证码调用运营商提供的接口。

（5）运营商接口通过部署在全国各地的基站向指定手机号发送验证码信息（无连接，只负责发送即可，不需要等待手机反馈已收到的结果）。随后，运营商会将验证码发送成功的信息反馈给服务器，服务器知道运营商已成功发送信息给用户后，就会将请求的响应结果提示给用户，告知前端验证码已经发送成功，并开始倒计时。用户拿出手机，等待接收验证码。等待的时间长短与网络时延有关。用户收到验证码后，将其填入页面上的指定位置。

当用户点击“登录”按钮时，前端会向服务器发送一个调用验证码登录接口的请求，这个请求包含了用户的手机号和填写的验证码；服务器根据收到的手机号和验证码与之前生成的验证码进行对比，同时对比接收的时刻和生成的时刻是否超过了一个规定的有效时限；服务器完成对比之后，会返回一个表示登录成功或者失败的结果给前端；前端会将这个结果通过js代码的方式展示给用户，用户就知道自己是否登录成功了。

任务二　申请加入班级模块开发

一、职业行动

用户登录学习平台后，需要先加入班级才能查看班级里对应的课程。在加入班级界面时，用户可以搜索班级、查看班级详情。

1. 加入班级各界面主要功能

（1）班级查询

- 用户点击左侧菜单树的“我的班级”，进入班级列表页面。
- 系统以列表的方式列出班级信息，列出的信息包括班级名称、入班方式、在班人数。
- 用户填写班级名称后，可以对班级数据进行筛查。
- 系统列出筛选后的数据表。

（2）申请加入班级

- 在班级列表页面中，用户点击“加入”按钮。
- 系统提示录入资料。

- 用户输入申请理由，输入完成后提交这些资料。
- 系统校验用户输入是否合法。
- 系统完成入班申请功能。
- 系统刷新章节列表的数据。

加入班级模块后的页面效果如图4-2所示。

图4-2　加入班级界面

2. 流程

（1）步骤1：封装页面头部组件及创建页面

在后续的其他界面中也存在相同的头部内容，因此将其封装为公共组件。

① 配置全局scss文件

修改src/assets/scss/public.scss文件，添加颜色变量的定义，代码如下。

```
:root {
  --color-primary: #55AAFF;
  --el-color-primary: #55AAFF;
  --el-menu-hover-bg-color: #B3D9FB;
  --el-fill-color: #F8F9FB;
}
```

② 配置新的路由

修改src/router/index.ts文件：配置新的页面的路由，代码如下。

```
import { createRouter, createWebHistory, RouteRecordRaw } from 'vue-router'
const routes: Array<RouteRecordRaw> = [
  {
  path: '/home',
  name: 'home',
```

```
    component: () => import(/* webpackChunkName: "home" */ '@/views/HomeView.vue'),
    children: [
     // 学习中心页面（默认）
     {
       path: '',
       alias: 'study',
       name: 'study',
       component: () => import(/* webpackChunkName: "study" */ '@/views/study/StudyHomeView.vue'),
       children: [
        // 班级申请列表页面
        {
          path: 'entry',
          name: 'entry',
          component: () => import(/* webpackChunkName: "entry" */ '@/views/study/EntryListView.vue')
        },
     },
    ]
  },
]
const router = createRouter({
  history: createWebHistory(process.env.BASE_URL),
  routes
})
export default router
```

③ 制作页面导航条

修改src/store/index.ts文件，系统状态的数据配置，代码如下。

```
import { createStore } from 'vuex';

interface LeftNav {
  label: string,
  to: string
}

const leftNav:LeftNav[] = [];

// 学习中心的左侧列表
const classLeftNav:LeftNav[] = [
  {
    label:"入班申请",
    to:"/home/study/entry"
  },
```

```
  {
   label:"我的班级",
   to:"/home/study/class"
  },
  {
   label:"我的课程",
   to:"/home/study/course"
  }
]

// 个人中心的左侧列表
const userLeftNav:LeftNav[] = [
  {
   label:"基本设置",
   to:"/home/user/base"
  },
  {
   label:"安全设置",
   to:"/home/user/safe"
  }
]

export default createStore({
  state: {
   user: {
    // 身份令牌
    token: "",
    avatar: "",
    name: ""
   },
   leftNav
  },
  getters: {
   // 获取头部导航的数据
   getHeaderData(state) {
    if (!state.user.token) {
     return [
      {
       label: "学习平台",
       to: "/"
      }
```

```
      ]
    }
    return [
      {
        label: "学习中心",
        to: "/home/study"
      },
      {
        label: "个人中心",
        to: "/home/user"
      }
    ]
  },
  // 获取用户头像，如果没有则使用默认头像
  getUserAvatar(state) {
    return state.user.avatar || "https://www.myinformation.com/static/images/logo.png";
  },
  // 获取用户姓名，如果没有则使用默认姓名
  getUserName(state) {
    return state.user.name || "匿名用户";
  }
},
mutations: {
  setUser(state, payload) {
    state.user = payload;
  },
  setLeftNav(state, payload:"study" | "user") {
    if (payload == "study") {
      state.leftNav = classLeftNav;
    } else {
      state.leftNav = userLeftNav;
    }
  }
},
actions: {
},
modules: {
}
})
```

说明：

Vuex的getters：相当于Vuex的computed（计算属性），可以方便地获取到根据state中的数据加工的结果。

修改公共头部，通过Vuex中的数据来加载头部的导航列表，修改src/components/public/SiteHeader.vue文件，代码如下。

```
<template>
 <header>
  <section class="center-container">
   <!-- logo图片：可以设计自己的Logo图片 -->
   <img src="https://www.myinfomation.com/static/images/logo.png" class="img-logo" />
   <el-menu
    :default-active="activeIndex"
    mode="horizontal"
    router>
    <el-menu-item v-for="item in store.getters.getHeaderData"
     :key="item.to"
     :index="item.to">{{item.label}}</el-menu-item>
   </el-menu>
   <aside v-if="store.state.user.token" class="right">
    <el-icon><ChatLineSquare /></el-icon>
    <img class="avatar"
    :src="store.getters.getUserAvatar">
    <span class="name">{{ store.getters.getUserName }}</span>
   </aside>
  </section>
 </header>
</template>

<script lang="ts" setup>
// 省略部分代码

// 通过路由获取当前激活的菜单项
const activeIndex = computed(() => {
 const path = route.path;
  // 主页单独判断一下
  if (path == "/home" || path.startsWith("/home/study")) {
    return "/home/study";
  }
  return "/home/user";
});

</script>
```

封装左侧的导航组件，添加src/components/public/SiteLeft.vue文件，代码如下。

```
<template>
  <aside class="aside">
    <div class="top">
      <img class="avatar" :src="store.getters.getUserAvatar">
```

```
            <span class="name">{{ store.getters.getUserName }}</span>
            <span class="school">{{ store.state.user.school }}</span>
        </div>
        <menu class="menu">
            <li v-for="item in store.state.leftNav" :key="item.label" :class="getActiveClass(item.to)">
                <router-link :to="item.to">{{ item.label }}</router-link>
            </li>
        </menu>
    </aside>
</template>

<script lang="ts" setup>
// 省略部分代码

/**
 * 根据当前路由，判断当前菜单项是否高亮
 */
const getActiveClass = (to:string) => {
    const path = route.path;
    // 主页单独判断一下
    if (path == "/home") {
        return {active: to == "/home/study/class"}
    }
    return {active: path == to}
}
</script>

<style lang="scss" scope>
/*样式省略*/
}
</style>
```

④ 首页加入自定义组件

优化前端登录后的首页面，左侧加入上一步中自定义的组件SiteLeft，修改src/views/HomeView.vue文件，代码如下。

```
<template>
    <section class="center-container">
        <site-left></site-left>
        <router-view #default="{ Component }">
            <keep-alive>
                <component :is="Component" />
            </keep-alive>
        </router-view>
    </section>
```

```
</template>

<script lang="ts" setup>
import SiteLeft from '@/components/public/SiteLeft.vue';
</script>

<style lang="scss" scoped>
.center-container {
  padding-top: 50px;
  display: flex;
}
</style>
```

新增学习中心的首页，添加src/views/study/StudyHomeView.vue文件，代码如下。

```
<template>
  <router-view #default="{ Component }">
    <keep-alive>
      <component :is="Component" />
    </keep-alive>
  </router-view>
</template>
<script lang="ts" setup>
// 省略部分代码

// 显示页面时，更新左侧导航栏
onActivated(() => {
 store.commit("setLeftNav","study")
});
</script>
<style lang="scss" scoped>
.container {
  flex-grow: 1;
  background-color: #fff;
  padding: 30px;
}
</style>
```

备注：该页面中实际上只有一个路由出口组件，主要是出于项目结构化的考虑。学习中心作为独立的一个模块，应有一个主页，下面再分出子页面。同时，由于学习中心和个人中心左侧菜单数据不同，在这里可以统一设置学习中心页面的左侧菜单数据。

新建课程列表界面，添加src/views/study/CourseListView.vue文件，后续步骤将补充处理逻辑。

```
<template>
  <div>
   课程列表
  </div>
</template>
<script lang="ts" setup>
</script>
```

新建我的班级页面，添加src/views/study/ClassListView.vue文件，后续步骤再添加处理逻辑，代码如下。

```
<template>
  <div>
   班级列表
  </div>
</template>
<script lang="ts" setup>
</script>
```

新建入班申请页面，添加src/views/study/EntryListView.vue文件，代码如下。

```
<template>
  <div>
   入班申请
  </div>
</template>

<script lang="ts" setup>
</script>
```

页面效果如图4-3所示。

图4-3　加入班级页面框架

（2）步骤2：开发申请加入班级页面功能

① 封装班级信息组件

封装用于展示班级项目的组件，添加src/components/study/ClassItem.vue文件，代码如下。

```
<template>
  <li class="list-item">
    <div class="item-box">
      <div class="row1">
        <img :src="modelValue.cover" class="cover">
        <div class="right">
          <h3>{{ modelValue.name }}</h3>
          <p>
            人数：
            <span class="user_count">{{ modelValue.user_count || 0 }}</span>
            {{ getEntry(modelValue.entry) }}
          </p>
        </div>
      </div>
      <el-button :disabled="getBtnDisabled(modelValue)" text plain @click="joinClass(modelValue)"
class="join">
        {{ getJoinText(modelValue) }}
      </el-button>
    </div>
  </li>
</template>

<script lang="ts" setup>
// 省略部分代码

defineProps({
  modelValue: {
    type: Object,
    required: true
  }
});

const emits = defineEmits(["entry-success"]);

const getEntry = (entry: number) => {
  // 1—无需审核，2—需审核，3—拒绝加入，4—禁用
  switch (entry) {
    case 1:
```

```
            return '无需审核，直接加入';
        case 2:
            return '需审核';
        case 3:
            return '拒绝加入';
        case 4:
            return '禁用';
        default:
            return '未知';
    }
}

/**
 * 获取加入按钮的文字
 */
const getJoinText = (item: any) => {
    // 0—正常，1—审核中，2—草稿，4—转班，7—被否决，8—禁用，9—已删除
    const join_status = item.join_status;
    switch (join_status) {
        case "0": return '已经入班';
        case "1":
            return '审核中';
        case "7":
            return '未通过审核';
    }
    if (item.status >= 8) {
        return '无法加入';
    }
    const entry = item.entry;
    switch (entry) {
        case 1:
            return '加入';
        case 2:
            return '申请';
        default:
            return '无法加入';
    }
}

/**
 * 获取加入按钮是否禁用
 */
```

```
const getBtnDisabled = (item: any) => {
  // 0=正常 1=审核中 2=草稿 7=被否决 8=禁用 9=已删除
  if (item.status >= 8) {
    return true;
  }
  if (item.join_status === '0') {
    return true;
  }
  // 0—正常，1—审核中，2—草稿，4—转班，7—被否决，8—禁用，9—已删除
  if (item.join_status >= 1) {
    return true;
  }
  // 1—无需审核，2—需审核，3—拒绝加入，4—禁用
  if (item.entry >= 3) {
    return true;
  }
  return false;
};

/**
 * 申请加入班级
 */
const joinClass = (item: any) => {
  // 无需审核
  if (item.entry == 1) {
    ElMessageBox.confirm('是否加入班级？', '提示', {
      confirmButtonText: '确定',
      cancelButtonText: '取消',
    }).then(() => {
      request({ url: "/class/entry", method: "POST", data: { class_id: item.id } })
        .then((res) => {
          if (res.data.code >= 1) {
            alert("加入成功");
            emits("entry-success");
          } else {
            alert("加入失败")
          }
        })
    });
    // 需要审核
  } else if (item.entry == 2) {
    ElMessageBox.prompt('请填写申请理由', '提示', {
```

```
        confirmButtonText: '确认',
        cancelButtonText: '取消',
        inputValidator(text: string) {
          if (!text || text.length < 100) {
            return true;
          }
          return "请输入100字以内";
        },
      }).then(res => {
        request({ url: "/class/entry", method: "POST", data: { class_id: item.id, reason: res.value } })
          .then((res) => {
            if (res.data.code >= 1) {
              alert("申请成功");
              emits("entry-success");
            } else {
              alert("申请失败")
            }
          })
      })
  }
}

</script>

<style lang="scss" scope>
/*省略样式*/
</style>
```

② 制作申请加入班级页面

制作申请加入班级申请页面，在页面中引入上一步创建的班级组件ClassItem，修改src/views/study/EntryListView.vue文件，代码如下。

```
<template>
  <section class="container">
    <h2 class="h2">入班申请</h2>
    <div class="center-box">
      <div class="search">
        <el-input v-model="formData.name" :prefix-icon="Search" @keypress="handleKeyPress"
          placeholder="请输入班级名称"></el-input>
        <el-button type="primary" @click="handleQuery（1）">查询班级</el-button>
      </div>
      <ul class="class-box">
        <class-item v-for="item in tableData" :model-value="item" :key="item.id" @entry-success="han-
```

```
dleEntrySuccess"></class-item>
      </ul>
    </div>
    <footer>
      <el-pagination :currentPage="formData.currentPage" :page-size="formData.pageSize" layout="pager,
jumper"
        :total="total" @size-change="handleSizeChange" @current-change="handleCurrentChange" />
      <span class="total">
        合计：{{ total }}个班级
      </span>
    </footer>
  </section>
</template>

<script lang="ts" setup>
// 省略部分代码
const formData = reactive({
  name: "",
  currentPage: 1,
  pageSize: 12
});


// 总行数
const total = ref(0);

const tableData = reactive<any[]>([])

/**
 * 将当前表单数据提交进行查询
 */
const handleQuery = (currentPage: number) => {
  formData.currentPage = currentPage;
  formData.pageSize = formData.pageSize || 12;
  request({
    url: "/class/queryEntryList",
    method: "POST",
    data: formData,
  }).then(({ data }) => {
    // 查询成功，将结果数据赋值到tableData中
    if (data.code > 0) {
      // 重置表格数据
```

```
    tableData.length = 0;
    // 将接口返回的数据数组，添加到表格数据中，tableData是响应式数据，表格组件会自动更新表格数据
    tableData.push(...data.data.list);
    // 将接口返回的总行数，赋值到total中，total传递到分页器组件中，会自动更新分页器组件中的数据
    total.value = data.data.total;
   }
  });
};

/**
 * 当前页有变化
 * @param currentPage 当前页
 */
const handleCurrentChange = (currentPage: number) => {
 handleQuery(currentPage);
};

/**
 * 每页行数变化
 * @param pageSize 每页行数
 */
const handleSizeChange = (pageSize: number) => {
 formData.pageSize = pageSize;
 handleQuery（1）；
};

const handleEntrySuccess = () => {
 formData.name = "";
 handleQuery（1）；
}

handleQuery（1）；

</script>
```

至此，加入班级界面及功能制作完成，接下来开发对应的Java接口功能。

（3）步骤3：开发申请加入班级Java接口

① 拦截器相关代码改造

创建保存前端用户ID的ThreadLocal对象，并放入IOC容器中，修改stuplatform.config.BaseConfig.java类，添加如下代码。

```
/**
 * 定义系统中需要用到的对象
 */
@Configuration
public class BaseConfig {

    /**
     * 用于保存当前线程中登录管理员的ID
     * @return
     */
    @Bean
    public ThreadLocal<Integer> adminIdThreadLocal() {
        return new ThreadLocal<>();
    }

    @Bean
    public ThreadLocal<Integer> userIdThreadLocal() {
        return new ThreadLocal<>();
    }
}
```

根据token中保存的用户类别，校验出用户id，然后放至不同的ThreadLocal对象中，并添加前端用户的权限验证。

修改拦截器逻辑，创建stuplatform.interceptor.PermissionInterceptor.java类，代码如下。

```
/**
 * 权限拦截器
 */
@Component
@Slf4j
public class PermissionInterceptor implements HandlerInterceptor {
    private final RedisTemplate redisTemplate;
    private final JWTUtils jwtUtils;

    /**
     * 用于保存当前登录管理员的身份信息
     */
    private final ThreadLocal<Integer> adminIdThreadLocal;

    private final ThreadLocal<Integer> userIdThreadLocal;

    /**
     * 用户允许访问的URI集合：固定定义在此
```

```
 */
private final Set<String> userURIs = new TreeSet<>(
    Arrays.asList("/class/queryEntryList",
        "/class/entry"));

@Autowired
public PermissionInterceptor(RedisTemplate redisTemplate,
                JWTUtils jwtUtils,
                @Qualifier("adminIdThreadLocal") ThreadLocal<Integer> adminIdThreadLocal,
                @Qualifier("userIdThreadLocal") ThreadLocal<Integer> userIdThreadLocal) {
  this.redisTemplate = redisTemplate;
  this.jwtUtils = jwtUtils;
  this.adminIdThreadLocal = adminidThreadLocal;
  this.userIdThreadLocal = useridThreadLocal;
}

/**
 * 调用Controller之前执行：
 * 1.获取请求头信息中的token，判断token是否有效
 * 2.从redis中获取用户权限信息，与当前的uri地址是否匹配
 */
@Override
public boolean preHandle(HttpServletRequest request,
            HttpServletResponse response,
            Object handler) throws Exception {
  String requestURI = request.getRequestURI();
  log.info("拦截器：" + requestURI);
  // 读出用户的身份令牌数据
  String tokenStr = request.getHeader("Authorization");

  response.setContentType("application/json;charset=utf-8");
  if (null == tokenStr) {
    response.getWriter().write("{\"code\":0,\"msg\":\"没有传Token\"}");
    return false;
  }
  // 解密
  Map<String,Object> map = jwtUtils.decodeTokenStr(tokenStr);
  // 生成redis的key
  String key = jwtUtils.generateCacheKey(map,jwtUtils.getIp(request));
  map = (Map<String, Object>) redisTemplate.opsForValue().get(key);
  // 表示已经登录：部分功能登录后就能使用的可以写在这里判断
```

```
    if (null != map) {
        if (requestURI.startsWith("/qiniu/")) {
            log.info("登录后可以使用的API: " + requestURI);
            return true;
        }
    }
    //前端用户
    if ("USR".equals(map.get("type"))) {
        Integer id = (Integer) map.get("id");
        userIdThreadLocal.set(id);
        boolean b = userURIs.contains(requestURI);
        if (b) {
            return true;
        }
        response.getWriter().write("{\"code\":0,\"msg\":\"没有权限\"}");
        return false;
    }

    Set<String> permissionSet = (Set<String>)map.get("permissionSet");
    Integer id = (Integer) map.get("id");
    adminidThreadLocal.set(id);
    //使用流式编程判断uri是否在权限集合中
    boolean b = permissionSet.stream().anyMatch(s → checkMatches(requestURI,s));
    if (b) {
        return true;
    }
    response.getWriter().write("{\"code\":0,\"msg\":\"没有权限\"}");
    return false;
}

/**
 * 调用Controller之后执行
 */
@Override
public void postHandle(HttpServletRequest request, HttpServletResponse response, Object handler, Mode-
lAndView modelAndView) throws Exception {
    HandlerInterceptor.super.postHandle(request, response, handler, modelAndView);
}

/**
 * 整个请求执行完成之后执行
```

```
    */
    @Override
    public void afterCompletion(HttpServletRequest request, HttpServletResponse response, Object handler,
Exception ex) throws Exception {
        //清空线程本地对象
        adminIdThreadLocal.remove();
        userIdThreadLocal.remove();
    }

    /**
     * 判断uri与pattern是否匹配
     * ?表示一个字符，*表示0～n个字符串的匹配方法
     * @param uri 匹配字符串
     * @param pattern 匹配规则
     * @return
     */
    private boolean checkMatches(String uri,String pattern) {
        if (null == pattern || null == uri) {
            return uri == pattern;
        }
        if (pattern.indexOf("?") == -1 && pattern.indexOf("*") == -1) {
            return uri.equals(pattern);
        }
        // 先判断没有*只有?的情况
        if (pattern.indexOf("*") == -1) {
            if (uri.length() != pattern.length()) {
                return false;
            }
            char c1;
            char c2;
            for (int i = 0;i < uri.length();i ++) {
                c1 = uri.charAt(i);
                c2 = pattern.charAt(i);
                if (c1 != c2 && c2 != '?') {
                    return false;
                }
            }
            return true;
        }
        // 有*的
        char c1;
```

```
        char c2;
        int pIndex = 0;
        for (int i = 0;i < uri.length();i ++) {
            if (pIndex > pattern.length() - 1) {
                return false;
            }
            c1 = uri.charAt(i);
            c2 = pattern.charAt(pIndex);
            if (c1 != c2) {
                if (c2 == '?') {
                    pIndex ++;
                    continue;
                } else if (c2 == '*') {
                    // 如果已经是最后了，那么就是成功
                    if (pIndex == pattern.length() - 1) {
                        return true;
                    } else {
                        c2 = pattern.charAt(pIndex + 1);
                        // 如果后面的字符和当前c1的字符一致，那么需要跳过*
                        if (c1 == c2) {
                            pIndex += 2;
                        }
                    }
                    continue;
                } else {
                    pIndex ++;
                    return false;
                }
            }
            pIndex ++;
        }
        return true;
    }
}
```

备注：前端用户的权限验证比较简单，直接在一个Set中预设前端用户可以访问的URI地址。

② 加入班级接口功能开发

● 加入班级控制器层并实现

添加前端用户查询班级列表和申请加入班级的两个API接口的方法定义，修改stu-platform.controller.ClassController.java类，代码如下。

```
/**
 * 前端查询可以申请入班的班级列表
 * @param classEntryListDTO
 * @return
 * @throws Exception
 */
@PostMapping("queryEntryList")
public ResponseEntity queryEntryList(@RequestBody ClassEntryListDTO classEntryListDTO) throws
Exception {
    return ResponseEntity.ok(classService.queryEntryList(classEntryListDTO));
}

/**
 * 申请加入班级
 * @param classUserDTO
 * @return
 * @throws Exception
 */
@PostMapping("entry")
public ResponseEntity entry(@RequestBody ClassEntryDTO classUserDTO) throws Exception {
    return ResponseEntity.ok(classService.entry(classUserDTO));
}
```

● 加入班级传输对象封装

封装用户查询班级列表的数据传输实体类，添加至stuplatform.dto.包下。

添加ClassEntryListDTO.java类，代码如下。

```
@Data
public class ClassEntryListDTO extends PageDTO {

  private String name;

  private Integer user_id;
}
```

添加stuplatform.dto.ClassEntryDTO.java类，用于前端用户申请加入班级的数据传输实体类，代码如下。

```
package org.hydrakyoufeng.stuplatform.dto;
import lombok.Data;
import lombok.ToString;
@ToString
@Data
public class ClassEntryDTO {
  /**
```

```
     * 班级主键
     */
    private String class_id;
    /**
     * 申请原因
     */
    private String reason;
    /**
     * 用户主键
     */
    private Integer user_id;
}
```

添加stuplatform.vo.ClassEntryListVO.java类：前端查询班级列表的视图模型实体类，代码如下。

```
package org.hydrakyoufeng.stuplatform.vo;
import lombok.Data;
@Data
public class ClassEntryListVO {
    /**
     * 编号
     */
    private Integer id;
    /**
     * 班级名称
     */
    private String name;
    /**
     * 封面图 直接存入封面图预览地址：一般为七牛云
     */
    private String cover;
    /**
     * 入班方式：1—无需审核，2—需审核，3—拒绝加入，4—禁用
     */
    private Integer entry;
    /**
     * 用户人数
     */
    private Integer user_count;
    /**
     * 申请状态
     */
    private String join_status;
}
```

● 加入班级逻辑层实现

修改 stuplatform.service.ClassService.java 接口，添加逻辑层的方法定义声明，添加前端用户查询班级列表和申请加入班级的两个方法，代码如下。

```
/**
 * 前端用户查询可以加入的班级列表
 * @param classEntryListDTO
 * @return
 */
Object queryEntryList(ClassEntryListDTO classEntryListDTO);

/**
 * 申请加入班级
 * @param classUserDTO
 * @return
 */
Object entry(ClassEntryDTO classUserDTO);
```

修改 stuplatform.service.impl.ClassServiceImpl.java 类：添加逻辑层的方法实现，实现前端用户查询班级列表和申请加入班级的两个方法，代码如下。

```
    @Autowired
    @Qualifier("userIdThreadLocal")
private ThreadLocal<Integer> userIdThreadLocal;

//省略中间代码

    @Override
    public Object queryEntryList(ClassEntryListDTO classEntryListDTO) {
        classEntryListDTO.setUser_id(userIdThreadLocal.get());
        //开启分页
        PageHelper.startPage(classEntryListDTO.getCurrentPage(),
                classEntryListDTO.getPageSize(),
                "cu.update_time DESC,c.update_time DESC");
        PageInfo pageInfo = new PageInfo(classMapper.queryEntryList(classEntryListDTO));
        return ResultEntity.success("查询成功",pageInfo);
    }

    @Override
    public Object entry(ClassEntryDTO classUserDTO) {
        classUserDTO.setUser_id(userIdThreadLocal.get());
        log.info("classUserDTO = " + classUserDTO);
        int result = classMapper.entry(classUserDTO);
        if (result > 0) {
```

```
        return ResultEntity.success("操作成功");
    } else {
        return ResultEntity.error("操作失败");
    }
}
```

● 加入班级数据访问层实现

修改stuplatform.mapper.ClassMapper.java接口，添加数据层的方法声明，代码如下。

```
/**
 * 前端用户可查询班级列表
 * @param classEntryListDTO
 * @return
 */
List queryEntryList(ClassEntryListDTO classEntryListDTO);

/**
 * 申请入班
 * @param classUserDTO
 * @return
 */
int entry(ClassEntryDTO classUserDTO);
```

修改src/resources/mapper/ClassMapper.xml文件，添加SQL语句的配置，代码如下。

```
<!--查询可以申请入班的班级列表：前端用户使用 -->
<select id="queryEntryList" resultType="org.hydrakyoufeng.stuplatform.vo.ClassEntryListVO">
    SELECT
    c.id,
    c.name,
    c.cover,
    c.entry,
    (SELECT COUNT（1） FROM elp_class_user cu WHERE cu.class_id = c.id) count_user,
    cu.status join_status
    FROM
    elp_class c
    LEFT JOIN elp_class_user cu ON cu.class_id = c.id AND cu.user_id = #{user_id}
    <where>
        <if test="name != null and name neq ''">
            AND c.name LIKE CONCAT('%',#{name},'%')
        </if>
        AND c.status = '0'
    </where>
</select>

<!-- 添加班级用户表的数据，是直接入班还是需要等待审核，根据elp_class表的entry字段决定-->
```

```
<insert id="entry">
    INSERT INTO elp_class_user
    (class_id, user_id, reason,
     status)
    VALUES (#{class_id}, #{user_id}, #{reason},
        (SELECT
            CASE entry WHEN '1' THEN '0' WHEN '2' THEN '1' ELSE '8' END
        FROM elp_class c WHERE c.id = #{class_id}) )
</insert>
```

至此，Java后端接口开发完成。

（4）步骤4：测试申请加入班级功能

① 班级列表查看：数据是否正确显示，查询条件是否能够正确生效，分页功能是否正常。

② 是否能够根据班级状态和已经加入的状态，提示不同的按钮文字，并且仅在可以加入的情况下，按钮能够点击。

③ 点击“加入”按钮后，逻辑是否正确执行。

测试完成后，加入班级的功能开发完成。

二、职业知识

1. IoC思想

IoC（inversion of control）是一种软件设计原则，它体现了控制反转的思想。传统的程序设计中，对象之间的依赖关系由开发者在代码中直接管理，即对象自己创建和管理它所依赖的对象。而在IoC的思想下，控制权被反转，对象的创建和管理由容器来负责，对象只需要声明它所依赖的其他对象，容器会自动注入这些依赖。

IoC的核心思想是将对象之间的依赖关系交给容器来管理，通过配置文件或注解等方式告诉容器哪些对象需要被创建和注入，容器会根据配置信息自动创建对象，并将依赖注入到相应的位置。这样可以降低对象之间的耦合度，提高代码的可维护性和可扩展性。

2. IoC容器

IoC容器是一个软件组件，用于集中管理应用程序中的对象及其依赖关系。它是将对象的创建和依赖关系的管理任务交给容器来完成，而不是由开发人员手动进行。

通过使用IoC容器，开发者可以将关注点从对象的创建和依赖管理中解脱出来，更专注于业务逻辑的实现。同时，IoC容器支持灵活的配置方式，可以根据不同的环境和需求进行调整，从而使系统更易于扩展和维护。

3. IoC容器的主要功能

（1）对象的实例化和生命周期管理：IoC容器负责创建对象的实例，并管理其生命周期，包括初始化、依赖注入以及销毁等操作。

（2）依赖关系的管理：IoC容器负责管理对象之间的依赖关系，采用依赖注入的方式把所需依赖的对象注入至目标对象中。

（3）配置信息的集中管理：IoC容器借助配置文件或注解等手段，实现应用程序中各类配置信息的统一管理，涵盖对象的创建方式、依赖关系的设定等。

（4）AOP（aspect-oriented programming，面向切面编程）的支持：IoC容器还提供了对AOP的支持功能，允许用户以配置形式达成横切关注点的有效管控。

在Spring框架中，IoC容器被称为ApplicationContext，是Spring的核心部分。通过配置文件或注解等方式，开发人员可以将对象的创建和依赖关系的管理交给Spring容器来完成，从而构建松耦合、易维护和易测试的应用程序。

任务三　用户在线学习模块开发

一、职业行动

用户在线学习主要通过我的班级和我的课程进行。我的班级页面，用于展示选中班级中的课程列表；我的课程页面，展示全部课程列表。在课程列表界面，还可以将课程进行置顶、结束学习的操作。

我的班级页面与我的课程页面类似，界面如图4-4、图4-5所示。

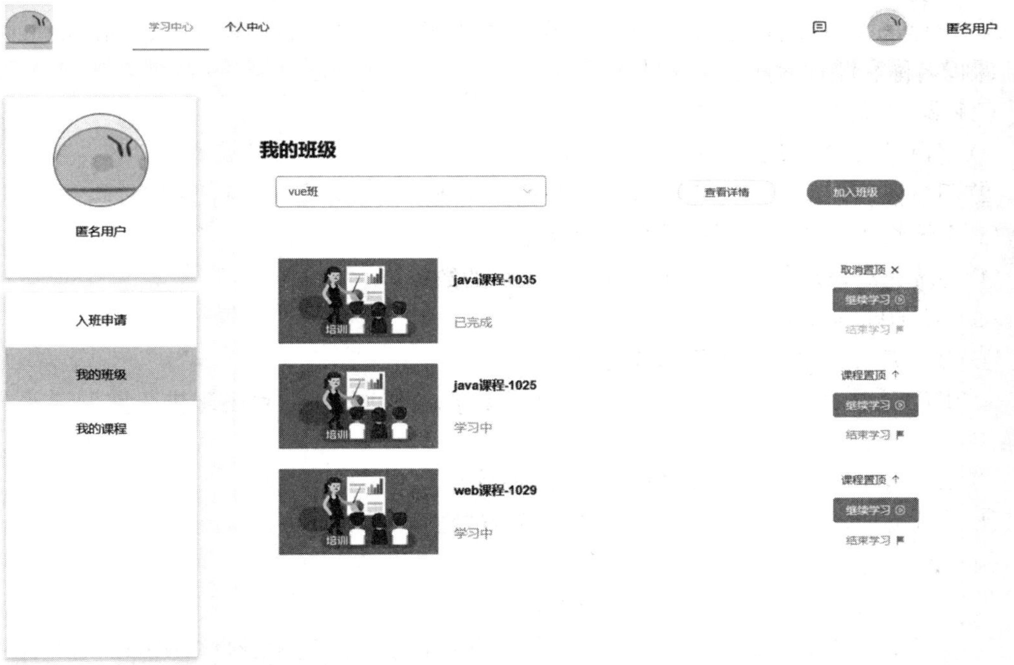

图4-4　我的班级界面

图4-5　我的课程界面

1. 页面相关功能

（1）课程查看

① 用户点击“我的班级”进入我的班级页面。

② 系统列出用户的班级列表。

③ 用户选择班级后，系统根据用户选择的班级列出对应的课程列表，列出的数据包括课程名称、课程封面、学习状态等。

（2）课程置顶

① 用户进入我的班级或我的课程页面。

② 用户根据信息，选择想要置顶的课程，并通过按钮点击来进行课程置顶操作。

③ 系统将用户选择的课程进行置顶操作。

④ 系统完成该用例，并刷新课程列表显示的数据。

（3）取消课程置顶

① 用户进入我的班级或我的课程页面。

② 用户根据信息，选择想要取消置顶的课程，并通过按钮点击来进行取消课程置顶操作。

③ 系统将用户选择的课程进行取消置顶操作。

④ 系统完成该用例，并刷新课程列表显示的数据。

（4）课程结束

① 用户进入我的班级或我的课程页面。

② 用户根据信息，选择想要结束的课程，并通过按钮点击来进行结束课程的操作。

③ 系统将用户选择的课程标记为已结束。

④ 系统完成该用例，并刷新课程列表显示的数据。

2. 流程

(1) 步骤1：课程列表功能页面开发

① 封装课程组件

封装课程列表中展示的课程组件，添加 src/components/study/CourseItem.vue 文件，代码如下。

```
<template>
  <li class="list-item">
    <img :src="modelValue.cover" class="cover">
    <div class="center">
      <h4>{{ modelValue.name }}</h4>
      <span>{{ modelValue.is_end ? '已完成' : '学习中' }}</span>
    </div>
    <div class="btns">
      <el-button text plain class="btn-top" @click="handleTop">
        <template #default>
          {{ modelValue.is_top ? '取消置顶' : '课程置顶' }}
          <el-icon>
            <Top v-if="!modelValue.is_top" />
            <CloseBold v-else />
          </el-icon>
        </template>
      </el-button>
      <el-button type="primary">
        <router-link :to="`/home/study/play/${modelValue.id}/${modelValue.name}`" class="btn-play">
          继续学习
          <el-icon>
            <VideoPlay />
          </el-icon>
        </router-link>
      </el-button>
      <el-button text plain type="primary"
      class="btn-end"
      :disabled="modelValue.is_end"
      @click="handleEnd">
        结束学习
        <el-icon>
          <Flag />
        </el-icon>
      </el-button>
    </div>
  </li>
</template>

<script lang="ts" setup>
```

```
// 省略部分代码

const props = defineProps({
  modelValue: {
    type: Object,
    required: true
  }
});

const emits = defineEmits(["updated"]);

/**
 * 置顶操作
 */
const handleTop = () => {
  let text = "是否将课程置顶？ ";
  let status = "0";
  if (props.modelValue.is_top) {
    text = "是否将课程取消置顶？ "
    status = "9"
  }
  ElMessageBox.confirm(text, "提示", {
    confirmButtonText: "确认",
    cancelButtonText: "取消",
  }).then(() => {
    request({
      url: "/course/updateUserOperate",
      method: "post",
      data: { course_id: props.modelValue.id, status, operate: 1 }
    }
    ).then(res => {
      if (res.data.code >= 1) {
        alert("操作成功");
        emits("updated");
      }
    })
  });
};

/**
 * 结束学习操作
```

```
 */
const handleEnd = () => {
  ElMessageBox.confirm("是否手动结束学习", "提示", {
    confirmButtonText: "确认",
    cancelButtonText: "取消",
  }).then(() => {
    request({
      url: "/course/updateUserOperate",
      method: "post",
      data: { course_id: props.modelValue.id, status: "0", operate: 3 }
    }
    ).then(res => {
      if (res.data.code >= 1) {
        alert("操作成功");
        emits("updated");
      }
    })
  });
}
</script>

<style lang="scss" scope>
/*样式省略*/
</style>
```

② 添加展示课程信息的组件

添加 src/components/study/CourseList.vue 文件：以列表方式展示课程信息的组件，代码如下。

```
<template>
  <ul class="course-list">
    <course-item v-for="item in modelValue"
    :key="item.id"
    :model-value="item"
    @updated="emits('updated')"></course-item>
  </ul>
</template>

<script lang="ts" setup>
// 省略部分代码

defineProps({
  modelValue: {
    type: Array,
```

```
      required: true
   }
});

const emits = defineEmits(["updated"])
</script>
<style lang="scss" scope>
.course-list {
   padding: 20px;
}
</style>
```

③ 添加展示课程详情的组件

添加src/components/study/ClassDetail.vue文件：展示班级详情的组件，代码如下。

```
<template>
   <el-dialog :model-value="true"
   title="班级详情"
   width="500px"
   :close-on-click-modal="false"
   :before-close="handleClose">
      // 省略班级详情界面代码
   </el-dialog>
</template>

<script setup lang="ts">
// 省略部分代码

// 将需要显示的班级内容通过props传入
const props = defineProps({
   rowData: {
      type: Object,
      required: true
   }
});

// 获取班级类型的显示
const type = computed(() => {
   const entry = props.rowData?.entry;
   switch (entry) {
      case 1: return "无需审核";
      case 2: return "需要审核";
      case 3: return "拒绝加入";
```

```
      default: return "禁用";
    }
})

const emits = defineEmits(["close"]);

const handleClose = () => {
  emits("close");
}

</script>

<style scoped lang="scss">
.title {
  font-weight: 600;
  .el-icon {
    vertical-align: text-top;
    margin-right: 5px;
  }
}
</style>
```

④ 完善我的班级页面

修改 src/views/study/ClassListView.vue 文件：我的班级列表页面，代码如下。

```
<template>
 <section class="container">
  <h2 class="h2">我的班级</h2>
  <header class="header">
   <class-select :options="classData" v-model="classId"></class-select>
   <div class="btn-box">
    <el-button plain class="btn" @click="showDetail">查看详情</el-button>
    <el-button type="primary" class="btn">
     <router-link to="/home/study/entry">加入班级</router-link>
    </el-button>
   </div>
  </header>
  <course-list :model-value="tableData" @updated="handleUpdated"></course-list>
  <keep-alive>
   <component :is="getComponent" :rowData="rowData" @close="handleClose"></component>
  </keep-alive>
 </section>
</template>
```

```
<script lang="ts" setup>
// 省略部分代码

// 将classId的值绑定到store中
const classId = computed({
  get() {
    return store.state.classId;
  },
  set(val) {
    store.commit("setClassId", val);
  }
})

// 因考虑到班级数据可能有变化，所以每次进入该页面都需重新获取数据
onActivated(() => {
  request({ url: "/class/queryUserList" }).then(res => {
    if (res.data.code >= 1) {
      classData.length = 0;
      classData.push(...res.data.data);
    }
  })
});

const showValue = ref("");
const rowData = ref();

/**
 * 查看详情
 */
const showDetail = () => {
  rowData.value = classData.find(v => v.id == classId.value);
  showValue.value = "detail";
}

const getComponent = computed(() => {
  if (showValue.value == "detail") {
    return ClassDetail;
  } else {
    return null;
  }
})
```

```
const handleClose = () => {
  showValue.value = "";
}

// 课程列表数据
const tableData = reactive<any[]>([]);

/**
 * 获取课程列表数据，特意将pageSize设置为-1，目的是获取不分页的数据
 */
const handleQuery = (class_id:number) => {
  request({
    url: "/course/queryUserList",
    data: { pageSize: -1, class_id },
    method: "post"
  }).then(res => {
    if (res.data.code > 0) {
      tableData.length = 0;
      tableData.push(...res.data.data);
    }
  })
}

</script>
```

⑤ 完善我的课程列表页面

修改我的课程列表页面使用自定义课程组件，创建src/views/study/CourseListView.vue文件，代码如下。

```
<template>
  <section class="container">
    <h2 class="h2">我的课程</h2>
    <div class="center-box">
      <div class="search">
        <el-input v-model="formData.name" :prefix-icon="Search" @keypress="handleKeyPress"
          placeholder="请输入课程名称"></el-input>
        <el-button type="primary" @click="handleQuery（1）">查询课程</el-button>
      </div>
    </div>
    <course-list :model-value="tableData" @updated="handleUpdated"></course-list>
    <footer>
      <el-pagination  :currentPage="formData.currentPage"  :page-size="formData.pageSize"  layout="pager,
```

```
jumper"
      :total="total" @size-change="handleSizeChange" @current-change="handleCurrentChange" />
    <span class="total">
      合计：{{ total }}个课程
    </span>
   </footer>
  </section>
</template>

<script lang="ts" setup>
// 省略部分代码

/**
 * 将当前表单数据提交进行查询
 */
const handleQuery = (currentPage: number) => {
 formData.currentPage = currentPage;
 formData.pageSize = formData.pageSize || 20;
 request({
   url: "/course/queryUserList",
   method: "POST",
   data: formData,
 }).then(({ data }) => {
   // 查询成功，将结果数据赋值到tableData中
   if (data.code > 0) {
    // 重置表格数据
    tableData.length = 0;
    // 将接口返回的数据数组添加到表格数据中，tableData是响应式数据，表格组件会自动更新表格
数据
    tableData.push(...data.data.list);
    // 将接口返回的总行数赋值到total中，total传递到分页器组件中，会自动更新分页器组件中的数据
    total.value = data.data.total;
   }
 });
};

handleQuery（1）；
</script>
```

备注：CourseListView.vue和ClassListView.vue中都使用了CourseList组件，组件化开发代发复用的优势在此体现了出来。

（2）步骤2：查询班级列表Java接口开发

① 控制层代码编写

修改 stuplatform.controller.ClassController.java 类：添加查询用户所在班级列表的API接口的方法定义，代码如下。

```
/**
 * 前端查询用户的班级列表：不分页
 * @return
 * @throws Exception
 */
@GetMapping("queryUserList")
public ResponseEntity queryUserList() throws Exception {
    return ResponseEntity.ok(classService.queryUserList());
}
```

② 逻辑层代码编写

修改 stuplatform.service.ClassService.java 接口：添加逻辑层的方法定义声明，添加查询用户所在班级列表的方法，代码如下。

```
/**
 * 查询用户所在班级列表
 * @return
 */
Object queryUserList();
```

修改 stuplatform.service.impl.ClassServiceImpl.java 类：添加逻辑层的方法实现，实现查询用户所在班级列表的方法，代码如下。

```
@Override
public Object queryUserList() {
    return ResultEntity.success("查询成功",classMapper.queryUserList(userIdTheadLocal.get()));
}
```

③ 数据层代码编写

修改 stuplatform.mapper.ClassMapper.java 接口：添加数据层的方法声明，代码如下。

```
/**
 * 查询申请入班的列表
 * @param classUserListDTO
 * @return
 */
List queryCheckList(ClassCheckListDTO classUserListDTO);


/**
 * 入班审核
 * @param classJoinDTO
 * @return
```

```
 */
int check(ClassCheckDTO classJoinDTO);
```

修改src/resources/mapper/ClassMapper.xml文件：添加SQL语句的配置，代码如下。

```
<select id="queryUserList" resultType="org.hydrakyoufeng.stuplatform.vo.ClassUserListVO">
    SELECT
    c.id,
    c.name,
    c.classify,
    c.entry,
    c.grade,
    c.description,
    (SELECT COUNT（1） FROM elp_class_user cu WHERE cu.class_id = c.id) user_count
    FROM
    elp_class c
    JOIN elp_class_user cu ON cu.class_id = c.id
    WHERE c.status = '0'
    AND cu.status = '0'
    AND cu.user_id = #{user_id}
    ORDER BY cu.creator_time DESC
</select>
```

④ 视图模型层代码编写

添加stuplatform.vo.ClassUserListVO.java类：用户所在班级列表的视图模型实体类，代码如下。

```
package org.hydrakyoufeng.stuplatform.vo;
import lombok.Data;
@Data
public class ClassUserListVO {
    private Integer id;
    private String name;
    private String classify;
    private String paid_type;
    private String grade;
    private Integer entry;
    private String description;
    private Integer user_count;
}
```

（3）步骤3：查询课程列表Java接口开发

① 控制层代码编写

修改stuplatform.controller.CourseController.java类：添加查询用户的课程列表和更新用户课程操作的两个API接口的方法定义，代码如下。

```
/**
 * 查询用户的课程列表
```

```
     * @param courseUserListDTO
     * @return
     * @throws Exception
     */
    @PostMapping("queryUserList")
    public ResponseEntity queryUserList(@RequestBody CourseUserListDTO courseUserListDTO) throws
Exception {
        return ResponseEntity.ok(courseService.queryUserList(courseUserListDTO));
    }

    /**
     * 更新用户对于课程的操作
     * @param courseUserOperateDTO
     * @return
     * @throws Exception
     */
    @PostMapping("updateUserOperate")
    public ResponseEntity updateUserOperate(@RequestBody @Valid CourseUserOperateDTO courseUse-
rOperateDTO) throws Exception {
        return ResponseEntity.ok(courseService.updateUserOperate(courseUserOperateDTO));
    }
```

② 数据传输模型层代码编写

添加 stuplatform.dto.CourseUserListDTO .java 类：用户课程列表的数据传输实体类，代码如下。

```
/**
 * 获取用户查询课程列表的 DTO
 */
@Data
@NoArgsConstructor
@ToString
public class CourseUserListDTO extends PageDTO {
    /**
     * 课程名称
     */
    private String name;
    /**
     * 班级 id
     */
    private Integer class_id;
    /**
     * 用户 id
     */
    private Integer user_id;
```

```
}
添加stuplatform.dto.CourseUserOperateDTO.java类：用户课程操作数据传输实体类。
package org.hydrakyoufeng.stuplatform.dto;

import jakarta.validation.constraints.NotNull;
import lombok.Data;

@Data
public class CourseUserOperateDTO {

    @NotNull(message="课程编码不能为空")
    private Integer course_id;

    private Integer user_id;

    /**
     * 操作：1—置顶，2—收藏，3—结束学习
     */
    @NotNull(message="操作方式不能为空")
    private Integer operate;

    /**
     * 数据状态：0—正常，9—删除
     */
    private String status;
}
```

③ 逻辑层代码编写

修改stuplatform.service.CourseService.java接口：添加逻辑层的方法定义声明，查询用户的课程列表和更新用户课程操作两个方法，代码如下。

```
    ResultEntity queryUserList(CourseUserListDTO courseUserListDTO);

    ResultEntity updateUserOperate(CourseUserOperateDTO courseUserOperateDTO);
```

修改stuplatform.service.impl.CourseServiceImpl.java类：添加逻辑层的方法实现，实现查询用户的课程列表和更新用户课程操作两个方法。同时注入保存当前用户id的ThreadLocal对象，代码如下。

```
    @Autowired
    @Qualifier("userIdThreadLocal")
private ThreadLocal<Integer> userIdThreadLocal;

// 省略中间代码

/**
```

```
 * 前端用户查询课程列表
 * @param courseUserListDTO
 * @return
 */
@Override
public ResultEntity queryUserList(CourseUserListDTO courseUserListDTO) {
    courseUserListDTO.setUser_id(userIdThreadLocal.get());
    // 这里将就现有的逻辑做个判断，当用户没有设置分页大小时，不进行分页
    if (courseUserListDTO.getPageSize() < 0) {
        return ResultEntity.success("查询成功",courseMapper.queryUserList(courseUserListDTO));
    }
    // 开启分页
    PageHelper.startPage(courseUserListDTO.getCurrentPage(),
            courseUserListDTO.getPageSize(),
            "c.update_time desc");
    PageInfo pageInfo = new PageInfo(courseMapper.queryUserList(courseUserListDTO));
    return ResultEntity.success("查询成功",pageInfo);
}

/**
 * 更新用户的操作记录
 * @param courseUserOperateDTO
 * @return
 */
@Override
public ResultEntity updateUserOperate(CourseUserOperateDTO courseUserOperateDTO) {
    courseUserOperateDTO.setUser_id(userIdTheadLocal.get());
    int count = courseMapper.queryOperateCount(courseUserOperateDTO);
    int effect = 0;
    // 没有查到：增加数据
    if (count == 0) {
        // 仅记录数据做 insert 操作
        if ("0".equals(courseUserOperateDTO.getStatus())) {
            effect = courseMapper.insertOperate(courseUserOperateDTO);
        }
    // 查询到数据：修改记录
    } else {
        effect = courseMapper.updateOperate(courseUserOperateDTO);
    }
    if (effect > 0) {
        return ResultEntity.success("操作成功");
    } else {
```

```
        return ResultEntity.error("操作失败");
    }
}
```

④ 数据层代码编写

修改stuplatform.mapper.CourseMapper.java接口：添加数据层的方法声明，代码如下。

```
List queryUserList(CourseUserListDTO courseUserListDTO);

int queryOperateCount(CourseUserOperateDTO courseUserOperateDTO);

int insertOperate(CourseUserOperateDTO courseUserOperateDTO);

int updateOperate(CourseUserOperateDTO courseUserOperateDTO);
```

修改src/resources/mapper/ClassMapper.xml文件：添加SQL语句的配置，代码如下。

```
<!-- 查询用户的课程列表，在班级页面中，不需要进行分页，所以传入一个参数进行判断 -->
<select id="queryUserList" resultType="org.hydrakyoufeng.stuplatform.vo.CourseUserListVO">
    SELECT
    c.id,
    c.NAME,
    c.cover,
    CASE WHEN uco.user_id IS NULL THEN 0 ELSE 1 END is_top,
    CASE WHEN uco2.user_id IS NULL THEN 0 ELSE 1 END is_end
    FROM
    elp_course c
    LEFT JOIN elp_user_course_operate uco
    ON uco.course_id = c.id
    AND uco.user_id = #{user_id}
    AND uco.operate = 1
    AND uco.status = 0
    LEFT JOIN elp_user_course_operate uco2
    ON uco.course_id = c.id
    AND uco2.user_id = #{user_id}
    AND uco2.operate = 3
    AND uco2.status = 0
    <where>
        <if test="name != null and name neq ''">
            AND c.name LIKE CONCAT('%',#{name},'%')
        </if>
        <if test="class_id != null">
            AND EXISTS(SELECT 1
            FROM elp_class_course cc,elp_class_user cu
            WHERE cc.course_id = c.id
            AND cc.class_id = #{class_id}
```

```
            AND cc.class_id = cu.class_id
            AND cu.user_id = #{user_id}
            AND cu.status = '0')
        </if>
        <if test="class_id == null">
            AND EXISTS(SELECT 1
            FROM elp_class_course cc,elp_class_user cu
            WHERE cc.course_id = c.id
            AND cc.class_id = cu.class_id
            AND cu.user_id = #{user_id}
            AND cu.status = '0')
        </if>
        AND c.status = '0'
    </where>
    <if test="pageSize lt 0">
        ORDER BY uco.update_time DESC
    </if>
</select>

<select id="queryOperateCount" resultType="int">
    SELECT COUNT（1） FROM elp_user_course_operate uco
    WHERE uco.course_id = #{course_id}
    AND uco.user_id = #{user_id}
    AND uco.operate = #{operate}
</select>

<insert id="insertOperate">
    INSERT INTO elp_user_course_operate (course_id,user_id,operate,creator_by,update_by)
    VALUES (#{course_id},#{user_id},#{operate},#{user_id},#{user_id})
</insert>

<update id="updateOperate">
    UPDATE elp_user_course_operate
    SET status = #{status},
        update_time = NOW()
    WHERE course_id = #{course_id}
     AND user_id = #{user_id}
     AND operate = #{operate}
</update>
```

⑤ 视图模型层代码编写

添加stuplatform.vo.CourseUserListVO.java类：用户课程列表的视图模型实体类，代码如下。

```
@Data
@NoArgsConstructor
@ToString
public class CourseUserListVO {
    /**
     *编号
     */
    private String id;

    /**
     *课程名称
     */
    private String name;
    /**
     *封面图 直接存入封面图预览地址：一般为七牛云
     */
    private String cover;

    /**
     * 是否结束学习：0—未结束，1—已结束
     */
    private Integer is_end;
    /**
     * 是否置顶：0—否，1—是
     */
    private Integer is_top;
}
```

⑥ 修改拦截器代码

修改 stuplatform.interceptor.PermissionInterceptor 类：修改前端用户可以访问的URI配置，代码如下。

```
/**
 * 用户允许访问的URI集合：固定定义在此
 */
private final Set<String> userURIs = new TreeSet<>(
    Arrays.asList("/class/queryEntryList",
        "/class/entry",
        "/class/queryUserList",
        "/course/queryUserList",
        "/course/updateUserOperate"
    ));
```

（4）步骤4：测试课程列表相关功能

进入我的班级页面，完成以下功能测试。

① 班级列表查询：班级下拉框中的数据是否显示正常，仅显示加入成功的班级。

② 课程列表展示：切换班级后，所列课程列表数据是否正确显示出对应班级的课程列表。

③ 查看详情：功能是否正常。

④ 课程置顶/取消置顶：功能是否正常，点击置顶后数据是否正确被置顶。取消置顶后，数据是否正确被取消置顶。

⑤ 结束学习：点击结束学习后，是否正常结束。之后按钮应该无法再点击。

全部功能测试完成后，用户在线学习模块开发全部完成。

二、职业知识

Vue组件化编程

本任务中，我的班级和我的课程页面都需要展示相同的课程信息，因此将其封装为课程组件，方便页面之间复用。

1. 什么是组件化

组件化是一种思想，就是拆分的意思，通俗地讲就是大而化小、方便管理。写代码时，如果一个文件写了几万行代码，就会耦合太严重，拆分开来，方便管理。

2. 组件化和模块化的区别

组件化-ui视图层面的拆分：以Vue为例，一个页面有头部、内容区、底部。可以拆分开来，这里的拆分一般都会带着样式css，所以称之为UI视图层面的拆分（当然也包含js的相关逻辑）。

模块化-js层面的拆分：模块化的拆分主要是js逻辑层面的拆分，二者类似，但不同。

3. 组件的分类

独立拆分的组件：比如把一个页面的头部、内容区、底部分别拆分成三个独立的组件。

公共复用的组件：比如在很多的路由页面里，都需要使用到一个弹框，或者使用到一个表格。可以封装一个弹框或者封装一个表格，哪里需要引哪里。不同页面的弹框或表格数据不一样，可以通过给封装的公共组件传递不同的数据，使其展现不同。

任务四 课程视频播放及防盗链功能开发

一、职业行动

用户登录学习平台，加入班级之后就可以查看班级里对应的视频课程。本任务主要完成课程视频播放及视频防盗链功能开发。

1. 视频课程学习功能

视频课程学习功能主要涉及以下几个子功能：点击“继续学习”按钮，进入学习页面；在学习页面展示课程的章节列表；点击章节信息，播放对应视频。

视频播放：

（1）用户在课程列表页面中，点击“继续学习”按钮，进入课程学习页面中。

（2）系统以树状图的方式展示课程中的所有章节。

（3）用户点击视频章节。

（4）系统开始播放视频。

课程播放页面效果如图4-6所示。

图4-6　视频播放界面

2. 流程

（1）步骤1：封装课程视频播放公共组件

① 配置路由信息

修改src/router/index.ts：完成课程播放页面的路由配置，代码如下。

```
import { createRouter, createWebHistory, RouteRecordRaw } from 'vue-router'
const routes: Array<RouteRecordRaw> = [
 {
  path: '/home',
  name: 'home',
  component: () => import(/* webpackChunkName: "home" */ '@/views/HomeView.vue'),
  children: [
   // 学习中心页面（默认）
   {
    path: '',
    alias: 'study',
    name: 'study',
    component: () => import(/* webpackChunkName: "study" */ '@/views/study/StudyHomeView.vue'),
    children: [
     // 课程列表页面
```

```
      {
        path: 'course',
        name: 'course',
        component: () => import(/* webpackChunkName: "course" */ '@/views/study/CourseListView.vue')
      },
      // 学习页面
      {
        path: 'play/:course_id/:course_name',
        name: 'play',
        component: () => import(/* webpackChunkName: "play" */ '@/views/study/StudyPlayView.vue'),
        // 将路由params参数传递到props的params属性中
        props: route => ({params: route.params})
      }
    ]
   },
  ]
 },
]
//省略部分内容
```

② 优化左侧导航组件

修改 src/components/public/SiteLeft.vue 文件：进入课程播放页面之后，左侧的导航栏正常固定在我的课程项目上，代码如下。

```
<template>
  <aside class="aside">
    <div class="top">
      <img class="avatar" :src="store.getters.getUserAvatar">
      <span class="name">{{ store.getters.getUserName }}</span>
      <span class="school">{{ store.state.user.school }}</span>
    </div>
    <menu class="menu">
      <li v-for="item in store.state.leftNav" :key="item.label" :class="getActiveClass(item.to)">
        <router-link :to="item.to">{{ item.label }}</router-link>
      </li>
    </menu>
  </aside>
</template>

<script lang="ts" setup>
import { useStore } from "vuex";
import { useRoute } from "vue-router";
const store = useStore();
const route = useRoute();
```

```
/**
 * 根据当前路由，判断当前菜单项是否高亮
 */
const getActiveClass = (to:string) => {
  const path = route.path;
  // 主页单独判断一下
  if (path == "/home") {
    return {active: to == "/home/study/class"}
  }
  if (path.startsWith("/home/study/play")) {
    return {active: to == '/home/study/course'}
  }
  return {active: path == to}
}

</script>
```

③ 添加状态信息

修改src/store/index.ts：添加记录课程最后播放章节的相关代码，代码如下。

```
import { createStore } from 'vuex';

interface LeftNav {
 label: string,
 to: string
}

const leftNav:LeftNav[] = [];

// 学习中心的左侧列表
const classLeftNav:LeftNav[] = [
 {
  label:"入班申请",
  to:"/home/study/entry"
 },
 {
  label:"我的班级",
  to:"/home/study/class"
 },
 {
  label:"我的课程",
  to:"/home/study/course"
 }
```

```
]

// 个人中心的左侧列表
const userLeftNav:LeftNav[] = [
  {
    label:"基本设置",
    to:"/home/user/base"
  },
  {
    label:"安全设置",
    to:"/home/user/safe"
  }
];

// 课程章节保存数据，用于记录用户当前课程观看的章节
interface CourseChapter {
  [index: number]: {
    resource: string,
    course_id: number,
    type: string
  }
}

const courseChapter: CourseChapter = {};


export default createStore({
  state: {
    user: {
      // 身份令牌
      token: "",
      avatar: "",
      name: "",
    },
    classId: undefined,
    courseChapter,
    leftNav
  },
  getters: {
    // 获取头部导航的数据
    getHeaderData(state) {
      if (!state.user.token) {
```

```
      return [
        {
          label: "学习平台",
          to: "/"
        }
      ]
    }
    return [
      {
        label: "学习中心",
        to: "/home/study"
      },
      {
        label: "个人中心",
        to: "/home/user"
      }
    ]
  },
  // 获取用户头像，如果没有则使用默认头像
  getUserAvatar(state) {
    return state.user.avatar || "https://www.myinformation.com/static/images/logo.png";
  },
  // 获取用户姓名，如果没有则使用默认姓名
  getUserName(state) {
    return state.user.name || "匿名用户";
  },
  // 返回一个函数，传入课程id，获取保存的章节信息
  getChapterCourse: (state) => (course_id:number) =>  state.courseChapter[course_id]
},
mutations: {
  setUser(state, payload) {
    state.user = payload;
  },
  setLeftNav(state, payload:"study" | "user") {
    if (payload == "study") {
      state.leftNav = classLeftNav;
    } else {
      state.leftNav = userLeftNav;
    }
  },
  setClassId(state, payload:any) {
    state.classId = payload;
```

```
  },
  //设置某个课程中上次播放的章节
  setCourseChapter(state,payload:CourseChapter) {
    Object.assign(state.courseChapter,payload);
  }
 },
 actions: {
 },
 modules: {
 }
})
```

备注：Vuex中state的数据在App.vue中做了持久化处理，所以即使刷新了页面，数据也会保存。

（2）步骤2：视频课程在线播放页面开发

① 封装章节树状菜单组件

添加src/components/study/ChapterList.vue文件：用于显示课程中的章节树状菜单，代码如下。

```
<template>
  <section class="chapter-list">
    <h3>目录</h3>
    <el-menu :default-active="modelValue?.id.toString()"
      background-color="#1B2128"
      text-color="#fff"
      active-text-color="#3480FF">
      <el-sub-menu
        v-for="item in tableData"
        :index="item.id.toString()"
        :key="item.id">
        <template #title>
          <span>{{ item.name }}</span>
        </template>
        <el-menu-item
          v-for="item2 in item.children"
          :index="item2.id.toString()"
          :key="item2.id"
          @click="emits('update:modelValue', item2)">
          <el-icon>
            <Document v-if="item2.type == 4"></Document>
            <VideoCamera v-else></VideoCamera>
          </el-icon>
          {{ item2.name }}
        </el-menu-item>
```

```
        </el-sub-menu>
      </el-menu>
    </section>
</template>
<script lang="ts" setup>
import { defineProps, defineEmits } from "vue";
import {
  Document,
  VideoCamera,
} from '@element-plus/icons-vue'

defineProps({
  modelValue: {
    type: Object,
    required: true
  },
  tableData: {
    type: Array,
    required: true
  }
});

const emits = defineEmits(['update:modelValue'])

</script>
<style lang="scss" scoped>
 // 省略部分代码
</style>
```

② 制作课程播放页面

添加src/views/study/StudyPlayView.vue文件，作为课程播放页面，代码如下。

```
<template>
  <section class="container">
    <header>
      <h2 class="h2">课程播放</h2>
      <el-button type="primary">纠错</el-button>
    </header>
    <div class="center-box">
      <figure class="video-box">
        <video class="video" :src="videoSrc" controls v-if="videoSrc"></video>
      </figure>
      <chapter-list :table-data="tableData" v-model="selectedRow"></chapter-list>
    </div>
```

```
  </section>
</template>
<script lang="ts" setup>
// 省略部分代码

// props的数据类型声明
type Params = {
  params: {
    course_id: number;
    course_name: string;
  }
};
// 左侧菜单选中的章节
const selectedRow = ref<any>();

// 视频地址
const videoSrc = ref();

// 选中章节后，进行视频播放或资源下载
watch(() => selectedRow.value, (newVal:any) => {
  if (!newVal) {
    return;
  }
  // 七牛云视频
  if (newVal.type == '2') {
    console.log("异步请求七牛云视频")
    // 根据resource表示的key，通过接口获取防盗链的视频地址
    request({url: '/qiniu/getSourceURL/${newVal.resource}'}).then(res => {
      if (res.data.code >= 1) {
        videoSrc.value = res.data.data;
      }
    });
    // 记录本课程中选择的视频，方便下次进入课程后继续播放
    store.commit("setCourseChapter", {[props.params.course_id]: newVal})
  // 外链视频：直接将resource地址赋值给videoSrc
  } else if (newVal.type == '3') {
    videoSrc.value = newVal.resource;
    // 记录本课程中选择的视频，方便下次进入课程后继续播放
    store.commit("setCourseChapter", {[props.params.course_id]: newVal})
  } else if (newVal.type == '4') {
    console.log("外链资源地址，进行下载");
```

```
  }
},{immediate:true});


watch(() => props.params, (newVal) => {
  if (!newVal) {
    return;
  }
  console.log("newVal =", newVal)
  request({ url: '/chapter/queryUserList/${newVal.course_id}' }).then(res => {
    console.log("res=", res);
    if (res.data.code >= 1) {
      tableData.value = res.data.data;
      // 从vuex中获取当前课程中上次选中的章节
      const obj = store.getters.getChapterCourse(newVal.course_id)
      if (obj) {
        selectedRow.value = obj;
      }
    }
  })
}, { immediate: true })

</script>
```

（3）步骤3：视频课程在线播放接口开发

① 控制层代码编写

修改stuplatform.controller.ChapterController.java类：添加前端用户查询课程中章节树状图的API接口的方法定义，代码如下。

```
 /**
  * 用户查询课程中的章节列表：不分页
  * @param course_id
  * @return
  * @throws Exception
  */
 @GetMapping("queryUserList/{course_id}")
 public ResponseEntity queryUserList(@PathVariable Integer course_id) throws Exception {
   return ResponseEntity.ok(chapterService.queryUserList(course_id));
 }
```

② 数据传输模型层代码编写

添加stuplatform.dto.ChapterUserListDTO.java类：前端用户查询课程中章节树状图的数据传输实体类，代码如下。

```
package org.hydrakyoufeng.stuplatform.dto;
import lombok.Data;

@Data
public class ChapterUserListDTO {
    private Integer course_id;
    private Integer user_id;
}
```

③ 逻辑层代码编写

修改 stuplatform.service.ChapterService.java 接口：添加逻辑层的方法定义声明，添加前端用户查询课程中章节树状图的方法，代码如下。

```
    /**
     * 前端用户查询课程中的章节列表
     * @param courseId
     * @return
     */
    ResultEntity queryUserList(Integer courseId);
```

修改 stuplatform.service.impl.ChapterServiceImpl.java 类：添加逻辑层的方法，实现前端用户查询课程章节树状图的功能，代码如下。

```
    private final ThreadLocal<Integer> userIdThreadLocal;
    @Autowired
    public ChapterServiceImpl(ChapterMapper chapterMapper,
            @Qualifier("adminIdTheadLocal") ThreadLocal<Integer> adminIdThreadLocal,
            @Qualifier("userIdTheadLocal") ThreadLocal<Integer> userIdThreadLocal) {
        this.chapterMapper = chapterMapper;
        this.adminIdThreadLocal = adminIdThreadLocal;
        this.userIdThreadLocal = userIdThreadLocal;
}

// 省略中间代码

    @Override
    public ResultEntity queryUserList(Integer courseId) {
        ChapterUserListDTO dto = new ChapterUserListDTO();
        dto.setCourse_id(courseId);
        dto.setUser_id(userIdThreadLocal.get());
        return ResultEntity.success("查询成功",
                chapterMapper.queryUserList(dto));
    }
```

④ 数据层代码编写

修改 stuplatform.mapper.ClassMapper.java 接口：添加数据层的方法声明，代码如下。

```
    @Override
    public ResultEntity queryUserList(Integer courseId) {
        ChapterUserListDTO dto = new ChapterUserListDTO();
        dto.setCourse_id(courseId);
        dto.setUser_id(userIdThreadLocal.get());
        return ResultEntity.success("查询成功",
                chapterMapper.queryUserList(dto));
    }
```

修改 src/resources/mapper/ClassMapper.xml 文件：添加 SQL 语句和 resultMap 的配置，代码如下。

```
    <!-- 将章节列表配置为树形结构 -->
    <resultMap  id="userListMap"  type="org.hydrakyoufeng.stuplatform.vo.ChapterUserListVO"  autoMap-
ping="false">
        <id column="folder_id" property="id" />
        <result column="folder_name" property="name"></result>
        <result column="folder_type" property="type"></result>
        <collection property="children"
                javaType="java.util.ArrayList"
                ofType="org.hydrakyoufeng.stuplatform.vo.ChapterUserListVO">
            <id column="id" property="id" />
            <result column="name" property="name"></result>
            <result column="type" property="type"></result>
            <result column="resource" property="resource"></result>
        </collection>
</resultMap>

    <select id="queryUserList" resultMap="userListMap">
        SELECT
            c.id,
            c.course_id,
            c.type,
            c.NAME,
            c.creator_time,
            c.update_time,
            c.resource,
            c.parent_id folder_id,
            f.name folder_name,
            f.type folder_type
        FROM
            elp_course_chapter c,
            elp_course_chapter f
```

```
    WHERE c.course_id = #{course_id}
     AND c.type >= 2
     AND c.parent_id = f.id
     AND EXISTS (SELECT 1
              FROM elp_class_course cc,elp_class_user cu
             WHERE cc.course_id = c.course_id
              AND cc.class_id = cu.class_id
              AND cu.status = '0'
              AND cu.user_id = #{user_id} )
    ORDER BY c.parent_id,c.sort
</select>
```

⑤ 视图模型层代码编写

添加 stuplatform.vo.ChapterUserListVO.java 类：用户查询课程的章节树状图的视图模型实体类，代码如下。

```
/**
 * 前端用户章节列表 VO
 */
@Data
public class ChapterUserListVO {
    /**
     * 主键 id
     */
    private Integer id;
    /**
     * 章节类型：1—目录，2—oss 视频，3—外联视频，4—外联地址
     */
    private String type;
    /**
     * 章节名称
     */
    private String name;
    /**
     * 资源：七牛云文件 key，或者资源地址
     */
    private String resource;
    /**
     * 子集
     */
    private List<ChapterUserListVO> children;
}
```

⑥ 改造拦截器

修改 stuplatform.interceptor.PermissionInterceptor.java 类：配置前端用户可以访问的URI列表，将新的URI地址加入，同时修改了权限部分的判断代码。改动比较多，全部代码如下。

```
/**
 * 权限拦截器
 */
@Component
@Slf4j
public class PermissionInterceptor implements HandlerInterceptor {
    private final RedisTemplate redisTemplate;
    private final JWTUtils jwtUtils;
    /**
     * 用于保存当前登录管理员的身份信息
     */
    private final ThreadLocal<Integer> adminIdTheadLocal;

    private final ThreadLocal<Integer> userIdTheadLocal;

    /**
     * 用户允许访问的URI集合：固定定义在此
     */
    private final Set<String> userURIs = new TreeSet<>(
            Arrays.asList("/class/queryEntryList",
                    "/class/entry",
                    "/class/queryUserList",
                    "/course/queryUserList",
                    "/course/updateUserOperate",
                    "/chapter/queryUserList",
                    "/qiniu/getSourceURL"
            ));

    @Autowired
    public PermissionInterceptor(RedisTemplate redisTemplate,
                                 JWTUtils jwtUtils,
                                 @Qualifier("adminIdTheadLocal") ThreadLocal<Integer> adminIdTheadLocal,
                                 @Qualifier("userIdTheadLocal") ThreadLocal<Integer> userIdTheadLocal) {
        this.redisTemplate = redisTemplate;
        this.jwtUtils = jwtUtils;
        this.adminIdTheadLocal = adminIdTheadLocal;
        this.userIdTheadLocal = userIdTheadLocal;
```

```
}

/**
 * 调用Controller之前执行：
 * 1.获取请求头信息中的token，判断token是否有效
 * 2.从redis中获取用户权限信息，与当前的uri地址是否匹配
 */
@Override
public boolean preHandle(HttpServletRequest request,
                HttpServletResponse response,
                Object handler) throws Exception {
    String requestURI = request.getRequestURI();
    log.info("拦截器：" + requestURI);
    //读出用户的身份令牌数据
    String tokenStr = request.getHeader("Authorization");

    response.setContentType("application/json;charset=utf-8");
    if (null == tokenStr) {
        response.getWriter().write("{\"code\":0,\"msg\":\"没有传Token\"}");
        return false;
    }
    //解密
    Map<String,Object> map = jwtUtils.decodeTokenStr(tokenStr);
    //生成redis的key
    String key = jwtUtils.generateCacheKey(map,jwtUtils.getIp(request));
    map = (Map<String, Object>) redisTemplate.opsForValue().get(key);
    //表示已经登录：部分功能登录后就能使用的可以写在这里判断
    if (null != map) {
        if (requestURI.startsWith("/qiniu/")) {
            log.info("登录后可以使用的API：" + requestURI);
            return true;
        }
    }
    //前端用户
    if ("USR".equals(map.get("type"))) {
        Integer id = (Integer) map.get("id");
        userIdTheadLocal.set(id);
        boolean b = userURIs.stream().anyMatch(s → requestURI.startsWith(s));
        if (b) {
            return true;
        }
```

```
            response.getWriter().write("{\"code\":0,\"msg\":\"没有权限\"}");
            return false;
        }

        Set<String> permissionSet = (Set<String>)map.get("permissionSet");
        Integer id = (Integer) map.get("id");
        adminIdTheadLocal.set(id);
        // 使用流式编程判断uri是否在权限集合中
        boolean b = permissionSet.stream().anyMatch(s → checkMatches(requestURI,s));
        if (b) {
            return true;
        }
        response.getWriter().write("{\"code\":0,\"msg\":\"没有权限\"}");
        return false;
    }

    /**
     * 调用Controller之后执行
     */
    @Override
    public void postHandle(HttpServletRequest request, HttpServletResponse response, Object handler, ModelAndView modelAndView) throws Exception {
        HandlerInterceptor.super.postHandle(request, response, handler, modelAndView);
    }

    /**
     * 整个请求执行完成之后再执行
     */
    @Override
    public void afterCompletion(HttpServletRequest request, HttpServletResponse response, Object handler, Exception ex) throws Exception {
        // 清空线程本地对象
        adminIdTheadLocal.remove();
        userIdTheadLocal.remove();
    }

    /**
     * 判断uri与pattern是否匹配
     * ?表示一个字符，*表示0～n个字符串的匹配方法
     * @param uri 匹配字符串
     * @param pattern 匹配规则
```

```
 * @return
 */
private boolean checkMatches(String uri,String pattern) {
  if (null == pattern || null == uri) {
    return uri == pattern;
  }
  if (pattern.indexOf("?") == -1 && pattern.indexOf("*") == -1) {
    return uri.equals(pattern);
  }
  // 先判断没有*号的?号情况
  if (pattern.indexOf("*") == -1) {
    if (uri.length() != pattern.length()) {
      return false;
    }
    char c1;
    char c2;
    for (int i = 0;i < uri.length();i ++) {
      c1 = uri.charAt(i);
      c2 = pattern.charAt(i);
      if (c1 != c2 && c2 != '?') {
        return false;
      }
    }
    return true;
  }
  // 有*号的
  char c1;
  char c2;
  int pIndex = 0;
  for (int i = 0;i < uri.length();i ++) {
    if (pIndex > pattern.length() - 1) {
      return false;
    }
    c1 = uri.charAt(i);
    c2 = pattern.charAt(pIndex);
    if (c1 != c2) {
      if (c2 == '?') {
        pIndex ++;
        continue;
      } else if (c2 == '*') {
        // 如果已经是最后了，那么就是成功
        if (pIndex == pattern.length() - 1) {
```

```
                return true;
            } else {
                c2 = pattern.charAt(pIndex + 1);
                // 如果后面的字符和当前c1的字符一致，那么需要跳过*了
                if (c1 == c2) {
                    pIndex += 2;
                }
            }
            continue;
        } else {
            pIndex ++;
            return false;
        }
    }
    pIndex ++;
  }
  return true;
 }
}
```

（4）步骤4：视频课程在线播放功能测试

完成以下功能测试：

① 章节列表：章节列表展示是否正常。

② 视频播放：点击章节列表中的视频项目，能否正确进行播放。

③ 章节记录：页面刷新后，是否会记录上次选中的章节。

进入我的课程页面，点击“继续学习”按钮，进入课程播放页面，如图4-7所示。

图4-7　我的课程界面

进入播放页面后的效果如图4-8所示。

图4-8　视频课程播放界面

全部功能测试完成后，视频在线播放及防盗链功能开发全部完成。

二、职业知识

1. 版权保护及视频防盗链

版权保护又称著作权，最终目的不是“如何防止使用”，而是“如何控制使用”。版权法的实质是一种控制作品使用的机制。

根据《中华人民共和国著作权法》的规定，著作权自创作完成之日起自动产生。软件著作权的保护期限为25年，截止于软件首次发表后第25年的12月31日。保护期满前，软件著作权人可以向软件登记管理机构申请续展25年，但保护期最长不得超过50年。软件开发者的开发者身份权的保护期不受限制。

（1）在线学习平台为什么使用防盗链技术

① 避免OOS的流量被盗刷：公开空间中的文件可以直接通过URL地址访问，如果被攻击者在短时间内大量地访问这些文件，会造成流量的损失。

② 避免需要保密的文件被公开：项目中的某些文件只想对会员开放，如果是公开空间中的文件，那么普通用户也能访问，便失去了会员的价值。

（2）防盗链技术的使用步骤

由于视频存储在七牛云，因此本例中使用七牛云端的白名单机制来实现视频防盗链：

① 将七牛云的空间设置为私有空间。

② 使用七牛云的上传文件接口，上传成功后将文件的key保存下来。

③ 前端请求API接口，以获取文件的访问地址。

④ API端使用文件的key请求七牛云的文件访问地址接口，并在请求时会带上地址

的有效时长。七牛云服务器返回的文件访问地址仅在有效时间内可以被访问。API端将文件的访问地址返回给前端。

⑤ 前端通过API返回的文件访问地址访问文件。

2. 视频播放器插件

案例中使用Video标签实现视频播放，除此之外还有一些优秀的第三方播放器插件可以使用。Vue3-video-play，适用于 Vue3 的 hls.js 播放器组件，并且支持 MP4/WebM/Ogg 格式，配置强大。

Vue3-video-play播放器插件主要功能包括以下10种。

（1）支持按快捷键操作。

（2）支持倍速播放设置。

（3）支持镜像画面设置。

（4）支持关灯模式设置。

（5）支持画中画模式播放。

（6）支持全屏/网页全屏播放。

（7）支持从固定时间开始播放。

（8）支持移动端播放，移动端会自动调用自带视频播放器。

（9）支持 hls 视频流播放，支持直播。

（10）hls 播放支持清晰度切换。

更多使用方法可访问官网地址https://codelife.cc/vue3-video-play/查看。

任务五　使用AI辅助开发纠错功能模块

一、职业行动

本任务主要完成用户在播放章节时，对内容进行纠错的功能，提交纠错信息后，管理员在后台可以查看提交的纠错信息，并对课程错误进行修正。

1. 用户端的纠错功能

用户端的纠错功能界面如图4-9所示。

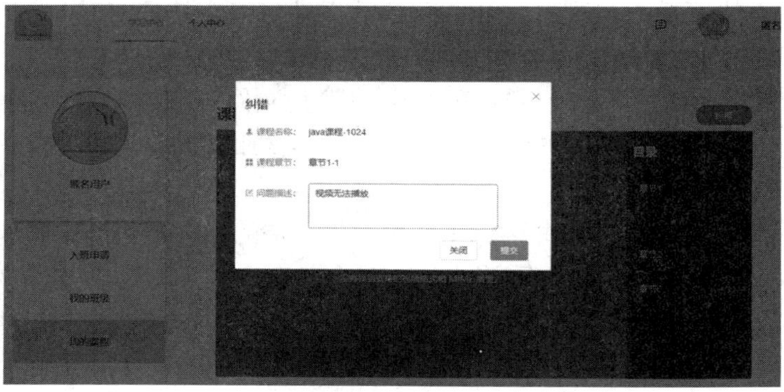

图4-9　纠错功能界面

（1）用户对章节内容进行纠错

- 当用户正在进行课程播放或资料下载操作时。
- 点击“纠错”按钮。
- 系统要求用户录入资料，资料包括课程编码、章节编码、问题描述。其中：课程编码和章节编码由系统自动带入，当用户没有选择章节时，章节编码可以不带入，此时表示对课程进行纠错。
- 用户提交录入的资料。
- 系统验证用户提交的资料。
- 系统完成该用例，并返回课程播放或资料下载页面的相应章节页面。

（2）管理员纠错信息列表

- 用户点击左侧菜单树中的“课程纠错”，进入课程纠错列表页面。
- 系统以表格的方式列出相关信息，列出的信息包括课程名称、章节名称、班级名称、用户姓名、用户手机号码、审核结果、问题描述、处理意见、创建时间。
- 用户填写课程名称、手机号码、审核结果、添加时间等，可以对列表数据进行筛查。
- 系统列出筛选后的数据表。

（3）管理员纠错信息审核

- 在纠错信息列表页面中，用户选择需要审核的信息。
- 系统提示需录入相关资料。
- 用户输入审核意见。输入完成后提交这些资料。
- 系统校验用户输入的合法性。
- 系统完成信息纠错审核功能。
- 系统刷新纠错信息列表的数据。

2. 流程

（1）步骤1：用户纠错页面开发

① 视频播放界面加入纠错入口

使用通义灵码插件改造视频播放页面文件，在vscode中安装通义灵码插件的前提下修改src/viewts/study/StudyPlayView.vue文件：在纠错按钮上添加注释之后，通义灵码会在后续修改“纠错”按钮的代码时，自动补全如下代码。

```
    <!-- 点击调用handleShow方法 -->
    <el-button type="primary" @click="handleShow">纠错</el-button>
</header>
```

使用类似的方式，可以通过编写注释，让通义灵码自动完成代码的生成。

同理，也可以编写完代码后，让通义灵码根据已有代码结构自动生成相应的注释，代码如下。

```
// 根据showValue的值，动态获取组件
const getComponent = computed(() => {
    if (showValue.value == 'correcting') {
        return ChapterCorrecting;
    } else {
        return null;
    }
})
```

可以利用上述技巧，完成对src/views/study/StudyPlayView.vue文件的修改，修改后的代码如下。

```
<template>
  <el-dialog :model-value="true" title="纠错" width="500px" :close-on-click-modal="false" :before-close=
"handleClose">
    <el-form ref="myForm" :model="formData" label-width="100px" :rules="rules">
      <el-row>
        <el-form-item>
          <template #default>
            <span>{{ rowData.course_name }}</span>
          </template>
          <template #label>
            <span class="title">
              <el-icon>
                <Stamp />
              </el-icon>
              <span>课程名称：</span>
            </span>
          </template>
        </el-form-item>
      </el-row>
      <el-row v-show="rowData.chapter_name">
        <el-form-item>
          <template #default>
            <span>{{ rowData.chapter_name }}</span>
          </template>
          <template #label>
            <span class="title">
              <el-icon>
                <Menu />
              </el-icon>
              <span>课程章节：</span>
            </span>
          </template>
        </el-form-item>
      </el-row>
      <el-row>
        <el-form-item>
          <template #default>
            <el-form-item prop="description">
              <div>
```

```
                <el-input
                type="textarea"
                resize="none"
                :autosize="{ minRows: 3 }"
                v-model="formData.description"
                width="400px"
                placeholder="请输入问题描述" />
              </div>
            </el-form-item>
          </template>
          <template #label>
            <span class="title">
              <el-icon>
                <Edit />
              </el-icon>
              <span>问题描述：</span>
            </span>
          </template>
        </el-form-item>
      </el-row>
      <el-row class="btn-box">
        <el-button type="primary" @click="handleSubmit(myForm)">提交</el-button>
        <el-button @click="handleClose">关闭</el-button>
      </el-row>
    </el-form>
  </el-dialog>
</template>
<script lang="ts" setup>
// 省略部分代码

// 检测传入的数据变化后，更新表单数据
watch(() => props.rowData, (newVal) => {
  if (!newVal) {
    return;
  }
  Object.assign(formData, newVal);
  // 描述内容单独清空
  formData.description = ""
},{immediate: true})

const rules = reactive<FormRules>({
  description: [{ required: true, message: "请输入问题描述", trigger: "blur" }],
```

```
});

const myForm = ref<FormInstance>();

const handleSubmit = (myForm: FormInstance) => {
  myForm.validate((valid) => {
    // 校验失败
    if (!valid) {
      return;
    }
    request(
      { url: "/course/insertCorrecting",
      data: formData,
      method:"post" }).then((res) => {
      if (res.data.code >= 1) {
        alert("提交成功");
        emits("close");
      }
    });
  });
}
```

② 开发纠错页面

使用通义灵码插件添加纠错页面。利用同样的技巧，添加src/components/study/ChapterCorrecting.vue文件用于纠错的组件，代码如下。

```
<template>
  <el-dialog :model-value="true" title="纠错" width="500px" :close-on-click-modal="false" :before-close=
"handleClose">
    <el-form ref="myForm" :model="formData" label-width="100px" :rules="rules">
      <el-row>
        <el-form-item>
          <template #default>
            <span>{{ rowData.course_name }}</span>
          </template>
          <template #label>
            <span class="title">
              <el-icon>
                <Stamp />
              </el-icon>
              <span>课程名称：</span>
            </span>
          </template>
```

```
    </el-form-item>
  </el-row>
  <el-row v-show="rowData.chapter_name">
    <el-form-item>
      <template #default>
        <span>{{ rowData.chapter_name }}</span>
      </template>
      <template #label>
        <span class="title">
          <el-icon>
            <Menu />
          </el-icon>
          <span>课程章节：</span>
        </span>
      </template>
    </el-form-item>
  </el-row>
  <el-row>
    <el-form-item>
      <template #default>
        <el-form-item prop="description">
          <div>
            <el-input
            type="textarea"
            resize="none"
            :autosize="{ minRows: 3 }"
            v-model="formData.description"
            width="400px"
            placeholder="请输入问题描述" />
          </div>
        </el-form-item>
      </template>
      <template #label>
        <span class="title">
          <el-icon>
            <Edit />
          </el-icon>
          <span>问题描述：</span>
        </span>
      </template>
    </el-form-item>
  </el-row>
```

```
        <el-row class="btn-box">
          <el-button type="primary" @click="handleSubmit(myForm)">提交</el-button>
          <el-button @click="handleClose">关闭</el-button>
        </el-row>
      </el-form>
    </el-dialog>
</template>
<script lang="ts" setup>
// 省略部分代码

/**
 * 点击关闭按钮
 */
const handleClose = () => {
  emits("close");
}

// 检测传入的数据变化后，更新表单数据
watch(() => props.rowData, (newVal) => {
  if (!newVal) {
    return;
  }
  Object.assign(formData, newVal);
  // 描述内容单独清空
  formData.description = ""
},{immediate: true})

// 表单校验规则
const rules = reactive<FormRules>({
  description: [{ required: true, message: "请输入问题描述", trigger: "blur" }],
});

const myForm = ref<FormInstance>();

/**
 * 点击提交按钮，发起请求
 */
const handleSubmit = (myForm: FormInstance) => {
  myForm.validate((valid) => {
    // 校验失败
    if (!valid) {
      return;
    }
```

```
    request(
      { url: "/course/insertCorrecting",
      data: formData,
      method:"post" }).then((res) => {
      if (res.data.code >= 1) {
        alert("提交成功");
        emits("close");
      }
    });
  });
}

</script>
```

（2）步骤2：纠错功能接口开发

① 纠错功能控制层代码编写

使用通义灵码插件辅助完成控制层代码编写。在IDEA中安装了通义灵码插件后，通义灵码会根据之前的代码编写习惯自动辅助完成代码的编写。修改stuplatform.controller.CourseController.java类：添加前端用户提交纠错信息的API接口的方法定义，代码如下。

```
  /**
   * 前端用户插入对课程的纠错信息
   * @param dto
   * @return
   * @throws Exception
   */
  @PostMapping("insertCorrecting")
  public ResponseEntity insertCorrecting(@RequestBody @Valid CorrectingUserDTO dto) throws Excep-
tion {
    return ResponseEntity.ok(courseService.insertCorrecting(dto));
  }
```

② 纠错功能传输模型代码编写

使用通义灵码插件辅助完成数据传输模型层代码编写，添加stuplatform.dto.CorrectingUserDTO.java类：前端用户提交纠错信息的数据传输实体类，代码如下。

```
@Data
public class CorrectingUserDTO {
  @NotNull(message="课程编码不能为空")
  private Integer course_id;
  private Integer chapter_id;
  @NotBlank(message = "问题描述不能为空")
  private String description;

  private Integer creator_by;
}
```

③ 纠错功能逻辑层代码编写

使用通义灵码插件辅助完成逻辑层代码编写，修改stuplatform.service.CourseService.java接口：添加逻辑层的方法定义声明，增加前端用户提交纠错信息的方法，代码如下。

```
/**
 * 前端用户提交课程纠错信息
 * @param dto
 * @return
 */
ResultEntity insertCorrecting(CorrectingUserDTO dto);
```

修改stuplatform.service.impl.CourseServiceimpl.java类：添加逻辑层的方法实现，实现前端用户添加纠错信息的方法，代码如下。

```
@Override
public ResultEntity insertCorrecting(CorrectingUserDTO dto) {
    dto.setCreator_by(userIdTheadLocal.get());
    int effect = courseMapper.insertCorrecting(dto);
    if (effect > 0) {
        return ResultEntity.success("操作成功");
    } else {
        return ResultEntity.error("操作失败");
    }
}
```

④ 纠错功能数据访问层编码

使用通义灵码插件辅助完成数据层代码编写，修改stuplatform.mapper. CourseMapper.java接口：添加数据层的方法声明，代码如下。

```
/**
 * 用户提交纠错
 * @param dto
 * @return
 */
int insertCorrecting(CorrectingUserDTO dto);
```

修改src/resources/mapper/ClassMapper.xml文件：添加SQL语句的配置，代码如下。

```
<insert id="insertCorrecting">
    insert into elp_course_correcting(course_id,chapter_id,description,creator_by)
    VALUES (#{course_id},#{chapter_id},#{description},#{creator_by})
</insert>
```

⑤ 使用通义灵码插件辅助完成拦截器代码改造

修改stuplatform.interceptor.PermissionInterceptor类：修改前端用户可以访问的URI配置，代码如下。

```
/**
 * 用户允许访问的URI集合：固定定义在此
 */
```

```
private final Set<String> userURIs = new TreeSet<>(
    Arrays.asList("/class/queryEntryList",
        "/class/entry",
        "/class/queryUserList",
        "/course/queryUserList",
        "/course/updateUserOperate",
        "/course/insertCorrecting",
        "/chapter/queryUserList",
        "/qiniu/getSourceURL"
    ));
```

（3）步骤3：课程纠错功能测试

进入课程播放页面，测试以下功能：

① 点击纠错按钮，纠错界面是否正常显示。

② 在纠错界面中，点击“提交”按钮，系统是否完成了用户输入的合法性验证。

③ 信息提交成功后，系统是否记录了信息，并且随后关闭纠错界面。

测试结束后，用户端的课程纠错功能就完成了。

（4）步骤4：管理端纠错功能页面开发

用户提交纠错信息后，管理员需要在后端进行查看和审核，接下来还需开发管理端审核功能。点击左侧的“课程纠错”菜单，进入到课程纠错列表页面（如图4-10所示）。

图4-10 纠错列表

① 完成表格组件开发

打开stuplatform_adm项目，以进行该功能的开发。添加src/components/correcting/CorrectingStatusSelect.vue文件：加入状态的选择框组件，代码如下。

```
<insert id="insertCorrecting">
  insert into elp_course_correcting(course_id,chapter_id,description,creator_by)
  VALUES (#{course_id},#{chapter_id},#{description},#{creator_by})
</insert>
```

添加src/components/correcting/CorrectingTable.vue文件：用于展示纠错数据的表格组件，代码如下。

```
<template>
  <section>
    <el-form ref="myForm" :model="formData" label-width="100px">
      <el-row>
```

```
        <el-col :sm="12" :md="8" :lg="6">
          <el-form-item label="课程名称" prop="course_name">
            <el-input v-model="formData.name" />
          </el-form-item>
        </el-col>
        <el-col :sm="12" :md="8" :lg="6">
          <el-form-item label="手机号码" prop="mobile">
            <el-input v-model="formData.user_mobile" />
          </el-form-item>
        </el-col>
        <el-col :sm="12" :md="8" :lg="6">
          <el-form-item label="审核结果" prop="status">
            <correcting-status-select v-model="formData.status" />
          </el-form-item>
        </el-col>
        <el-col :sm="12" :md="8" :lg="6">
          <el-form-item label="添加时间" prop="creator_time">
            <el-date-picker v-model="formData.creator_time" type="daterange" start-placeholder="开始
时间"
              end-placeholder="结束时间" format="YYYY-MM-DD" value-format="YYYY-MM-DD"
/>
          </el-form-item>
        </el-col>
      </el-row>
      <el-row>
        <el-button type="primary" @click.prevent="handleQuery（1）" native-type="submit">查询</
el-button>
        <el-button @click="handleReset(myForm)">重置</el-button>
      </el-row>
    </el-form>
    <el-table :data="tableData" border>
      // 省略纠错列表界面
    </el-table>
  </section>
</template>
<script lang="ts" setup>
// 省略部分代码

// 使用computed的setter和getter与查询参数的creator_time_begin和creator_time_end挂钩
formData.creator_time = computed({
  set(val: any) {
```

```
      formData.creator_time_begin = val ? val[0] : "";
      formData.creator_time_end = val ? val[1] : "";
    },
    get: () => [formData.creator_time_begin, formData.creator_time_end],
});

/**
 * 调用 axios，查询数据
 */
const handleQuery = (currentPage: number) => {
    formData.currentPage = currentPage;
    formData.pageSize = formData.pageSize || 10;
    request({
      url: "/course/queryCorrectingList",
      method: "POST",
      data: formData,
    }).then(({ data }) => {
      // 查询成功，将结果数据赋值到 tableData 中
      if (data.code > 0) {
        // 重置表格数据
        tableData.length = 0;
        // 将接口返回的数据数组添加到表格数据中，tableData 是响应式数据，表格组件会自动更新表格数据
        tableData.push(...data.data.list);
        // 将接口返回的总行数赋值到 total 中，total 传递到分页器组件中，会自动更新分页器组件中的数据
        total.value = data.data.total;
      }
    });
};
</script>
<style lang="scss" scoped>
</style>
```

② 封装纠错审核组件

添加 src/components/correcting/CorrectingUpdate.vue，纠错信息审核组件，代码如下。

```
<template>
  <el-dialog :model-value="true" title=" 课 程 纠 错 " width="80% " :close-on-click-modal="false" :before-close="handleClose">
    <el-form ref="myForm" :model="formData" label-width="100px">
      <el-row>
        <el-col :md="12" :sm="24">
          <el-form-item label="课程名称">
```

```
          {{ formData.course_name }}
        </el-form-item>
      </el-col>
      <el-col :md="12" :sm="24">
        <el-form-item label="章节名称">
          {{ formData.chapter_name }}
        </el-form-item>
      </el-col>
      <el-col :md="24">
        <el-form-item label="问题描述" prop="paid_type">
          {{ formData.description }}
        </el-form-item>
      </el-col>
      <el-col :md="12" :sm="24">
        <el-form-item label="审核结果" prop="status">
          <el-select v-model="formData.status">
            <el-option value="0" label="已处理"></el-option>
            <el-option value="8" label="不通过"></el-option>
          </el-select>
        </el-form-item>
      </el-col>
      <el-col :md="24">
        <el-form-item label="审核意见" prop="description">
          <el-input type="textarea" v-model="formData.opinion" maxlength="256" :rows="5" resize="none"
/>
        </el-form-item>
      </el-col>
    </el-row>
    <el-row>
      <el-button type="warning" @click="handleClose">取消</el-button>
      <el-button @click="handleReset">重置</el-button>
      <el-button type="primary" @click.prevent="handleUpdate(myForm)" native-type="submit">提交</
el-button>
    </el-row>
  </el-form>
 </el-dialog>
</template>

<script setup lang="ts">
// 省略部分代码

const handleUpdate = (myForm: FormInstance) => {
```

```
myForm.validate((valid) => {
  // 校验失败
  if (!valid) {
    return;
  }

  // 发起请求
  request({
    data: formData,
    method: "POST",
    url: "/course/updateCorrecting"
  }).then(res => {
    if (res.data.code > 0) {
      updateData = true;
      alert("修改成功");
      handleClose();
    } else {
      alert("修改失败");
    }
  }, () => {
    alert("修改失败");
  })
 });
}
</script>

<style scoped lang="scss"></style>
```

（5）步骤5：管理端课程纠错功能接口开发

① 控制层代码编写

修改stuplatform.controller.ClassController.java类：添加纠错列表查询和审核纠错信息的两个API接口的方法定义，代码如下。

```
/**
 * 管理员查看课程的纠错信息列表
 * @param dto
 * @return
 * @throws Exception
 */
@PostMapping("queryCorrectingList")
public ResponseEntity queryCorrectingList(@RequestBody CorrectingListDTO dto) throws Exception {
  return ResponseEntity.ok(courseService.queryCorrectingList(dto));
}
```

```
/**
 * 管理员审核课程的纠错信息
 * @param dto
 * @return
 * @throws Exception
 */
@PostMapping("updateCorrecting")
public ResponseEntity updateCorrecting(@RequestBody @Valid CorrectingDTO dto) throws Exception {
    return ResponseEntity.ok(courseService.updateCorrecting(dto));
}
```

② 数据传输模型层代码编写

添加stuplatform.dto.CorrectingListDTO.java类：管理员查询纠错信息列表的数据传输实体类，代码如下。

```
package org.hydrakyoufeng.stuplatform.dto;
import lombok.Data;

@Data
public class CorrectingListDTO extends PageDTO {
    private String course_name;
    private String mobile;
    private String status;
    private String creator_time_begin;
    private String creator_time_end;
}
```

添加stuplatform.dto.ClassCheckDTO.java类：纠错信息审核的数据传输实体类，代码如下。

```
package org.hydrakyoufeng.stuplatform.dto;
import jakarta.validation.constraints.NotNull;
import lombok.Data;
@Data
public class CorrectingDTO {
    @NotNull(message = "编码不能为空")
    private Integer id;
    private String opinion;
    private String status;
    private Integer update_by;
}
```

③ 数据逻辑层代码编写

修改stuplatform.service.ClassService.java接口：添加逻辑层的方法定义声明，添加纠错信息列表查询和纠错信息审核两个方法，代码如下。

```
/**
 * 管理员查询纠错列表信息
 * @param dto
 * @return
 */
ResultEntity queryCorrectingList(CorrectingListDTO dto);

/**
 * 管理员审核纠错信息
 * @param dto
 * @return
 */
ResultEntity updateCorrecting(CorrectingDTO dto);;
```

修改 stuplatform.service.impl.ClassServiceImpl.java 类：添加逻辑层的方法实现，实现入班列表查询和审核入班的两个方法，代码如下。

```
@Override
public ResultEntity queryCorrectingList(CorrectingListDTO dto) {
    // 开启分页
    PageHelper.startPage(dto.getCurrentPage(),
            dto.getPageSize(),
            "c.update_time desc");
    PageInfo pageInfo = new PageInfo(courseMapper.queryCorrectingList(dto));
    return ResultEntity.success("查询成功", pageInfo);
}

/**
 * 管理员审核纠错信息
 * @param dto
 * @return
 */
@Override
public ResultEntity updateCorrecting(CorrectingDTO dto) {
    dto.setUpdate_by(adminIdTheadLocal.get());
    int effect = courseMapper.updateCorrecting(dto);
    if (effect > 0) {
        return ResultEntity.success("操作成功");
    } else {
        return ResultEntity.error("操作失败");
    }
}
```

④ 数据层代码编写

修改stuplatform.mapper.ClassMapper.java接口：添加数据层的方法声明，代码如下。

```
/**
 * 管理员查询纠错信息列表
 * @param dto
 * @return
 */
List queryCorrectingList(CorrectingListDTO dto);

/**
 * 管理员审核纠错信息
 * @param dto
 * @return
 */
int updateCorrecting(CorrectingDTO dto);
```

修改src/resources/mapper/ClassMapper.xml文件：添加SQL语句的配置，代码如下。

```
<select id="queryCorrectingList" resultType="org.hydrakyoufeng.stuplatform.vo.CorrectingListVO">
  SELECT
    cc.id,
    c.name course_name,
    cc2.name chapter_name,
    u.real_name real_name,
    u.mobile,
    cc.status,
    cc.opinion,
    cc.description
  FROM
    elp_course_correcting cc
      JOIN elp_course c ON cc.course_id = c.id
      JOIN elp_course_chapter cc2 ON cc.course_id = cc2.id
      JOIN elp_user u ON u.id = cc.creator_by
  <where>
    <if test="course_name != null and course_name neq ''">
      AND c.name LIKE CONCAT('%',#{course_name},'%')
    </if>
    <if test="mobile != null and mobile neq ''">
      AND u.mobile LIKE CONCAT('%',#{mobile},'%')
    </if>
    <if test="status != null and status neq ''">
      AND c.status = #{status},'%')
    </if>
```

```
        <if test="creator_time_begin != null and creator_time_begin neq ''">
          AND c.creator_time >= #{creator_time_begin}
        </if>
        <if test="creator_time_end != null and creator_time_end neq ''">
          AND c.creator_time &lt;= concat(#{creator_time_end}, ' 23:59:59')
        </if>
      </where>
    </select>

    <update id="updateCorrecting">
      UPDATE elp_course_correcting
      SET
      opinion = #{opinion},
      status = #{status},
      update_by = #{update_by},
      update_time = CURRENT_TIMESTAMP
      WHERE
      id = #{id}
    </update>
```

⑤ 数据视图模型层代码编写

添加stuplatform.vo.CorrectingListVO.java类：作为入班列表的视图模型实体类，代码如下。

```
package org.hydrakyoufeng.stuplatform.vo;
import lombok.Data;
import java.util.Date;

@Data
public class CorrectingListVO {
  /**
   * 主键
   */
  private Integer id;
  /**
   * 课程名称
   */
  private String course_name;
  /**
   * 章节名称
   */
  private String chapter_name;
  /**
   * 用户（上传者）真实姓名
```

```
     */
    private String real_name;
    /**
     * 用户（上传者）手机号码
     */
    private String mobile;
    /**
     * 数据状态：0—认可已处理，1—新建（审核中），8—不认可
     */
    private String status;
    /**
     * 审核意见
     */
    private String opinion;
    /**
     * 错误描述
     */
    private String description;
    /**
     * 创建时间
     */
    private Date creator_time;
}
```

（6）步骤6：管理端课程纠错功能测试

登录学习平台管理后端，测试以下功能。

列表查询：检查数据是否正确显示，验证查询条件是否正常生效，确认分页功能是否正常有效。

审核功能：点击“审核”按钮后，查看审核界面是否正常显示。填写信息后，检验审核功能是否正常运作。完成审核后，确认是否自动关闭审核界面并刷新列表页面。

完成以上功能测试后，使用AI辅助开发纠错功能模块的任务全部完成。

二、职业知识

1. 通义灵码AI插件

通义灵码（https://tongyi.aliyun.com/lingma/）是阿里云推出的一款基于通义大模型的智能编码辅助工具，提供行级/函数级的实时续写、自然语言生成代码、单元测试生成、代码优化、注释生成、代码解释、研发智能问答以及异常报错排查等功能，并针对阿里云的云服务使用场景进行了调优，旨在帮助开发者实现高效且流畅的编码体验。

（1）核心场景

代码智能生成：经过海量优秀开源代码的训练，可根据当前代码文件及跨文件的上下文环境，为用户生成行级或函数级代码、单元测试、代码优化建议等。其沉浸式的编

码体验和秒级的响应速度，使用户能更加专注于技术设计，从而高质量高效率地完成编码工作。

研发智能问答：基于海量研发文档、产品文档、通用研发知识、阿里云的云服务文档和 SDK/OpenAPI 文档等进行问答训练，为你答疑解惑，助你轻松解决研发问题。

（2）产品优势

跨文件感知让代码生成更贴合业务场景：客户端和模型层同步优化针对代码跨文件上下文感知能力，生成的代码更加贴合当前代码库的业务场景。

阿里云服务使用场景友好：专门针对阿里云的云服务使用、SDK/OpenAPI 的使用等场景进行调优，编码时能够更加便捷地使用阿里云服务；在对阿里云使用有疑问时，智能编码助手的回答也将更加有效。

适配多 IDE 的原生设计，符合开发者使用习惯：适配 IDE 原生主题、交互模式，让开发者感受到 IDE 原生的视觉与交互体验，更符合开发者使用习惯。

研发问答、文档/代码搜索能力，打造沉浸式编码体验：无需切换工具，IDE 客户端内即可满足开发者在编码场景中的技术资料检索、技术难题解答的需求，为开发者营造沉浸式的编码体验。

双模引擎，自由切换：支持极速本地模型、云端大模型两种代码补全方式，提供一键切换功能，以满足不同网络环境、不同补全强度的需求。

学习考评

一、考评项目

根据本项目所学内容，完成在线学习平台用户端的功能开发，包括用户登录注册功能开发、用户班级管理模块开发、用户在线学习模块开发、视频在线播放及防盗链功能开发、用户资料下载功能模块开发、纠错功能模块开发。

二、实施准备

1. 学生准备工作与要求

学生按照教学进度计划，在完成以下所有任务后，可进行相应学习考评的实施。

（1）理解并掌握学习考评所需的相关理论、知识和方法，能应用所学知识进行相关功能模块的开发。

（2）按时、按质量要求完成相应的作业任务。

（3）按规定独立完成相关软件环境的安装和配置。

（4）安装环境过程中，能快速借助网络和 AI 工具解决问题。

2. 教师准备工作与要求

（1）在安排学生学习考评前，应确保学生已经清楚地了解在线学习平台项目开发的技术选型，并确保已对相关软件的安装和配置做过相关的实操训练。

（2）通过学生课堂问题研讨、作业、实操及其他方式，确认学生已经具备实施学习考评所需知识、技能和能力集成，特别是Java、SpringBoot、MyBatis、MySQL、Vue等方面的知识要点。

（3）对协助教师完成测评的学生进行测评方法和监督方法的培训，确保测评结果的准确性、公平性。

（4）提前准备好相关软件安装包。

（5）准备好测评记录。

三、验证方法与标准

（1）每位测评人员负责对10名学生进行定点、全过程的监督和测评。

（2）详细记录学生在实施学习考评过程中的相关信息、数据、结果、操作方法、完成时间以及出现的错误、事故等情况。

（3）每个学习考评的环境安装和配置、问题解决等操作要求在90 min内完成。时间不够可以申请延长时间，总时长不超过120 min。

（4）考评内容及评分标准如表4-1所示。

表4-1　考评内容及评分标准

序号	评分项	得分条件	评分标准	配分	扣分
1	态度	□1.不作弊，确保环境从零开始安装和配置 □2.不超时，确保在规定时间内完成环境的安装和配置 □3.独立解决问题，不抄袭	未完成其中1项扣4分，总扣分不得超过12分	12	
2	专业技能	□1.能正确完成用户登录注册功能开发 □2.能正确完成用户班级管理模块开发 □3.能正确完成用户在线学习模块开发 □4.能正确完成视频在线播放及防盗链功能开发 □5.能正确完成用户资料下载功能模块开发 □6.能正确完成纠错功能模块开发	未完成其中1项扣10分，总扣分不得超过60分	60	
3	资料、信息查询能力	□1.能正确使用手册查询资料 □2.能正确使用网络查询资料 □3.能正确记录查询资料出处 □4.能正确记录所需的关键信息 □5.能正确使用AI工具辅助查询	未完成其中1项扣2分，总扣分不得超过10分	10	
4	总结归纳能力	□能将所学知识归纳为思维导图	未完成其中1项扣18分，总扣分不得超过18分	18	
合计				100	

拓展阅读

在当今信息化时代，视频资源已成为重要的教学媒介和学习内容。随着网络技术的快速发展，视频资源的版权保护问题日益凸显。为了防止视频资源被非法盗链和滥用，许多平台采取了防盗链技术。本实例旨在结合视频防盗链功能与版权保护知识，探讨如何在课程思政建设中融入相关理念和实践。

视频防盗链功能是一种技术手段，用于防止其他网站或平台未经授权直接链接到本平台的视频资源。通过实施防盗链技术，可以有效遏制视频资源的非法传播和滥用，保护视频资源的完整性和版权利益。

项目五

学习平台大屏系统功能开发

一、项目描述

在线学习平台的大屏系统是一种专为在线教育而设计的显示技术，它通过使用较大尺寸的显示屏幕，将课程内容、互动信息以及其他相关内容进行放大和展示。这种系统通常采用LED或LCD等先进的显示技术，能够呈现更清晰、更鲜艳的图像效果，从而提升学生的学习体验。

大屏系统的高分辨率和高亮度特性使得信息能够在各种环境中清晰可见，无论是教室、家庭还是其他学习场所，都能确保学生获得最佳的视觉效果。此外，大屏系统还可以根据具体需求进行定制，以适应不同场景和教学内容。

学习平台大屏系统使用ECharts结合Vue实现，主要生成用户报表、课程报表等统计信息。

二、项目要求

根据目前企业级开发的技术要求，通过学习ECharts图形报表，了解什么是平台大屏系统功能，掌握如何在企业级项目中进行大屏系统图表的开发。

（1）ECharts在Vue项目中的安装和使用方法。

（2）大屏数据接口的开发流程。

（3）大屏界面开发及前后端联调技巧。

三、学习目标

（1）掌握在Vue项目中生成Echarts报表的方法。

（2）掌握如何开发大屏数据的接口。

（3）掌握如何进行大屏界面的前后端联调。

四、工作场景

为了更好地为公司运营学习平台提供数据支撑，如学生学习数据、课程数据等需要通过大屏实时呈现，因此需要开发大屏系统实时展示平台数据。

任务一　Vue3项目集成ECharts图表

一、职业行动

为了更加直观地体现学习平台数据（比如课程数、用户数、学生学习时长、学习行为等），需要开发大屏显示系统。本项目主要实现通过柱状图反映注册用户变化趋势，使用饼图反映课程数量，其他模块数据统计作为拓展模块实现。

本任务需要实现的简化后的大屏界面如图5-1所示。

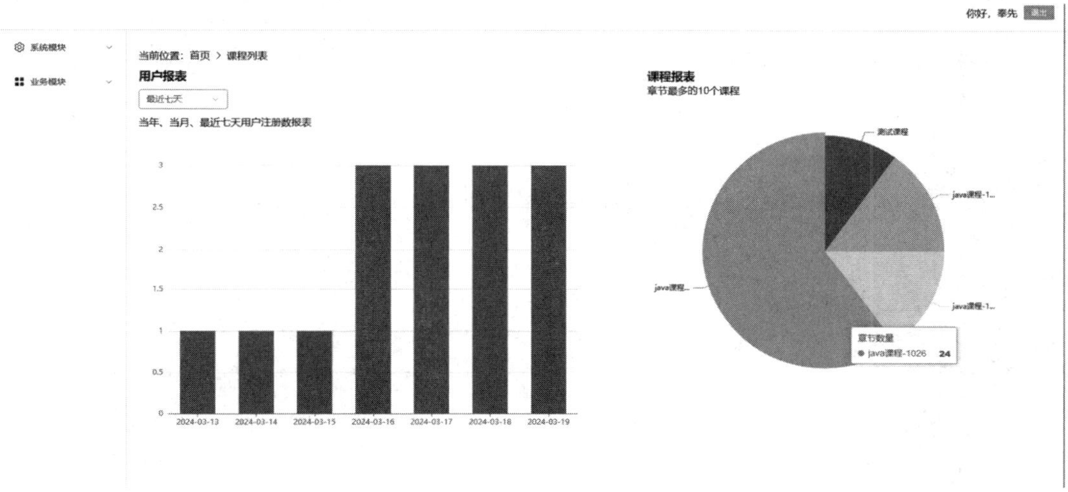

图5-1　大屏界面

本任务主要实现大屏项目初始化及ECharts图表库的引入，掌握在Vue3中使用图表的方法。

1. 步骤1：安装ECharts

大屏系统在原有的学习平台管理后端基础上进行拓展，进入stuplatform_web项目的根目录，执行以下命令安装Echarts依赖。

```
npm install echarts
```

2. 步骤2：使用ECharts

（1）封装echarts测试组件

在stuplatform_web项目中添加src/components/echarts/TestView.vue文件，用作Echarts的使用测试验证案例，代码如下。

```
<template>
  <section>
    <div ref="echartsRef" class="echarts"></div>
  </section>
</template>
<script lang="ts" setup>
// 步骤1：引入echarts
```

```
import * as echarts from 'echarts'
import { onMounted, ref } from "vue";
type EChartsOption = echarts.EChartsOption;
const echartsRef = ref();

onMounted(() => {
  // 步骤2：获取需要渲染的dom节点（也可以使用：document.querySelector('.echarts')）
  // vue需要在onMounted中才能获取到dom节点
  const echartsDom = echartsRef.value;
  // 步骤3：初始化echarts实例
  var myEcharts = echarts.init(echartsDom);

  // 步骤4：定义图表选项和数据
  const option: EChartsOption = {
    xAxis: {
      type: 'category',
      data: ['Mon', 'Tue', 'Wed', 'Thu', 'Fri', 'Sat', 'Sun']
    },
    yAxis: {
      type: 'value'
    },
    series: [
      {
        data: [120, 200, 150, 80, 70, 110, 130],
        type: 'bar',
        color: '#f00'
      }
    ]
  };

  // 认证实验：尝试改变data的数据，看看图标是否刷新
  setTimeout(() => {
      // 步骤6：修改数据需要设置data中的数据，然后再次调用setOption刷新数据
      option.series[0].data = option.series[0].data.map((item:number) => item + 10);
      myEcharts.setOption(option);
  },2000)

  // 步骤5：设置选项
  myEcharts.setOption(option);
})

</script>
<style lang="scss" scoped>
.echarts {
```

```
  width: 400px;
  height: 400px;
}
</style>
```

实例参考官方文档：https://echarts.apache.org/examples/zh/editor.html?c=bar-simple

（2）编写echarts测试页面

修改src/views/EchartsView.vue文件：引入测试组件，展示测试案例，代码如下。

```
<template>
  <section>
    我是报表页面
    <test-echarts></test-echarts>
  </section>
</template>
<script lang="ts" setup>
import TestEcharts from '@/components/echarts/TestEcharts.vue';
</script>
```

页面效果如图5-2所示。

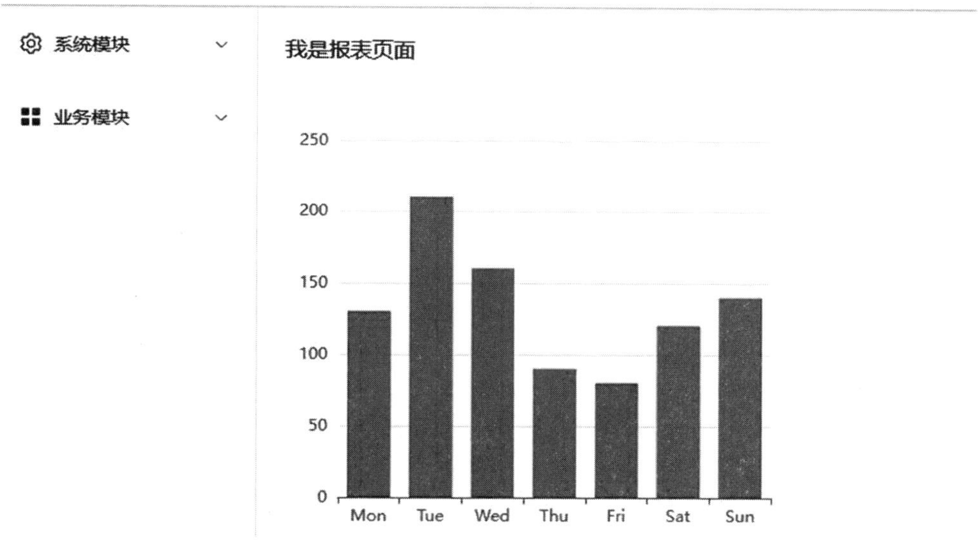

图5-2　柱状图

二、职业知识

ECharts介绍

官方网站：https://echarts.apache.org/zh/index.html。

学习ECharts和ElementPlus很相似，根据自己的设计去官网上查找合适的例子，然后将实例代码进行修改后使用。

ECharts的全称是Enterprise Charts，意为商业级数据图表，是一款基于JavaScript的数据可视化图表库，最初由百度团队开源，并于2018年初捐赠给Apache基金会，成为ASF孵化级项目。它能够在PC端和移动设备上流畅运行，兼容当前绝大部分浏览器。

ECharts提供了直观、生动、可交互且可高度个性化定制的数据可视化图表。其底层依赖轻量级的Canvas类库ZRender，支持折线图、柱状图、散点图、K线图、饼图、雷达图、和弦图、力导向布局图、地图、仪表盘、漏斗图、事件河流图这12类图表，同时提供标题、详情气泡、图例、值域、数据区域、时间轴、工具箱这7个可交互组件，支持多图表、组件的联动与混搭展现。

此外，ECharts还具有创新的拖拽重计算、数据视图、值域漫游等特性，这些特性大大增强了用户体验，也赋予了用户对数据进行挖掘、整合的能力。无论是对于数据的直观展示，还是对于数据的深度分析，ECharts都能提供强大的支持。

总的来说，ECharts是一款功能强大、易于使用且高度可定制的数据可视化工具，广泛应用于各类数据分析及可视化需求中。

实际项目中，经常使用ECharts的图形化报表来进行大屏系统的报表展示。

任务二 学习平台大屏数据接口开发

一、职业行动

本任务主要实现大屏界面所需的数据接口，包括用户报表接口、课程报表接口。

1. 步骤1：大屏报表接口开发

① 控制层代码编写

添加stuplatform.controller.EchartsController.java类：作为报表的控制器类，代码如下。

```
@RestController
@RequestMapping("echarts")
@Tag(name = "echarts 报表")
public class EchartsController {

  @Autowired
  private EchartsService echartsService;

  /**
   * 查询用户注册报表数据
   * @param type
   * @return
   * @throws Exception
   */
  @GetMapping("queryUserList/{type}")
  public ResponseEntity queryUserList(@PathVariable String type) throws Exception {
    return ResponseEntity.ok(echartsService.queryUserList(type));
  }
```

```
    /**
     * 查询课程章节数量前10的数据
     * @return
     * @throws Exception
     */
    @GetMapping("queryCourseList")
    public ResponseEntity queryCourseList() throws Exception {
        return ResponseEntity.ok(echartsService.queryCourseList());
    }
}
```

② 逻辑层代码编写

添加stuplatform.service.EchartsService.java接口：作为报表的逻辑层接口，代码如下。

```
package org.hydrakyoufeng.stuplatform.service;
import org.hydrakyoufeng.stuplatform.utils.ResultEntity;
public interface EchartsService {
    /**
     * 查询本年或本月或最近一周的用户注册数据
     * @param type
     * @return
     * @throws Exception
     */
    ResultEntity queryUserList(String type) throws Exception;

    /**
     * 查询课程章节报表
     * @return
     */
    ResultEntity queryCourseList();
}
```

添加stuplatform.service.impl.EchartsServiceImpl.java类：报表的逻辑层实现，代码如下。

```
@Service
public class EchartsServiceImpl implements EchartsService {

    @Autowired
    private EchartsMapper echartsMapper;
    @Override
    public ResultEntity queryUserList(String type) throws Exception {
        if ("year".equals(type)) {
            return ResultEntity.success("查询成功",echartsMapper.queryUserYearList());
        } else if ("month".equals(type)) {
            return ResultEntity.success("查询成功",echartsMapper.queryUserMonthList());
```

```
    } else {
        return ResultEntity.success("查询成功",echartsMapper.queryUserWeekList());
    }
  }

  @Override
  public ResultEntity queryCourseList() {
    return ResultEntity.success("查询成功",echartsMapper.queryCourseList());
  }
}
```

③ 数据层代码编写

添加stuplatform.mapper.EchartsMapper.java接口：作为报表数据层的接口，代码如下。

```
package org.hydrakyoufeng.stuplatform.mapper;
import java.util.List;
public interface EchartsMapper {
  List queryUserYearList();
  List queryUserMonthList();
  List queryUserWeekList();
  List queryCourseList();
}
增加src/resources/mapper/EchartsMapper.xml文件，报表数据SQL语句的配置。
 <?xml version="1.0" encoding="UTF-8" ?>
<!DOCTYPE mapper PUBLIC "-//mybatis.org//DTD Mapper 3.0//EN" "http://mybatis.org/dtd/myba-
tis-3-mapper.dtd">
<mapper namespace="org.hydrakyoufeng.stuplatform.mapper.EchartsMapper">
  <!-- 查询当年的数据，以月为单位 -->
  <select id="queryUserYearList" resultType="org.hydrakyoufeng.stuplatform.vo.EchartsListVO">
    SELECT
      SUBSTR(creator_time,1,7) name,
      COUNT（1） count
    FROM elp_user
    WHERE creator_time >= CONCAT(YEAR(NOW()),'-01-01')
    GROUP BY SUBSTR(creator_time,1,7)
    ORDER BY name
  </select>

  <!-- 查询本月的数据（周为单位） -->
  <select id="queryUserMonthList" resultType="org.hydrakyoufeng.stuplatform.vo.EchartsListVO">
    SELECT
      CONCAT(YEAR(creator_time),'-',LPAD(WEEK(creator_time),2,'0'),'周') name,
      COUNT（1） count
```

```
    FROM elp_user
    WHERE creator_time >= CONCAT(SUBSTR(NOW(),1,7),'-01')
    GROUP BY CONCAT(YEAR(creator_time),'-',LPAD(WEEK(creator_time),2,'0'),'周')
    ORDER BY name
  </select>

  <!-- 查询近七天的数据 -->
  <select id="queryUserWeekList" resultType="org.hydrakyoufeng.stuplatform.vo.EchartsListVO">
    SELECT
      DATE(creator_time) name,
      COUNT（1） count
    FROM elp_user
    WHERE creator_time >= SUBSTR(DATE_ADD(NOW(),INTERVAL -7 DAY),1,10)
    GROUP BY DATE(creator_time)
    ORDER BY name
  </select>

  <select id="queryCourseList" resultType="org.hydrakyoufeng.stuplatform.vo.EchartsListVO">
    SELECT
      c.'name',
      COUNT（1） count
    FROM
      elp_course c,
      elp_course_chapter cc1,
      elp_course_chapter cc2
    WHERE c.id = cc1.course_id
     AND cc2.parent_id = cc1.id
    GROUP BY c.'name'
    ORDER BY c.'name' DESC
      LIMIT 10;
  </select>
</mapper>
```

④ 视图模型层代码编写

添加stuplatform.vo.EchartsListVO.java类：作为报表数据的视图模型实体类，代码如下。

```
package org.hydrakyoufeng.stuplatform.vo;
import lombok.Data;
@Data
public class EchartsListVO {
  private String name;
  private Integer count;
}
```

2. 步骤2：大屏报表接口测试

在数据库中添加数据进行报表数据库测试，测试完成后就为大屏准备好了数据。

任务三 大屏界面开发及前后端联调

一、职业行动

大屏后端Java接口实现后，本次任务先实现大屏界面，再实现界面和接口之间的联调，以实现数据实时更新。

1. 大屏系统功能

查看用户注册量报表，以柱状图的方式显示用户注册量表。可以使用三种维度进行查询，查询当年每月注册数、查询当月每周注册数、查询近七天每天注册数。

查看课程章节数报表：以饼状图的方式，显示章节最多的十个课程的数据。

2. 流程

（1）步骤1：大屏界面页面开发

① 用户报表组件界面开发

添加src/components/echarts/UserEcharts.vue文件：用于展示用户柱状报表的组件，代码如下。

```
<template>
  <section class="component-box">
    <h3>用户报表</h3>
    <el-select v-model="type" placeholder="请选择">
      <el-option value="year" label="本年"/>
      <el-option value="month" label="本月"/>
      <el-option value="week" label="最近七天"/>
    </el-select>
    <p>当年、当月、最近七天用户注册数报表</p>
    <div ref="echartsRef" class="echarts"></div>
  </section>
</template>
<script lang="ts" setup>
// 步骤1：引入echarts
import * as echarts from 'echarts';
import request from "@/utils/request";
import { onMounted, ref,watch } from "vue";

// 查询什么报表
const type = ref<"year" | "month" | "week">("year");

type EChartsOption = echarts.EChartsOption;
```

```
const echartsRef = ref();
let myEcharts: any;

//定义图表选项和数据
const option: EChartsOption = {
    tooltip: {
      trigger: 'axis',
      axisPointer: {
        type: 'shadow'
      }
    },
    grid: {
      left: '3%',
      right: '4%',
      bottom: '3%',
      containLabel: true
    },
    xAxis: [
      {
        type: 'category',
        // 数据名称
        data: [],
        axisTick: {
          alignWithLabel: true
        }
      }
    ],
    yAxis: [
      {
        type: 'value'
      }
    ],
    series: [
      {
        name: '用户注册数',
        type: 'bar',
        barWidth: '60%',
        // 数据
        data: []
      }
    ]
  };

const handleQuery = (type:'year' | 'month' | 'week') => {
```

```
  request({url:'/echarts/queryUserList/${type}'}).then(res => {
    if (res.data.code >= 1) {
      const titleData:string[] = [];
      const data:number[] = [];
      res.data.data.forEach((item:any) => {
        titleData.push(item.name);
        data.push(item.count);
      })
      option.xAxis[0].data = titleData;
      option.series[0].data = data;
      myEcharts.setOption(option);
    }
  })
}

onMounted(() => {
  //获取需要渲染的dom节点（也可以使用：document.querySelector('.echarts')）
  // vue需要在onMounted中才能获取到dom节点
  const echartsDom = echartsRef.value;
  //初始化echarts实例
  myEcharts = echarts.init(echartsDom);
  handleQuery(type.value);
});

watch(() => type.value, () => {
  handleQuery(type.value);
})

</script>
<style lang="scss" scoped>

.el-select {
  width: 140px;
  margin: 10px 0;
}

.echarts {
  width: 100%;
  min-width: 400px;
  height: 500px;
}
</style>
```

② 课程报表组件编写

添加 src/components/echarts/CourseEcharts.vue 文件：课程饼状报表展示组件，代码如下。

```
<template>
  <section class="component-box">
    <h3>课程报表</h3>
    <p>章节最多的10个课程</p>
    <div ref="echartsRef" class="echarts"></div>
  </section>
</template>
<script lang="ts" setup>
//引入echarts
import * as echarts from 'echarts';
import request from "@/utils/request";
import { onMounted, ref, watch } from "vue";

type EChartsOption = echarts.EChartsOption;

const echartsRef = ref();

let myEcharts: any;

/*
 *定义图表选项和数据（饼图）
 * 饼图比较简单，只需要定义data即可
 */
const option: EChartsOption = {
  tooltip: {
    trigger: 'item'
  },
  series: [
    {
      type: 'pie',
      name: '章节数量',
      data: [
        {
          value: 335,
          name: '直接访问'
        },
        {
          value: 234,
          name: '联盟广告'
        },
```

```
          {
            value: 1548,
            name: '搜索引擎'
          }
        ]
      }
  ]
};

const handleQuery = () => {
  request({ url: '/echarts/queryCourseList' }).then(res => {
    if (res.data.code >= 1) {
      const titleData: string[] = [];
      const data: number[] = [];
      option.series[0].data = res.data.data.map(v => ({
        value: v.count,
        name: v.name
      }));
      myEcharts.setOption(option);
    }
  })
}

onMounted(() => {
  //获取需要渲染的dom节点（也可以使用：document.querySelector('.echarts')）
  // vue需要在onMounted中才能获取到dom节点
  const echartsDom = echartsRef.value;
  //初始化echarts实例
  myEcharts = echarts.init(echartsDom);
  handleQuery();
});



</script>
<style lang="scss" scoped>
.echarts {
  min-width: 400px;
  height: 500px;
}
</style>
```

③ 大屏主界面编写

在大屏主界面引用用户报表和课程报表组件用于数据报表展示，修改 src/views/EchartsView.vue 文件，代码如下。

```
<template>
  <section>
    <!-- 面包屑导航组件 -->
    <bread-crumb :model-value="navData"></bread-crumb>
    <div class="box">
      <user-echarts></user-echarts>
      <course-echarts></course-echarts>
    </div>
  </section>
</template>
<script lang="ts" setup>
import UserEcharts from '@/components/echarts/UserEcharts.vue';
import CourseEcharts from '@/components/echarts/CourseEcharts.vue';
import BreadCrumb from "@/components/public/BreadCrumb.vue";

// 面包屑数据
const navData = [
  {
    name: "课程列表"
  }
]
</script>
<style lang="scss" scoped>
.box {
  display: flex;

  .component-box {
    flex-grow: 1;
  }
}
</style>
```

④ 配置大屏路由

确保 src/router/index.ts 中配置了报表页面的路由，以下是完成的文件内容。

```
import { createRouter, createWebHistory, RouteRecordRaw } from "vue-router";
const routes: Array<RouteRecordRaw> = [
 {
  path: "/",
  name: "login",
  component: () => import(/* webpackChunkName: "login" */ "@/views/LoginView.vue"),
```

```
  },
  {
    path: "/home",
    name: "home",
    component: () => import(/* webpackChunkName: "home" */ "@/views/HomeView.vue"),
    children: [
     // 省略部分代码
      {
        path: 'echarts',
        name: 'echarts',
        component: () => import(/* webpackChunkName: "echarts" */ '@/views/EchartsView.vue')
      }
    ]
  },
];

const router = createRouter({
  history: createWebHistory(process.env.BASE_URL),
  routes,
});
export default router;
```

（2）步骤2：大屏功能测试

① 进入报表查看页面

登录管理系统，在左侧的菜单中依次点击：系统模块—报表查看，进入大屏系统展示页面。

② 测试用户报表功能

测试图表是否正常展示；更新下拉框的选项，查看报表的数据是否正确切换。

③ 测试课程报表功能

图标是否正常展示。

功能测试完成后，大屏界面开发及前后联调的任务到此全部完成。

二、职业知识

在数字化转型的浪潮中，可视化大屏以其独特的魅力和强大的功能，成为企业展示数据、洞察趋势的重要窗口。

可视化大屏，作为数据可视化的高级形态，以其超大尺寸、高清画质、实时更新等特点，将复杂的数据转化为生动、直观的视觉盛宴。它不仅能够帮助企业决策者快速捕捉关键信息，还能激发团队的创新思维，推动业务的持续发展。

1. 工业大数据监控中心

大屏呈现某市工业经济全貌，涵盖生产总值、利税总额、利润总额等关键指标。地图与图表结合，直观展示工业生产与经济效益，助力决策者快速把握市场动态，精准施策。

2. 企业销售监控中心

大屏直观展示日销售额、月销售额、年销售额，门店业绩排行、人员业绩排行，商品大类热销榜及电商销售占比。数据动态更新，助力企业精准决策，快速应对市场变化。

3. 企业销售监控大屏

实时呈现销售额、销售排行、销售曲线等关键数据，管理者可清晰洞察销售动态，快速决策以应对市场变化，促进业绩增长。

4. 粮食交易监控中心

大屏实时展示全国粮食交易实况，包括价格分布、成交量、成交率等关键数据。动态图表与地图结合，清晰呈现各省交易情况，助力管理者精准决策，优化资源配置。

5. 粮食交易监控大屏

实时展示全国各省粮食交易数据，销售额、成交量等一目了然。通过动态图像分析，管理者能迅速把握市场趋势，及时调整策略。

6. 全球消费数据监控大屏

实时呈现全球购物、消费趋势及地区差异，多维度数据图表帮助管理者洞悉市场动态，精准决策以应对全球消费变化。

7. 大数据管理平台

实时追踪用户与企业增长，精准数据图表展现趋势变化。助力管理者洞悉市场动态，科学决策，推动业务持续增长。

8. 水表读数监测系统

大屏实时呈现水资源数据，流量、压力、水质等一目了然。智能分析助力管理者精准决策，确保供水系统高效运行。

学 习 考 评

一、考评项目

根据本项目所学内容，对完成在线学习平台大屏系统功能开发进行考评，包括ECharts在Vue项目中的安装和使用、大屏数据接口开发、大屏界面开发及前后端联调开发。

二、实施准备

1. 学生准备工作与要求

学生按照教学进度计划，在完成以下所有任务后，可进行相应学习考评的实施。

（1）理解并掌握学习考评需要的相关理论、知识和方法，能应用这些知识进行相关功能模块的开发。

（2）按时、按质量要求完成相应的任务作业。

（3）按规定独立完成相关软件环境的安装和配置。

（4）在安装环境过程中，能快速借助网络和AI工具解决问题。

2. 教师准备工作与要求

（1）在安排学生实施学习考评前，应确保学生已经清楚地了解在线学习平台项目开发的技术选型，并确保已对相关软件的安装和配置做过相关的实操训练。

（2）通过学生课堂问题研讨、作业、实操及其他方式，确认学生已经具备实施学习考评所需要的知识、技能和能力集成，特别是Java、SpringBoot、MyBatis、MySQL、Vue、Echarts等方面的知识点。

（3）对协助教师完成测评的学生进行测评和监督方法的培训，确保测评结果的准确性、公平性。

（4）提前准备好相关软件安装包。

（5）准备好测评记录。

三、考评方法与标准

（1）每位测评人员负责对10名学生进行定点、全过程的监督和测评。

（2）详细记录学生在实施考评过程中的相关信息、数据、结果、操作方法、完成时间以及出现错误、事故等情况。

（3）每个学习考评的环境安装和配置、问题解决等操作要求在90 min内完成。时间不够可以申请延长时间，总时长不超过120 min。

（4）考评内容及评分标准如表5-1所示。

表5-1　考评内容及评分标准

序号	评分项	得分条件	评分标准	配分	扣分
1	态度	□1.不作弊，确保环境从零开始安装和配置 □2.不超时，确保在规定时间内完成环境的安装和配置 □3.独立解决问题，不抄袭	未完成其中1项扣5分，总扣分不得超过15分	15	
2	专业技能	□1.能正确完成ECharts在vue项目中的安装和使用 □2.能正确完成大屏数据接口开发 □3.能正确完成大屏界面开发及前后端联调开发	未完成其中1项扣20分，总扣分不得超过60分	60	
3	资料、信息查询能力	□1.能正确使用手册查询资料 □2.能正确使用网络查询资料 □3.能正确记录查询资料出处 □4.能正确记录所需的关键信息 □5.能正确使用AI工具辅助查询	未完成其中1项扣3分，总扣分不得超过15分	15	
4	总结归纳能力	□能将所学知识归纳为思维导图	未完成其中1项扣10分，总扣分不得超过10分	10	
合计				100	

拓展阅读

ECharts，这款由百度捐赠给Apache基金会的开源可视化利器，不仅为数据呈现提供了强大支撑，更为课程思政建设提供天然“演练场”。

开放源代码的共享模式中，让学生在实验项目中体验团队分工、代码评审与版本管理的全过程。借助ECharts，既锻炼了技术能力，也在潜移默化中培育了社会责任与公民意识。

项目六
学习平台鸿蒙APP开发

一、项目描述

鸿蒙操作系统（HarmonyOS）是华为公司在面临外部技术限制和市场竞争背景下，自主研发的全场景分布式操作系统。在HarmonyOS诞生之前，移动端APP主要运行于iOS和Android。HarmonyOS正式发布之后，不再兼容Android，因此为了适配更多消费者的需求，需在原有学习平台基础上开发基于HarmonyOS NEXT的鸿蒙原生应用。

项目四已实现PC版学习平台用户端，本项目实现基于HarmonyOS NEXT的鸿蒙原生应用APP，主要为学习者提供课程浏览和在线视频学习等功能。本项目采用华为官方DevEco Studio开发工具、ArkTS开发语言及ArkUI开发框架进行鸿蒙原生应用开发，完成用户登录模块、我的班级模块、我的课程模块、视频在线播放模块等功能模块。

二、项目要求

根据目前国内企业级开发技术要求，通过开发学习平台鸿蒙客户端APP功能，掌握如何在企业级项目中使用ArkTS进行鸿蒙原生应用的开发。

（1）用户登录功能模块开发。

（2）我的班级模块开发。

（3）我的课程模块开发。

（4）在线学习模块开发。

三、学习目标

（1）掌握鸿蒙原生应用开发环境搭建、ArkTS和ArkUI基本用法。

（2）掌握基于HarmonyOS NEXT鸿蒙原生应用开发流程。

（3）掌握如何开发我的班级模块功能。

（4）掌握如何开发我的课程模块功能。

（5）掌握如何开发用户在线学习模块。

四、工作场景

通过前面的学习，基本完成了主流的产品形态，包括学习平台的用户端、管理端。在企业项目开发中，产品会根据市场需求进行逐步迭代；由于HarmonyOS NEXT系统的发布，为了满足鸿蒙手机用户的使用需要，产品形态也需要添加鸿蒙原生应用APP形态。

项目四中已实现基于PC的用户端功能，本项目复用对应的后端接口，使用ArkTS实现鸿蒙原生应用版APP功能，主要实现用户端登录、我的班级、在线学习、我的课程等功能模块的开发。

任务一　创建鸿蒙原生应用

一、职业行动

鸿蒙原生应用开发采用官方提供的IDE工具DevEco Studio，本任务完成基于HarmonyOS Next原生应用开发的环境准备，并完成鸿蒙原生应用的创建。本任务基于Windows进行环境开发，macOS和其他平台请参考官方文档。

1. 步骤1：DevEco Studio安装

（1）运行环境要求

为保证DevEco Studio正常运行，建议电脑配置满足如下要求：

操作系统：Windows 10 64位、Windows 11 64位。

内存：16 GB及以上。

硬盘：100 GB及以上。

分辨率：1 280×800像素及以上。

（2）安装DevEco Studio

下载完成后，双击下载的“deveco-studio-xxxx.exe”，进入DevEco Studio安装向导界面。在如图6-1所示界面选择安装路径（默认安装于C:\Program Files路径下），也可以单击“浏览（B）...”指定其他安装路径后，单击“下一步”按钮。

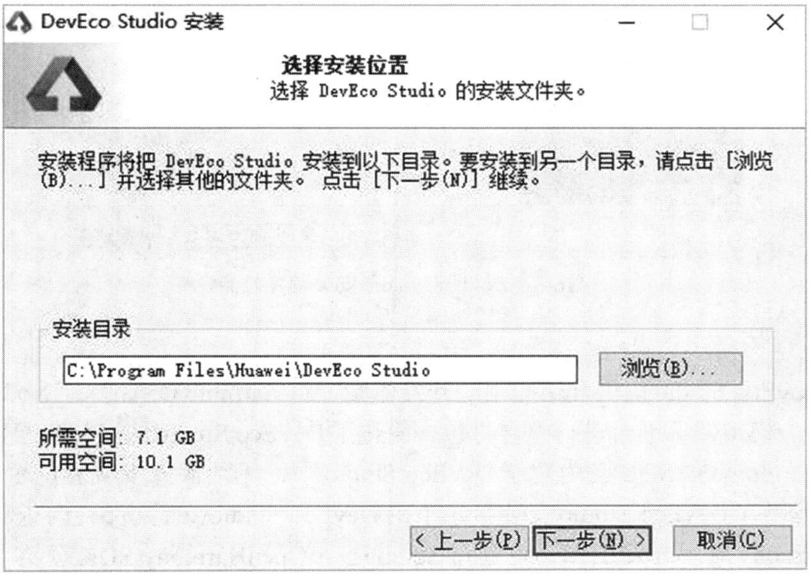

图6-1　选择DevEco Studio的安装位置

在如图6-2所示的安装选项界面中勾选DevEco Studio后，单击“下一步”按钮直至安装完成。

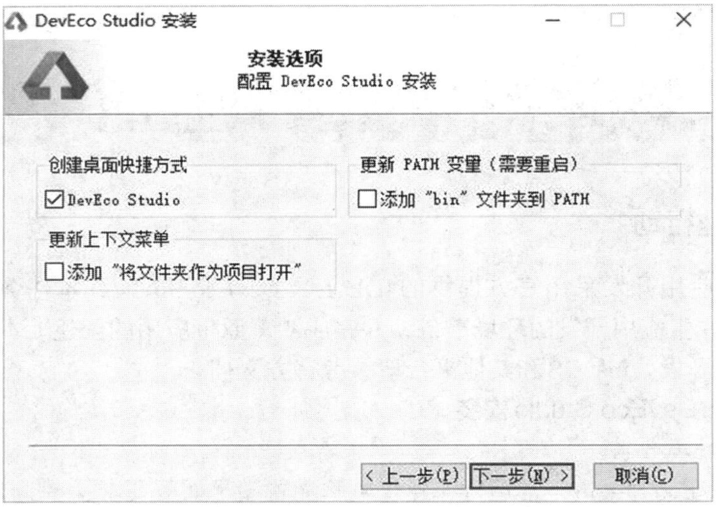

图6-2　选择DevEco Studio的安装选项

安装结束后，单击“完成”按钮结束安装过程。如图6-3所示。

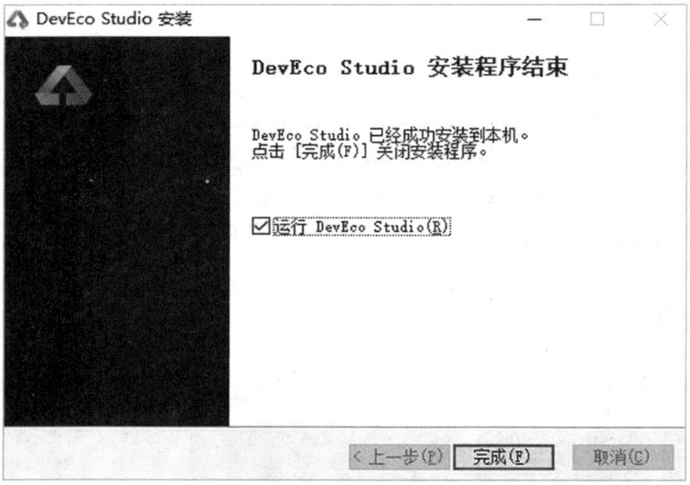

图6-3　DevEco Studio安装程序结束

说明：

（1）DevEco Studio提供开箱即用的开发体验，将HarmonyOS SDK、Node.js、Hvigor、OHPM、模拟器等平台进行整合打包，简化了DevEco Studio的安装和配置流程。

（2）HarmonyOS SDK已内置于DevEco Studio中，无须额外下载和配置。HarmonyOS SDK可以在DevEco Studio安装目录下的DevEco Studio\sdk文件夹内查看。如需开展OpenHarmony应用开发工作，可通过Settings → OpenHarmony SDK页签来下载所需的OpenHarmony SDK。

2. 步骤2：创建鸿蒙原生应用

DevEco Studio成功安装之后，可以通过运行Hello World工程的方式来验证环境设置是否正确。接下来以创建一个支持Phone设备的工程项目为例进行介绍。

（1）打开DevEco Studio，在欢迎页单击Create Project，创建一个新工程。

（2）根据工程创建向导，选择创建Application或Atomic Service。选择Empty Ability模板，然后单击“Next”按钮。如图6-4所示。

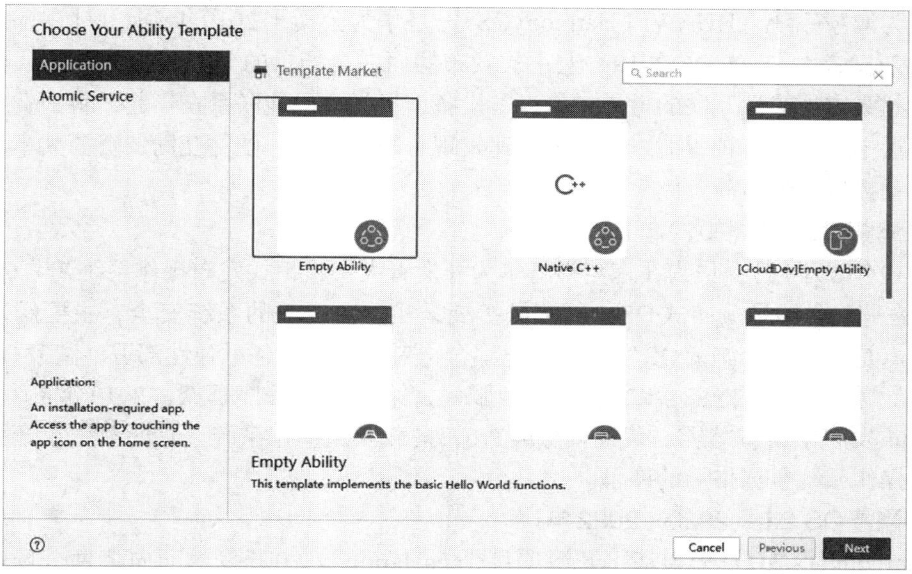

图6-4　创建一个新工程

（3）填写工程相关信息后，单击“Finish”按钮。如图6-5所示。

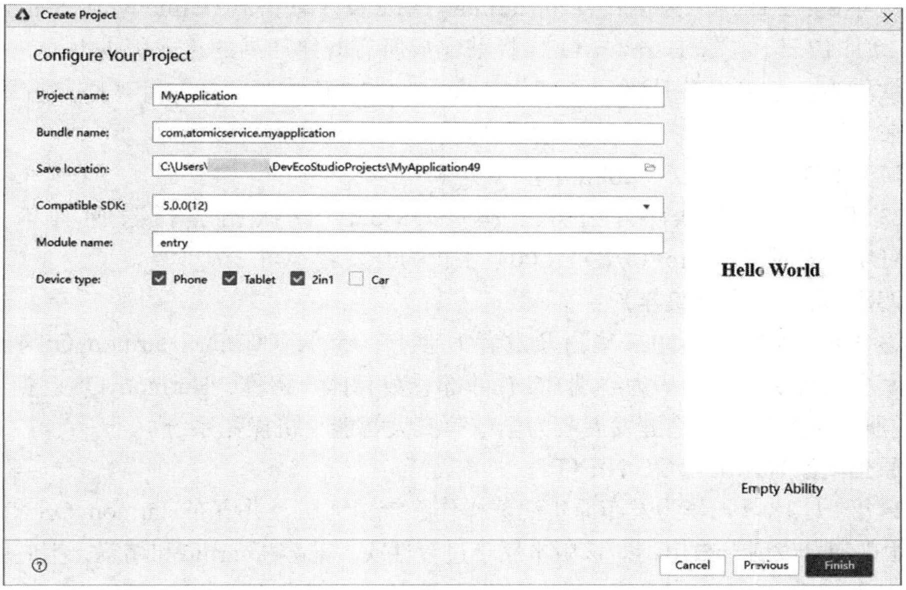

图6-5　填写工程相关信息

工程创建完成后，DevEco Studio会自动进行工程的同步。

3. 步骤3：运行鸿蒙原生应用

鸿蒙原生应用的运行可以通过预览器、模拟器、真机、远程真机等方式，在编辑窗口右上角的侧边工具栏点击Previewer，打开预览器。

四、职业知识

华为鸿蒙系统（HUAWEI HarmonyOS），是华为公司于2019年8月9日在东莞举行的华为开发者大会（HDC.2019）上正式发布的面向全场景的分布式操作系统，可以创造一个超级虚拟终端互联的世界，将人、设备、场景有机地联系在一起，将消费者在全场景生活中接触的多种智能终端实现极速发现、极速连接、硬件互助、资源共享，用合适的设备提供场景体验。

1. 鸿蒙OS 1.0（2019年）

2019年8月9日，华为在东莞举行华为开发者大会，正式发布操作系统鸿蒙OS。鸿蒙OS是一款全场景分布式OS，可按需扩展，实现更广泛的系统安全，主要用于物联网，特点是低时延。鸿蒙OS实现模块化耦合，对应不同设备可弹性部署。鸿蒙OS有三层架构，第一层是内核，第二层是基础服务，第三层是程序框架。2019年8月10日，荣耀正式发布荣耀智慧屏、荣耀智慧屏Pro，搭载鸿蒙操作系统。它的诞生拉开了永久性改变操作系统全球格局的序幕。

2. 鸿蒙OS 2.0（2020—2022年）

HarmonyOS 2.0是华为基于开源项目OpenHarmony 2.0开发的面向多种全场景智能设备的商用版本。2020年9月10日，华为鸿蒙系统升级至HarmonyOS 2.0版本，并面向128KB-128MB终端设备开源。

2021年6月2日，华为正式发布HarmonyOS 2及多款搭载HarmonyOS 2的新产品。2021年12月17日，鸿蒙HarmonyOS 2提前完成所有既定产品的正式版本上线，并且已有上百款华为、荣耀设备升级到了鸿蒙HarmonyOS 2正式版。2022年4月，鸿蒙OS原生版迎来了2.0大版本更新，加入了圈子功能。

3. 鸿蒙OS 3.0（2022—2023年）

2023年2月，华为官方公开了鸿蒙OS 3.0，此次招募仅限拥有华为P50（ABR-AL00）以及P50 Pro（JAD-AL00）手机的开发者参与。

4. 鸿蒙OS 4.0（2023年）

2023年8月4日，在2023华为开发者大会上，余承东宣布，HarmonyOS 4正式发布。在大会主题演讲中，华为终端BG软件部总裁龚体介绍称，HarmonyOS已拥有超过220万注册应用开发者，稳健发展成为全球第三大智能手机操作系统。

5. 原生鸿蒙HarmonyOS NEXT

2024年1月18日，华为发布原生鸿蒙操作系统星河版，并宣布HarmonyOS NEXT鸿蒙星河版面向开发者开放申请。该版本属于过渡性质，兼容Android和鸿蒙原生应用。

2024年10月22日，华为在深圳举办“原生鸿蒙之夜”暨全场景新品发布会。华为发布了原生鸿蒙系统HarmonyOS NEXT 5.0，这是中国首个实现全栈自研的操作系统，标志着中国在操作系统领域取得了突破性进展。这也是继苹果iOS和安卓之后，全球的第三大移动操作系统。

任务二 用户登录功能模块开发

一、职业行动

登录功能分为手机号验证码登录和账号密码登录两种方式，界面效果如图6-6所示。

图6-6 用户登录界面

本次任务中，首先使用DevEco Studio开发工具，利用官方提供的ArkTS和ArkUI框架来实现界面的布局设计；接着通过HTTP模块来完成后端接口的数据请求和处理工作。

1. 步骤1：实现登录界面的静态布局

将随书提供的素材中的media目录里的内容（如图6-7所示）拷贝到resources/base/media 目录下，在src /main/ets/pages目录下新建登录文件LoginPage，使用ArkUI布局组件实现界面的布局。界面采用Row和Column进行线性布局，静态代码如下。

图6-7 素材中的media目录

```
@Entry
@Component
struct LoginPage {
 @State showLoading:boolean = false
 @State isPhoneLogin:boolean = true // 判断是否是手机号登录
 @State codeButtonText:string = '验证码'
 @State codeButtonState:boolean = true

 build() {
  Stack({alignContent:Alignment.Center}){
   Column() {
    Row(){
     Image($r('app.media.logo')).height(40)
    }
    .width('100%')
    .justifyContent(FlexAlign.Start)

    Row(){
     Text("欢迎来到学习平台")
      .fontSize(30)
      .fontWeight(FontWeight.Bold)
    }
    .width('100%')
    .justifyContent(FlexAlign.Start)
    .margin({top:20})

    if (this.isPhoneLogin){
     Row(){
      TextInput({text:'',placeholder:"请输入手机号"})
       .type(InputType.PhoneNumber)
       .borderRadius(0)
       .backgroundColor(Color.White)
       .fontSize(25)
       .placeholderFont({size:25}).layoutWeight（1）
     }
     .border({width:{bottom:1},color:"#E5E5E5"})
     .padding({ top:10,bottom:10 })
     .margin({top:30})

     Row(){
      TextInput({text:'',placeholder:"请输入验证码"})
       .borderRadius(0)
```

```
        .backgroundColor(Color.White)
        .fontSize(25)
        .placeholderFont({size:25}).layoutWeight（1）
      Button(this.codeButtonText)
        .enabled(this.codeButtonState)
        .onClick(()=>{
        })
      }
      .border({width:{bottom:1},color:"#E5E5E5"})
      .padding({ top:10,bottom:10 })
    } else {
      Row(){
  TextInput({text:'',placeholder:"请输入账号"}).borderRadius(0).backgroundColor(Color.White)
        .fontSize(25)
        .placeholderFont({size:25}).layoutWeight（1）
      }
      .border({width:{bottom:1},color:"#E5E5E5"})
      .padding({ top:10,bottom:10 })
      .margin({top:30})
      Row(){
       TextInput({text:'',placeholder:"请输入密码"})
        .type(InputType.Password)
        .borderRadius(0)
        .backgroundColor(Color.White)
        .fontSize(25)
        .placeholderFont({size:25}).layoutWeight（1）
      }
      .border({width:{bottom:1},color:"#E5E5E5"})
      .padding({ top:10,bottom:10 })
    }

    Row(){
      Text(){
        Span("还没有账号?").fontColor("#8E8E8E")
        Span("立即注册").fontColor("#3480FF").onClick(()=>{
        })
      }
    }
    .width('100%')
    .margin({top:8})

    Button("登录").width('100%').margin({top:20})
      .onClick(()=>{
```

```
        })

        Row({space:40}){
        Text(this.isPhoneLogin ? "账号密码登录" : '手机快捷登录')
          .fontColor('#3480FF')
          .onClick(()=>{
            this.isPhoneLogin = !this.isPhoneLogin
          })
         Text("忘记密码")
          .fontColor('#8E8E8E')
        }
        .width('100%')
        .margin({top:35})
        .justifyContent(FlexAlign.Center)
      }
      .padding(20)
      .height('100%')
      .width('100%')

      if (this.showLoading)
       LoadingProgress()
        .width(80)
    }
  }
}
```

2. 步骤2：获取用户输入数据

第一步完成了静态界面制作，接下来需要获取用户界面输入的数据，以作为后续请求后端接口的参数进行传递。

（1）封装登录界面数据对象

新建model/LoginUserModel，用于存取界面上用户输入的数据，代码如下。

```
export class LoginUserModel {
 // 账号密码登录
 username?: string ;
 password?: string ;
 // 手机登录
 code?: string ;
 loginname?: string ;
}
```

其中，username表示用户名，password表示密码，code表示手机验证码，loginname表示手机号。

（2）登录界面绑定数据

在登录界面LoginPage引入model，并绑定到表单，代码如下。

```
import { LoginUserModel } from '../model/LoginUserModel';
...
@State loginUser:LoginUserModel = {}
...
TextInput({text:$$this.loginUser.loginname,placeholder:"请输入手机号"})
...
TextInput({text:$$this.loginUser.code,placeholder:"请输入验证码"})
...
TextInput({text:$$this.loginUser.username,placeholder:"请输入账号"})
...
TextInput({text:$$this.loginUser.password,placeholder:"请输入密码"})
...
```

（3）绑定登录按钮事件

登录事件中获取输入数据，按钮点击绑定调用登录方法，代码如下。

```
Button("登录")
      .width('100%')
      .margin({ top: 20 })
      .onClick(() => {
        this.login()
      })
…
 login() {
  this.showLoading = true
  if (this.isPhoneLogin){ //手机号登录
   console.log(this.loginUser.loginname,this.loginUser.code); //获取手机号和验证码
  }else { //账号密码登录
   console.log(this.loginUser.username,this.loginUser.password); //获取账号和密码
  }
 }
```

3. 步骤3：封装后端返回数据对象

后端接口返回的数据需要在界面进行接收，因此需要先定义接收的数据对象。该对象通常包括了后端返回的主要信息，如是否调用成功、后端返回编码及具体结果等。该对象作为处理后端返回数据的通用模板。

model下新建ResponseData文件，主要字段如下。

```
/**
 * 泛型类 ResponseData 用于表示 API 调用的响应数据
 * 它包含了成功状态、消息提示、错误代码和返回结果等信息
 *
 * @template T 泛型参数，代表响应数据中结果的类型
 */
export class ResponseData<T = null | undefined> {
 /**
  * 表示 API 调用是否成功
```

```
 * 默认为 true，如果为 false，可以通过 message 属性获取错误信息
 */
success?:boolean

/**
 * API 调用的结果消息
 * 当 API 调用失败时，通常会提供错误信息
 */
message?:string

/**
 * API 调用的返回代码
 * 用于标识调用的各种状态，不同状态代码可能对应不同的处理逻辑
 */
code?:number

/**
 * API 调用的结果数据
 * 类型由泛型参数 T 指定，可以根据不同的调用返回不同的数据类型
 */
result?:T

/**
 * API 调用的时间戳
 * 记录了响应数据生成的时间，可用于后续处理中判断数据的新旧和时效性
 */
timestamp?:number
}
```

4. 步骤4：封装本地存储类

接口端返回数据后，有些数据（用户信息、token等）需要进行本地存储。本步骤定义工具类用于数据本地持久化处理，新建util目录，新建PreferencesUtil类，代码如下。

```
import { preferences } from "@kit.ArkData";

export class PreferencesUtil {
 static context:Context = AppStorage.get("context") as Context

 static map:Map<string,preferences.Preferences> = new Map()

 static getPreference(name:string) : preferences.Preferences{

  if (PreferencesUtil.map.has(name)){
```

```
    return PreferencesUtil.map.get(name)!
  }

  // 异步返回 Preferences 对象
  // preferences.getPreferences(PreferencesUtil.context,name).then()
  let options: preferences.Options = {
    name: name
  }
  // 同步获取 Preferences 对象
  let preference: preferences.Preferences | undefined = undefined
  try {
    preference = preferences.getPreferencesSync(PreferencesUtil.context,options)
  } catch (err) {
    console.log("获取首选项失败",err.code,err.message)
  }
  /*// 监听所有的数据改变
  preference.on("change",(key:string)=>{
    console.log("preference change:",key)
  })
  // 监听指定的数据改变
  preference.on("dataChange",['a','b'],(record:Record<string,preferences.ValueType>)=>{
    console.log("dataChange:",JSON.stringify(record))
  })*/
  PreferencesUtil.map.set(name,preference!)
  return preference!
}

/**
 * 获取首选项中指定的值
 * @param name
 * @param key
 * @returns
 */
static getValue(name:string, key:string):preferences.ValueType{
  // 获取首选项的对象
  let pref = PreferencesUtil.getPreference(name)
  // 同步获取对应的值，第二个参数是默认值。如果有指定的key就返回对应的值，如果没有就返回
默认值。
  return pref.getSync(key,"")
}

/**
```

```
 * 查询所有的数据
 * @param name
 * @returns
 */
static getAllValue(name:string):object{
  // 获取首选项的对象
  let pref = PreferencesUtil.getPreference(name)
  return pref.getAllSync()
}

/**
 * 设置首选项中的值
 * @param name
 * @param key
 * @param value
 */
static putValue(name:string,key:string,value:preferences.ValueType){
  try {
    // 获取首选项的对象
    let pref = PreferencesUtil.getPreference(name)
    // 将值放入首选项
    pref.putSync(key, value)
    // 持久化
    pref.flush()
  } catch (err){
    console.log("放数据到首选项失败",err.code,err.message)
  }
}

/**
 * 删除指定的key
 * @param name
 * @param key
 */
static deleteKey(name:string, key:string){
  // 获取首选项的对象
  let pref = PreferencesUtil.getPreference(name)
  // 同步删除对应的数据
  pref.deleteSync(key)
  // 持久化
  pref.flush()
```

```
  }

  /**
   * 清空指定的首选项
   * @param name
   */
  static clear(name:string){
    // 获取首选项的对象
    let pref = PreferencesUtil.getPreference(name)
    // 同步清空对应的值
    pref.clearSync()
    // 持久化
    pref.flush()
  }

  /**
   * 删除对应的首选项
   * @param name
   */
  static deletePreference(name:string){
    preferences.deletePreferences(PreferencesUtil.context,name)
  }
}
```

该类中主要封装了数据的本地持久化存储和获取方法。

5. 步骤5：封装通用工具类

为了提高系统的可维护性，减少代码重复，需要将常见工具类进行封装。

（1）封装常量类

系统中的配置变量（如请求的接口URL等）配置到常量类中，后续如果需要变更方便维护。常量类代码如下。

```
export const BASE_URL = "http://192.168.0.23"
// 后端接口部分
export const PORT_10000 = ":10000"
export const PORT_10001 = ":10001"
export const PORT_10002 = ":10002"
export const PORT_10003 = ":10003"
export const PORT_10005 = ":10005"

export const BASE_URL_10000 = BASE_URL + PORT_10000
export const BASE_URL_10001 =  BASE_URL + PORT_10001
export const BASE_URL_10002 =  BASE_URL + PORT_10002
export const BASE_URL_10003 =  BASE_URL + PORT_10003
```

```
export const BASE_URL_10005 =  BASE_URL + PORT_10005

//用户模块首选项常量
export const USER_PREF = "user_pref"
// 用户token常量
export const TOKEN = "user_token"
// 用户信息常量
export const USER_INFO = "user_info"
```

（2）封装MD5加密工具类

用于登录时需要用到MD5加密，因此需要封装基于MD5的加密工具类。

安装checksum，在终端窗口运行以下命令。

```
ohpm i @ohos/checksum
util下新建MD5Util类
import { Checksum } from "@ohos/checksum";

/**
 *  ohpm install @ohos/checksum

 */
export class MD5Util {
  static md5(str: string): string {
    return new Checksum().checksum(str,{algorithm:"md5"})
  }
}
```

（3）封装用户工具类

用户首次登录后，需要将接口后端返回的token等信息存储到本地，在后续接口请求中携带该token。因此考虑将用户相关的功能封装为通用工具类。

在util下新建UserUtil类，代码如下。

```
import { TOKEN, USER_PREF } from "../constant/Constant";
import { PreferencesUtil } from "./PreferencesUtil";

/**
 * 用户工具类
 */
export class UserUtil {
  /**
   * 设置用户认证令牌
   *
   * 该方法用于将用户认证令牌保存到用户偏好设置中
   *
   * @param token {string} - 用户认证令牌字符串
```

```
  */
  static setToken (token:string) {
    PreferencesUtil.putValue(USER_PREF,TOKEN,token)
  }

  /**
   * 获取用户认证令牌
   *
   * 该方法用于从用户偏好设置中读取存储的用户认证令牌
   *
   * @returns {string} - 返回存储的用户认证令牌字符串
   */
  static getToken () : string {
    return PreferencesUtil.getValue(USER_PREF,TOKEN) as string
  }

  /**
   * 清除用户认证令牌
   *
   * 该方法用于从用户偏好设置中删除用户认证令牌
   */
  static clearToken () {
    PreferencesUtil.deleteKey(USER_PREF,TOKEN)
  }
}
```

该类中，主要封装了获取和清除token的方法。

（4）封装请求工具类

前后端项目数据交互时，需要使用HTTP请求。为了减少重复代码，将请求相关功能进行封装。在util文件夹下新建HttpUtil类，代码如下。

```
import { http } from "@kit.NetworkKit";
import { ResponseData } from "../model/ResponseData";
import { UserUtil } from "./UserUtil";

export namespace HttpUtil {

  /**
   * 发送一个http请求，并且得到响应
   * @param url
   * @param method
   * @param params
   * @param headers
```

```
 * @returns
 */
export async function request (url:string,method:http.RequestMethod = http.RequestMethod.GET,params?:
object,headers?:object,requestDataType:string   =   "application/json;charset=utf-8"):Promise<http.HttpRe-
sponse>{

  let paramsResult = ""
  // 判断请求方式 添加参数
  // get 请求需要将参数拼接到 url 后面
  if ( params && (method == http.RequestMethod.GET || (method == http.RequestMethod.POST && re-
questDataType == "application/x-www-form-urlencoded"))){
   // 先把参数中的所有属性名获取出来
   let keys = Object.keys(params) // 获取所有的属性名，是一个 Set 集合
   if (keys.length){
    // 假设 params = {a:1,b:2,c?} map=> [a=1,b=2] join => ?a=1&b=2
    paramsResult =  keys.map(key=>{
     let value:object = params[key]
     if (value == null || value == undefined){
      return ""
     } else {
      return key + "=" + params[key]
     }
    }).join("&") // 将每一个元素进行&拼接
    if (method == http.RequestMethod.GET)
     url += "?" + paramsResult
   }
  }
  // if (method != http.RequestMethod.GET && params ){ // 如果不是 get 请求并且带参数，那么参数都
是 json 类型
  // 告诉服务器参数是 json 类型
  if(!headers){
   headers = new Object()
  }
  // headers['Content-Type'] = "application/json;charset=utf-8"
  // headers['Content-Type'] = "application/x-www-form-urlencoded"
  headers['Content-Type'] = requestDataType
  let token = UserUtil.getToken()
  if (token){
   headers['x-access-token'] = token
  }
  console.log(url + "开始请求")
  console.log(url + "开始请求" + token)
```

```
  // }

  // 创建请求对象,每一个请求都需要单独创建请求对象
  let httpClient:http.HttpRequest = http.createHttp()
  // 请求选项
  let options:http.HttpRequestOptions = {
    method:method, // 请求方式
    extraData:method == http.RequestMethod.GET ? "" : requestDataType == "application/json;charset=
utf-8" ? params : paramsResult, // 请求参数
    header:headers, // 请求头
    connectTimeout:5000,// 连接超时时间
  }
  console.log(url + "开始请求" + JSON.stringify(options))
  // 发送请求
  let response = await httpClient.request(url,options)

  httpClient.destroy() // 销毁请求对象
  return response
}

/**
 * 请求一个接口，并且得到响应体中的数据
 * @param url
 * @param method
 * @param params
 * @param headers
 * @returns
 */
export async function requestNormal <T>(url:string,method:http.RequestMethod = http.RequestMethod.
GET,params?:object,headers?:object,requestDataType:string = "application/json;charset=utf-8"):Promise<
ResponseData<T>>{
  let response = await request(url,method,params,headers,requestDataType)

  return new Promise<ResponseData<T>>((resolve,reject)=>{
    console.log(url + "请求结果" + response.result)
    if (response.responseCode == 200){
      let result = JSON.parse(response.result as string) as ResponseData<T>
      resolve(result)
    } else {
      let result = JSON.parse(response.result as string) as ResponseData<T>
      reject(result.message)
```

```
    }
  })
 }

 /**
  * 发起普通的POST请求，用于发送数据并获取常规数据响应
  *
  * @param url 请求的URL地址
  * @param params 请求的参数，作为请求体发送
  * @param headers 请求头信息
  * @param requestDataType 请求数据的类型，默认为'application/json;charset=utf-8'
  * @returns 返回一个Promise对象，包含封装后的响应数据
  */
 export function postNormal<T>(url:string,params?:object,headers?:object,requestDataType:string = "application/json;charset=utf-8"):Promise<ResponseData<T>>{
   return requestNormal<T>(url,http.RequestMethod.POST,params,headers,requestDataType)
 }
}
```

6. 步骤6：完成登录功能开发

通用功能封装完成后，接下来专注于实现注册功能的业务逻辑。主要包含登录接口的请求处理、返回数据的封装等功能。

（1）封装返回的登录数据类型

如果采用手机号验证码登录方式，需要先获取验证码，因此需要封装调用获取验证码接口后返回的验证码数据结构。

```
model下新建SMSCodeModel类，用于标识后端接口返回的验证码对象。
export class SMSCodeModel {
 // 发送验证码
 mobile?: string ;
 // 业务码
 smsmode?: number ;
}
```

无论采用手机验证码登录还是使用账号密码登录，后端接口都会返回相同的数据，主要包含后端返回的token信息。

```
model下新建LoginResponse类，用于标识后端返回的登录对象。
export class LoginResponse {
 type?:number
 token?:string
}
```

（2）封装网络请求类

获取到界面输入数据后，需要通过http请求后端接口。新建request目录，新建API类，实现手机登录和账号密码登录功能，代码如下。

```
import { BASE_URL_10005 } from "../constant/Constant";
import { LoginResponse } from "../model/LoginResponse";
import { LoginUserModel } from "../model/LoginUserModel";
import { ResponseData } from "../model/ResponseData";
import { HttpUtil } from "../util/HttpUtil";
import { SMSCodeModel } from "../model/SMSCodeModel";

/**
 * 手机登录功能
 *
 * @param loginUser 登录用户模型，包含登录所需的信息
 * @returns 返回一个Promise，包含登录响应数据
 *
 * 该函数通过发送POST请求到指定URL实现手机登录
 * 使用正常的POST请求方式，传递用户登录信息
 */
export const phoneLogin:(loginUser:LoginUserModel)=>Promise<ResponseData<LoginResponse>> = (loginUser:LoginUserModel):Promise<ResponseData<LoginResponse>>=>
HttpUtil.postNormal<LoginResponse>(BASE_URL_10005 + "/zltacenter/zltedu/ssoPhoneLogin", loginUser, undefined, "application/x-www-form-urlencoded")

/**
 * 用户登录函数
 *
 * 此函数负责发送用户登录请求到服务器，使用指定的HTTP工具方法和请求URL
 * 它的主要职责是封装登录请求的细节，以便在调用时不必直接处理HTTP请求的复杂性
 *
 * @param loginUser 登录用户模型，包含用户登录所需的信息，如用户名和密码
 * @returns 返回一个Promise对象，该对象解析为LoginResponse类型的ResponseData
 *          这允许调用者处理登录成功或失败的情况
 */
export const usernameAndPasswordLogin:(loginUser:LoginUserModel) =>Promise<ResponseData<LoginResponse>> = (loginUser:LoginUserModel):Promise<ResponseData<LoginResponse>>=>{
 // 使用HttpUtil库中的postNorma方法发送POST请求到指定的URL
 // 请求的URL是BASE_URL_10005常量加上路径"/zltacenter/zltedu/login"
 // loginUser对象作为请求的payload传递，包含登录所需的用户信息
 // 使用"application/x-www-form-urlencoded"作为请求的内容类型，这是在URL编码的形式数据
  return HttpUtil.postNormal<LoginResponse>(BASE_URL_10005 + "/zltacenter/zltedu/login",loginUser,
undefined,"application/x-www-form-urlencoded")
}

/**
```

```
* 获取手机验证码
*
* @param smsCode 短信验证码模型，包含获取验证码所需的信息
* @returns 返回一个Promise，包含响应数据
*
* 该函数通过发送POST请求到指定URL以获取手机验证码
* 使用正常的POST请求方式，传递获取验证码所需的信息
*/
export const getPhoneCode:(smsCode:SMSCodeModel)=>Promise<ResponseData> = (smsCode:SMSCode-
Model):Promise<ResponseData>=>
HttpUtil.postNormal(BASE_URL_10005 + "/zltacenter/zltlogin/sendiphone", smsCode, undefined, "applica-
tion/x-www-form-urlencoded")
```

该类中定义了获取手机号的方法getPhoneCode，通过账号密码登录的方法usernameAndPasswordLogin，以及通过手机号验证码登录的方法phoneLogin。

（3）界面绑定登录事件并完成登录功能

在界面上需要为登录按钮绑定登录事件，在该事件中获取用户输入数据，进行合法性检查后调用后端接口，实现登录功能。

修改LoginPage，完成登录功能，代码如下。

```
...
import { promptAction } from '@kit.ArkUI';
import { UserUtil } from '../util/UserUtil';
import { LoginResponse } from '../model/LoginResponse';
import { ResponseData } from '../model/ResponseData';
import { getPhoneCode, phoneLogin, usernameAndPasswordLogin } from '../request/API';
import { MD5Util } from '../util/MD5Util';
import { SMSCodeModel } from '../model/SMSCodeModel';
...

 /**
  * 获取验证码，并让验证码按钮倒计时60s
  */
 getCode(){
  // 获取验证码
  // 1. 校验手机号是否为空
  if (!this.loginUser.loginname){
   promptAction.showToast({message:"手机号不能为空"})
   return
  }
  // 2. 校验手机号是否合法
  if (!this.loginUser.loginname.match(/^1[3456789]\d{9}$/)){
   promptAction.showToast({message:"手机号不合法"})
```

```
    return
  }
  // 3. 发送请求获取验证码
  let userParams:SMSCodeModel = {
    mobile:this.loginUser.loginname,
    smsmode:0
  }
  this.showLoading = true
  getPhoneCode(userParams).then((result:ResponseData)=>{
    if (result.success && result.code == 200){
      promptAction.showToast({message:result.message})
      // 4. 倒计时 60s
      let count = 60
      let timer = setInterval(()=>{
        this.codeButtonText = count + "s"
        this.codeButtonState = false
        count--
        if (count < 0){
          clearInterval(timer)
          this.codeButtonText = '验证码'
          this.codeButtonState = true
        }
      },1000)
    } else {
      promptAction.showToast({message:result.message})
    }
  }).finally(()=>{
    this.showLoading = false
  })

}

login(){
  this.showLoading = true
  if (this.isPhoneLogin){
    // 校验账号不能为空
    if (!this.loginUser.loginname){
      promptAction.showToast({message:"用户名不能为空"})
      return
    }
    // 校验验证码不能为空
    if (!this.loginUser.code){
```

```
    promptAction.showToast({message:"验证码不能为空"})
    return
  }
  let userParams:LoginUserModel = {
    loginname:this.loginUser.loginname,
    code:this.loginUser.code
  }

  phoneLogin(userParams).then((data:ResponseData<LoginResponse>)=>{
    this.handleLogin(data)
  }).finally(()=>{
    this.showLoading = false
  })
} else {

  //校验账号不能为空
  if (!this.loginUser.username){
    promptAction.showToast({message:"账号不能为空"})
    return
  }
  //校验密码不能为空
  if (!this.loginUser.password){
    promptAction.showToast({message:"密码不能为空"})
    return
  }
  let userParams:LoginUserModel = {
    username:this.loginUser.username,
    password:MD5Util.md5(this.loginUser.password!)
  }
  usernameAndPasswordLogin(userParams).then((data:ResponseData<LoginResponse>)=>{
    this.handleLogin(data)
  }).catch((err:string)=>{
    console.log("账号密码登录错误",JSON.stringify(err))
  }).finally(()=>{
    this.showLoading = false
  })
 }
}

handleLogin(result:ResponseData<LoginResponse>){
  console.log(JSON.stringify(result))
```

```
  if(result.success && result.code == 200){
    let res = JSON.parse(result.result as string) as LoginResponse
    UserUtil.setToken(res.token as string)
    this.loginUser = {}
    // todo:跳转到主页
  } else {
    promptAction.showToast({message:result.message})


  }
 }


...
Button(this.codeButtonText)
        .enabled(this.codeButtonState)
        .onClick(() => {
         this.getCode() //获取短信验证码
        })
...
由于数据持久化用到了context上下文对象，因此需要在UIAbility中获取。
打开EntryAbility文件，获取context对象并存储。
...
import { PreferencesUtil } from '../util/PreferencesUtil';
...


onCreate(want: Want, launchParam: AbilityConstant.LaunchParam): void {
 ...
  AppStorage.setOrCreate("context",this.context)
  PreferencesUtil.context = this.context
}
...
```

使用项目四中注册的账号进行登录，分别通过预览、模拟器和真机进行测试，均可成功登录。

至此，登录功能已全部实现。

二、职业知识

MD5信息摘要算法（MD5 Message-Digest Algorithm）是一种被广泛使用的密码散列函数，可以产生出一个128位（16字节）的散列值（hash value），用于验证信息在传输过程中的完整性与一致性。MD5由美国密码学家罗纳德·里维斯特（Ronald Linn Rivest）于1992年公开发布，旨在取代MD4算法，并在RFC 1321标准中被采用。由于安全性原因，专家普遍建议改用SHA-2等其他算法。2004年的研究表明，MD5无法防止碰撞，因此不再适用于SSL公钥认证或数字签名等安全性较高的场景。

MD5算法的原理可简要叙述为：MD5码以512位分组来处理输入的信息，且每一分组又被划分为16个32位子分组；经过一系列的处理后，算法的输出由四个32位分组组成；将这四个32位分组级联后生成一个128位的散列值。

整体流程如图6-8所示，每一轮运算都基于上一轮的128位结果值和当前512比特（bit）值进行。

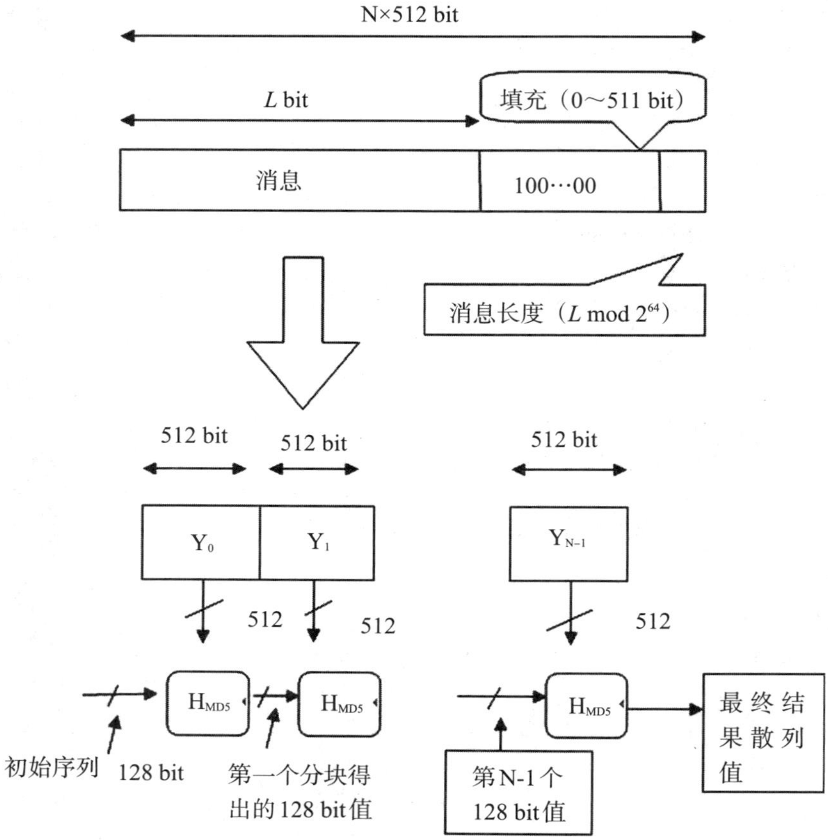

图6-8　MD5算法整体流程

本项目采用已经封装的第三方库实现MD5算法。checksum库支持计算MD5、SHA-1等典型散列函数。

仓库地址：https://ohpm.openharmony.cn/#/cn/detail/@ohos%2Fchecksum。使用前先进行安装，随后参考文档调用相关接口即可。

任务三　我的班级模块开发

一、职业行动

用户通过手机号或账号密码登录成功后，进入系统主界面。主界面包含我的班级、我的课程。其界面效果如图6-9所示。

图6-9　我的班级主界面

在我的班级界面，选择已加入的班级，即可展现分配给该班级的课程，并可以分阶段展示。在我的课程界面，可以搜索和查看分配的课程，点击即可进入课程详情页面。

本任务主要实现我的班级模块及对应的课程展示功能。主界面分为我的班级和我的课程两个模块，通过点击顶部tab栏进行切换。由于我的班级和我的课程界面都涉及课程列表，因此采用自定义组件封装的方式来实现代码复用。

1. 步骤1：主界面框架搭建

先搭建主界面框架，完成基本布局设计。修改pages/index文件，代码如下。

```
@Entry
@Component
struct Index {
  @State currentIndex: number = 0
```

```
build() {
  Column() {
    // 顶部
    Row() {
      Row({ space: 10 }) {
        Text('我的班级').fontColor(this.currentIndex == 0 ? "#7C80FF" : "#484865")
          .fontSize(20)
          .onClick(() => this.currentIndex = 0)
        Text('我的课程').fontColor(this.currentIndex == 1 ? "#7C80FF" : "#484865")
          .fontSize(20)
          .onClick(() => this.currentIndex = 1)
      }

      Row({ space: 10 }) {
        Image($r('app.media.msg'))
          .width(25)
          .onClick(() => {
            // todo:跳转到消息界面
          })
        Image($r('app.media.signOut'))
          .width(25)
          .onClick(() => {
            AlertDialog.show({
              title: "警告",
              message: '是否退出登录',
              alignment: DialogAlignment.Center,
              buttons: [
                {
                  value: "取消",
                  action: () => {
                  }
                },
                {
                  value: "确定",
                  action: () => {
                    // todo:退出登录
                    // PreferencesUtil.deleteKey(USER_PREF,TOKEN)
                    // router.replaceUrl({url:"pages/LoginPage"})
                  }
                }
              ]
            })
          })
```

```
      }
    }
    .width('100%')
    .justifyContent(FlexAlign.SpaceBetween)

    // 主体内容
    if (this.currentIndex == 0) { // 我的班级
      // todo:班级列表组件
      Text('班级列表')
    } else if (this.currentIndex == 1) { // 我的课程
      // todo:课程列表组件
      Text('课程列表')
    }
  }
  .padding(20)
  .height('100%')
  .width('100%')
 }
}
```

主界面通过Column和Row线性布局完成界面布局，通过定义变量和条件语句来实现用户不同选择下的界面效果。其中主体内容中的我的班级和我的课程先用占位符，后续自定义组件后进行替换即可。

2. 步骤2：封装获取课程列表方法

我的班级和我的课程都涉及课程列表的显示，因此需要先定义获取课程列表数据的方法。

（1）封装通过get请求方法

修改HttpUtil文件：HttpUtil.ts添加发起普通Get请求的方法，代码如下。

```
...
/**
 * 发起普通的GET请求，用于获取常规数据响应
 *
 * @param url 请求的URL
 * @param params 请求的参数，将附加在URL后面
 * @param headers 请求头信息
 * @returns 返回一个Promise，包含封装后的响应数据
 */
 export function getNormal<T>(url:string,params?:object,headers?:object):Promise<ResponseData<T>>{
   return requestNormal<T>(url,http.RequestMethod.GET,params,headers, "application/x-www-form-urlen-
coded")
 }
...
```

（2）封装获取课程列表的方法

修改API文件：添加通过班级ID获取课程列表的方法，代码如下。

```
...
// 班级课程信息-获取班级-课程信息
export const getCourseListByClassId = (params:CoursePeriodModel):Promise<ResponseData<CoursePeriodModel[]>> => HttpUtil.getNormal(BASE_URL_10001 + "/classCourse/getListByClassId",params)
...
```

3. 步骤3：封装课程相关类

后端的课程列表数据中涉及课程阶段以及每个阶段下对应的课程详情信息。因此，需要先定义相关对象用于后端数据接收和界面数据渲染，代码如下。

（1）封装下拉菜单对象

```
model 目录下新建 ClassSelectModel 文件，用于记录用户选择的班级下拉菜单
export class ClassSelectModel {
 values?:string
 label?:string
}
```

（2）封装课程详情对象

在model目录新建CoursePeriodDetailModel文件，代码如下。

```
/**
 * 课程阶段详情
 */
export class CoursePeriodDetailModel {
    orderNo?: number = 0;
    isIng?: string = "";
    minutes?: string = "";
    videos?: string = "";
    videoNum?: number = 0;
    type?: string = "";
    parentId?: string = "";
    cover?: string = "";
    duration?: number = 0;
    classId?: string = "";
    name?: string = "";
    id?: string = "";
    creatorTime?: string = "";
    courseId?: string = "";
    userId?: string = "";
    top?:string = "";
    status?: string = "";
}
```

（3）封装课程阶段对象

班级课程是分阶段进行呈现的，因此需要封装对应的课程阶段对象。新建CoursePeriodPeriodModel对象，代码如下。

```
import { CoursePeriodDetailModel } from "./CoursePeriodDetailModel"

/**
 * 课程阶段
 */
export class CoursePeriodModel {
  id?:string
  type?: string
  courseId?: string
  parentId?: string
  classId?: string
  orderNo?: number
  name?: string
  sonList?: CoursePeriodDetailModel[]
}
```

4. 步骤4：封装和使用班级组件

我的班级组件主要分为顶部的班级列表选择和底部的课程列表两个部分。点击我的班级中的班级下拉列表，弹出班级选择对话框，选择对应的班级后，界面加载对应的课程列表，效果如图6-10所示。

图6-10　加载对应的课程列表效果

（1）封装我的班级组件

新建目录components，新建我的班级组件文件：MyClassComponent.tsx，实现我的班级主界面。主要实现班级选择及对应的接口列表布局，代码如下。

```
import { ClassSelectModel } from "../model/ClassSelectModel"
import { CoursePeriodModel } from "../model/CoursePeriodModel"
import { promptAction, router } from "@kit.ArkUI"
import { ResponseData } from "../model/ResponseData"
import { getCourseListByClassId } from "../request/API"

@Component
export struct MyClassComponent {
 @Prop @Watch("selectClassChange") myClasses: ClassSelectModel[] = [] //选择的班级
 @State @Watch("selectClassChange") selectClassIndex: number = 0 //班级下拉菜单弹出层中，选择的
班级对应的索引
 @State selectCoursePeriodIndex: number = 0 //班级对应的课程阶段索引
 @State showSelect: boolean = false // 显示选择班级弹窗
 @State courseList: CoursePeriodModel[] = [] // 课程阶段列表
 @State showCourse: CoursePeriodModel = {} //当前选择的课程阶段

 //课程下拉列表选择改变处理事件
 selectClassChange() {
  let classId = this.myClasses[this.selectClassIndex].values
  // 请求获取课程信息分类
  getCourseListByClassId({ classId })
   .then((result: ResponseData<CoursePeriodModel[]>) => {
    console.log("开始处理结果", result.success && result.code == 200)
    if (result.success && result.code == 200) {
     console.log("处理结果", JSON.stringify(result.result))
     if (result.result && result.result.length > 0) {
      this.courseList = result.result
      this.showCourse = this.courseList[this.selectCoursePeriodIndex]
      console.log(JSON.stringify(this.courseList))
     } else {
      console.log("没有阶段")
     }
    } else {
     promptAction.showToast({ message: result.message })
    }
   }).catch((err: string) => {
   promptAction.showToast({ message: err })
  })


}
```

```
//选择班级弹窗
@Builder
showSelectClass() {
 Column() {
  List({ space: 10 }) {
   ForEach(this.myClasses, (item: ClassSelectModel, index) => {
    ListItem() {
     Row() {
      Radio({
       group: "selectClass",
       value: item.values
      })
       .checked(this.selectClassIndex == index) //记录选择的班级索引

      Text(item.label)
       .fontSize(20)
       .maxLines（1）
       .textOverflow({ overflow: TextOverflow.Ellipsis })
     }
     .width('100%')
     .justifyContent(FlexAlign.Start)
     .onClick(() => {
      this.selectClassIndex = index //记录选择的班级索引
      this.selectCoursePeriodIndex = 0 //选择满级后，默认为选择该课程的第一阶段
      this.showSelect = false
     })
    }
    .width('100%')
    .height(30)
   })
  }
  .divider({ strokeWidth: 1 })
 }
 .padding(20)
}

build() {
 Column() {
  // 顶部班级选择及加入班级入口
  Row({ space: 10 }) {
```

```
  // 班级选择下拉菜单
  Row({ space: 10 }) {
   Text(this.myClasses.length > 0 ? this.myClasses[this.selectClassIndex].label : "")
    .layoutWeight（1）
    .fontColor(Color.White)
   Image($r('app.media.down_select'))
    .width(15)
    .fillColor(Color.White)
  }
  .layoutWeight（1）
  .bindSheet(this.showSelect, this.showSelectClass(), {
   showClose: true,
   height: 500,
   maskColor: "#7F7F7F",
   title: { title: "选择班级" }
  })
  .onClick(() => {
   this.showSelect = !this.showSelect
  })

  // 加入班级
  Button("加入新班")
   .backgroundColor(Color.White)
   .fontColor("#3C9CFF")
   .onClick((event: ClickEvent) => {
    // todo:跳转到加入班级界面
   })
 }
 .width('100%')
 .height(60)
 .backgroundColor("#3F85F9")
 .borderRadius（10）
 .padding（10）
 .margin(20)

 // 班级对应课程阶段
 List({ space: 10 }) {
  ForEach(this.courseList, (item: CoursePeriodModel, index: number) => {
   ListItem() {
    Text(item.name).fontColor(this.selectCoursePeriodIndex == index ? "#3B84FF" : "#484848")
     .onClick(() => {
```

```
          this.selectCoursePeriodIndex = index //当前选中的课程阶段索引
          this.showCourse = item // 当前选中的课程阶段
          console.log(JSON.stringify(this.showCourse))
          console.log((this.showCourse && this.showCourse.sonList && this.showCourse.sonList!.length >
0) + "")
        })
      }
    })
  }
  .listDirection(Axis.Horizontal)
  .height(30)
  .width('100%')

  // 课程列表
  // todo:课程列表组件
 }
 .width('100%')
}
}
```

其中的课程列表由于多个界面都会涉及，因此预留其位置，在后续步骤中将其封装为自定义的课程列表组件，然后直接引入该组件即可。

（2）使用我的班级组件

修改登录界面LoginPage：为登录按钮的事件处理绑定跳转到首页的操作，代码如下。

```
// todo:跳转到主页
router.replaceUrl({url:"pages/Index"})
```

修改API文件内容：添加用于获取班级列表的新方法，代码如下。

```
...
import { ClassSelectModel } from "../model/ClassSelectModel";
...

/**
 * 获取我的班级信息
 */
export const getMyClassList = ():Promise<ResponseData<ClassSelectModel[] >> => HttpUtil.getNormal
(BASE_URL_10001 + "/elpClass/getListSelectLabel")
```

新建UserModel文件：并在其中封装UserModel类，该类将用于存储和获取当前已登录用户的信息，代码如下。

```
export class UserModel {
    id?: string = "";
    account?: string = "";
    password?: string = "";
    salt?: string = "";
```

```
    nickName?: string = "";
    school?: string = "";
    grade?: string = "";
    professional?: string = "";
    avatar?: string = "";
    verity?: string = "";
    departId?: string = "";
    oldId?: string = "";
    defClass?: string = "";
    status?: string = "";
}
```

封装用户信息本地持久化方法，修改UserUtil文件，添加本地获取和设置用户方法，代码如下。

```
...
import { TOKEN, USER_PREF,USER_INFO } from "../constant/Constant";
import { UserModel } from "../model/UserModel";
...

...
 static getUserInfo () : UserModel {
   return PreferencesUtil.getValue(USER_PREF,USER_INFO) as UserModel
  }

  static setUserInfo(userInfo:UserModel){
   PreferencesUtil.putValue(USER_PREF,USER_INFO,userInfo)
  }
...
修改API文件，添加获取用户的方法
...
import { BASE_URL_10005,BASE_URL_10001,BASE_URL_10000} from "../constant/Constant";
import { UserModel } from "../model/UserModel";
...

/**
 * 获取用户信息
 *
 * 本函数通过发送HTTP GET请求，从指定的服务器获取用户信息
 * 使用了HttpUtil库来封装HTTP请求，使得代码更加简洁和可维护
 *
 * @returns {Promise<ResponseData<UserModel>>} 返回一个Promise对象，包含用户信息的响应数据
 *                    其中ResponseData是一个泛型，表示响应的状态码、消息和数据
 *                    UserModel指定了数据模型，表示用户信息的结构
 */
```

```
export const getUserInfo = ():Promise<ResponseData<UserModel>> => HttpUtil.getNormal(BASE_URL_
10000 + "/getElpUserInfo")

...
主界面加载班级数据，修改index文件，引入以上定义的我的班级组件：MyClassComponent
...
import { MyClassComponent } from '../components/MyClassComponent'
import { ClassSelectModel } from '../model/ClassSelectModel'
import { promptAction } from '@kit.ArkUI'
import { ResponseData } from '../model/ResponseData'
import { getMyClassList, getUserInfo } from '../request/API'
import { UserUtil } from '../util/UserUtil'
import { UserModel } from '../model/UserModel'
...

 @State myClasses: ClassSelectModel[] = [] //选择的我的班级

// 获取用户信息本地持久化并获取我的班级列表
 async aboutToAppear(): Promise<void> {
   try {
     let response:ResponseData<UserModel> = await getUserInfo()
     if (response.success && response.code == 200){
       UserUtil.setUserInfo(response.result!)   //token存储
       this.getMyClasses()
     } else {
       promptAction.showToast({message:response.message})
     }
   } catch (response){
     console.log("获取用户信息失败",response)
     promptAction.showToast({message:response,duration:800})
     setTimeout(()=>{
       router.replaceUrl({url:"pages/LoginPage"})
     },800)
   }

 }

 onPageShow(): void {
   this.getMyClasses()
 }

 //加载我的班级
```

```
  getMyClasses() {
    getMyClassList()
      .then((response: ResponseData<ClassSelectModel[]>) => {
        if (response.code == 200 && response.success) {
          this.myClasses = response.result!
        } else {
          promptAction.showToast({ message: response.message })
        }
      })
  }

// 主体内容
if (this.currentIndex == 0) { // 我的班级
  // todo:班级列表组件
  // Text('班级列表')  //我的班级组件
  MyClassComponent({myClasses:this.myClasses})
    .transition(TransitionEffect.OPACITY.animation({curve:Curve.Linear,duration:300}))

}
```

至此，选择不同的班级后，对应的课程阶段也会跟着发生变化。接下来，封装课程列表组件，实现选择不同的阶段后，呈现对应阶段的课程列表功能。

5. 步骤5：封装和使用课程列表组件

课程列表在项目中多处使用，因此需要将其封装为组件以提高复用性。

（1）封装课程列表组件

创建课程详情项组件，在components目录下新建CourseItemComponent文件，代码如下。

```
import { CoursePeriodDetailModel } from "../model/CoursePeriodDetailModel"
import { router } from "@kit.ArkUI"

@Component
export struct CourseItemComponent {
  @Prop course: CoursePeriodDetailModel

  build() {
    Row({ space: 20 }) {
      // 课程封面
      Image(this.course.cover)
        .height('100%')
        .aspectRatio(400 / 224)
        .objectFit(ImageFit.Contain)
        .onError(() => {
          this.course.cover = "https://qiniu.cdn.zhiliaotang.cn/693a6de0ee9f4c0cb7893eca50cdf78a.jpg"
```

```
    })

   // 课程详情
   Column() {
    Column() {
     Text(this.course.name)
      .maxLines（3）
      .textOverflow({ overflow: TextOverflow.Ellipsis })
     Row({ space: 20 }) {
      Text('共${this.course.videoNum}节')
       .fontSize(13)
      Text('学习中')
       .fontSize(13)
       .fontColor('#3480FF')
     }
     .justifyContent(FlexAlign.Start)
     .width('100%')
    }
    .width('100%')
    .layoutWeight（1）
    .justifyContent(FlexAlign.SpaceBetween)

    Row() {
     Button('继续学习')
      .fontSize(12)
      .height(25)
      .width(80)
      .onClick(() => {
       router.pushUrl({ url: "pages/VideoPlayPage", params: this.course })
      })
    }
    .justifyContent(FlexAlign.End)
    .width('100%')
   }
   .layoutWeight（1）
   .alignItems(HorizontalAlign.Start)
  }
  .width('100%')
  .height(120)
 }
}
```

```
创建课程列表组件，在components目录下新建CourseListComponent文件：
import { CoursePeriodDetailModel } from "../model/CoursePeriodDetailModel"
import { CoursePeriodModel } from "../model/CoursePeriodModel"
import { CourseItemComponent } from "./CourseItemComponent"

@Component
export struct CourseListComponent {
 @Prop coursePeriod: CoursePeriodModel //课程阶段

 build() {
  Column() {
   if (!this.coursePeriod.sonList) {
    Row() {
     Text('没有课程')
      .fontColor("#71ABE8")
    }
    .width('100%')
    .justifyContent(FlexAlign.Center)
   } else if (this.coursePeriod.sonList!.length > 0) {
    List({ space: 10 }) {
     ForEach(this.coursePeriod.sonList, (item: CoursePeriodDetailModel, index: number) => {
      ListItem() {
       CourseItemComponent({ course: item })
      }
     })
    }
    .scrollBar(BarState.Off)
   } else {
    Row() {
     Text('没有课程')
      .fontColor("#71ABE8")
    }
    .width('100%')
    .justifyContent(FlexAlign.Center)
   }
  }
  .width('100%')
 }
}
```

（2）使用课程列表组件

修改我的课程组件MyClassComponent，引入自定义课程列表组件，代码如下。

```
...
import { CourseListComponent } from "./CourseListComponent"
...

// 课程列表
// todo:课程列表组件
CourseListComponent({coursePeriod:this.showCourse}).layoutWeight（1）
...
```

选择不同的班级后，点击不同的阶段，即可查看该阶段下的课程列表。

至此，我的班级界面及其功能已全部开发完成。

四、职业知识

ArkUI（方舟UI框架）为应用的UI开发提供了完整的基础设施，包括简洁的UI语法、丰富的UI功能（组件、布局、动画以及交互事件），以及实时界面预览工具等，可以支持开发者进行可视化界面开发。

针对不同的应用场景及技术背景，方舟UI框架提供了两种开发范式：分别是基于ArkTS的声明式开发范式和兼容JS的类Web开发范式。

1. 声明式开发范式

采用基于TypeScript声明式UI语法扩展而来的ArkTS语言，从组件、动画和状态管理三个维度提供UI绘制能力。

2. 类Web开发范式

采用经典的HML、CSS、JavaScript三段式开发方式，即使用HML标签文件搭建布局、使用CSS文件描述样式、使用JavaScript文件处理逻辑。这种范式更符合Web前端开发者的使用习惯，便于快速将已有的Web应用改造成方舟UI框架应用（如图6-11所示）。

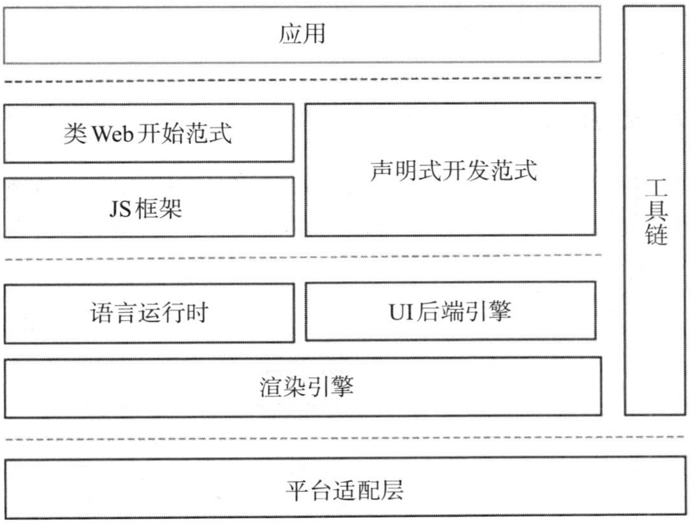

图6-11 方舟UI框架示意图

学习考评

一、考评项目

根据本项目所学内容，完成对在线学习平台鸿蒙客户端APP的功能开发，包括用户登录功能、我的班级模块、用户在线学习模块、我的课程模块等的开发。

二、实施准备

1. 学生准备工作与要求

学生按照教学进度计划，在完成以下所有任务后，可进行相应学习考评的实施。

（1）理解并掌握学习考评需要的相关理论、知识和方法，能应用这些知识进行相关功能模块的开发。

（2）按时、按质量要求完成相应的任务作业。

（3）按规定独立完成相关软件环境的安装和配置。

（4）在安装环境过程中，能快速借助网络和AI工具解决问题。

2. 教师准备工作与要求

（1）在安排学生实施学习考评前，应确保学生已经清楚地了解在线学习平台项目开发的技术选型，并确保已对相关软件的安装和配置做过相关的实操训练。

（2）通过学生课堂问题研讨、作业、实操及其他方式，确认学生已经具备实施学习考评所需要的知识、技能和能力集成，特别是ArkTS、ArkUI等方面的知识要点。

（3）对协助教师完成测评的学生进行测评方法和监督方法的培训，确保测评结果的准确性、公平性。

（4）提前准备好相关软件安装包。

（5）准备好测评记录。

三、验证方法与标准

（1）每位测评人员负责对10名学生进行定点、全过程的监督和测评。

（2）详细记录学生在实施学习考评过程中的相关信息、数据、结果、操作方法、完成时间以及出现错误、事故等情况。

（3）每个学习考评的环境安装和配置、问题解决等操作要求在90 min内完成。时间不够可以申请延长时间，总时长不超过120 min。

（4）考评内容及评分标准如表6-1所示。

表6-1　考评内容及评分标准

序号	评分项	得分条件	评分标准	配分	扣分
1	态度	□1.不作弊，确保环境从零开始安装和配置 □2.不超时，确保在规定时间内完成环境的安装和配置 □3.独立解决问题，不抄袭	未完成其中1项扣4分，总扣分不得超过12分	12	
2	专业技能	□1.能正确完成用户登录注册功能开发 □2.能正确完成用户班级管理模块开发 □3.能正确完成用户在线学习模块开发 □4.能正确完成视频在线播放及防盗链功能开发 □5.能正确完成用户资料下载功能模块开发 □6.能正确完成纠错功能模块开发	未完成其中1项扣10分，总扣分不得超过60分	60	
3	资料、信息查询能力	□1.能正确使用手册查询资料 □2.能正确使用网络查询资料 □3.能正确记录查询资料出处 □4.能正确记录所需的关键信息 □5.能正确使用AI工具辅助查询	未完成其中1项扣2分，总扣分不得超过10分	10	
4	总结归纳能力	□能将所学知识归纳为思维导图	未完成其中1项扣18分，总扣分不得超过18分	18	
合计				100	

拓展阅读

随着信息技术的迅猛发展，国产化步伐日益加快，鸿蒙系统作为华为自主研发的智能终端操作系统已崭露头角。本课程通过HarmonyOS NEXT的鸿蒙原生应用开发教学，旨在帮助学生掌握鸿蒙系统开发技能，并在国产化背景下厚植爱国情怀、激发创新精神，锤炼实践能力。

作为新时代大学生，应当自觉肩负起社会责任。在课程思政环节中，深刻领会核心技术自主可控的战略意义，主动践行版权保护，为夯实操作系统底层能力贡献力量。

项目七

学习平台项目测试及安全加固

一、项目描述

学习平台的功能开发完成后，需要进行测试以确保软件交付质量。常见的测试方法包括单元测试、黑盒测试、白盒测试、性能测试、自动化测试、安全测试等。针对测试提出的问题，需要形成测试报告并提出修改意见反馈给开发人员进行问题修复。

本项目结合学习平台功能需求，完成黑盒测试、白盒测试及安全性测试，并完成相关报告文档的编写。

二、项目要求

根据目前企业级开发的技术要求，通过使用echarts图形报表，学习什么是平台大屏系统功能，掌握如何在企业级项目中进行大屏系统图表的开发。

（1）黑盒测试及测试报告编写。

（2）安全性测试及测试报告编写。

（3）项目安全加固。

三、学习目标

（1）掌握如何对项目进行黑盒测试。

（2）掌握如何对项目进行安全性测试。

（3）掌握如何对项目进行安全加固。

四、工作场景

软件开发过程中，软件工程师一般会对接口代码进行单元测试，但这难以确保系统在集成时各模块之间不会互相影响，因此还需要专门针对系统的功能和性能进行全面的整体测试，确保各项功能正常使用，系统性能达到预期要求。

此外，还需要对系统进行全面的安全性测试和安全加固。这一般由测试工程师或安全运维工程师来完成，测试完成后会给出相应的测试报告和整改建议，必要时交由技术人员进行调整后再次验证，以确保程序上线后的稳定运行。

任务一 黑盒测试及测试报告编写

一、职业行动

学习平台项目开发完成后，需要由测试人员进行功能测试，以确保程序功能正确达到预期目标，测试完成后形成测试报告，并针对存在的问题及时反馈给技术人员进行整改。本任务以学习平台用户端的登录功能为例，演示黑盒测试的方法及测试报告编写规范。

1. 步骤1：编写功能测试用例

（1）明确被测试对象

学习平台用户端登录功能。以用户手机号码和密码登录功能为测试目标，编写功能测试用例，并完成功能测试。

（2）明确测试范围与目的

验证功能正确性：确保软件的功能按照需求文档和设计文档正确实现。

发现缺陷：通过测试发现软件中的错误、缺陷或不符合预期的行为。

（3）编写功能测试用例（如表7-1所示）

表7-1 编写功能测试用例

<table>
<tr><td>功能A描述</td><td colspan="2">用户使用手机号码和密码进行登录</td></tr>
<tr><td>用例目的</td><td colspan="2">测试手机号码和密码都正确的情况下是否能进入系统首页</td></tr>
<tr><td>前提条件</td><td colspan="2">用户进入到登录页面，输入手机号码、图形验证码、密码后点击登录按钮</td></tr>
<tr><td>输入/动作</td><td>期望的输出/响应</td><td>实际情况</td></tr>
<tr><td>示例：输入正确的手机号码、图形验证码、密码</td><td>系统提示登录成功，并进入网站首页</td><td></td></tr>
<tr><td>示例：手机号码、图形验证码、密码中的1项或多项不输入</td><td>系统提示需要输入相应的项</td><td></td></tr>
<tr><td>示例：输入错误格式的手机号码</td><td>系统提示输入的手机号码不符合规范</td><td></td></tr>
<tr><td>示例：手机号码和密码输入正确的情况下，输入错误的验证码</td><td>系统提示验证码输入错误</td><td></td></tr>
<tr><td>示例：输入小于6位数的密码</td><td>系统提示密码格式不符合规范</td><td></td></tr>
</table>

2. 步骤2：完成功能测试

根据上面的测试用例完成对应的功能测试，并将测试用例表填写完整。

（1）测试用户使用手机号码和密码进行登录

（2）测试用户使用手机号码和短信验证码进行登录

测试完成后，一般会出具测试报告。有的公司规定直接上传到项目管理平台，不同公司使用的平台可能不一致，常见的项目管理平台包括禅道、TAPD、阿里云效平台等。在这些平台中，可以直接将测试的问题提交到平台中，并分配给指定人员。

二、职业知识

1. 黑盒测试与白盒测试

黑盒测试和白盒测试是软件测试中的两种主要方法，它们之间存在明显的区别。

（1）测试原理

黑盒测试又称功能测试，它是把程序看作一个不能打开的黑盒子，在完全不考虑程序内部结构和内部特性的情况下，在程序接口进行测试，只检查程序功能是否按照需求规格说明书的规定正常使用，程序是否能适当地接收输入数据而产生正确的输出信息。白盒测试又称结构测试、透明盒测试、逻辑驱动测试或基于代码的测试，它是指把盒子盖打开，去研究里面的源代码和逻辑结构，对所有的逻辑路径进行测试，是一种测试程序内部结构的测试方法。

（2）测试目标

黑盒测试的目标是检测软件系统的功能是否符合其规格说明书。白盒测试的目标是检查软件内部的逻辑结构，对所有的逻辑路径进行测试，是一种完全基于内部逻辑结构的测试方法。

（3）测试方法

黑盒测试常用的测试方法有等价类划分、边界值分析、因果图、错误推测等，主要用于软件的确认测试阶段。白盒测试常用的测试方法有语句覆盖、判定覆盖、条件覆盖、判定/条件覆盖、路径覆盖等，主要用于软件的验证过程。

（4）测试阶段

黑盒测试在测试的后期进行，它侧重于软件展现给用户的功能方面。白盒测试在测试的前期进行，它侧重于软件的内部逻辑关系。

总的来说，黑盒测试和白盒测试各有特色，应根据具体需求选择合适的测试策略。在实际的软件测试过程中，通常会结合这两种测试方法来全面评估软件的质量和性能。

2. 功能测试用例文档示例

不同的公司可能会有各自的格式规范，以下列出的是最简单的用例文档模板。

（1）被测试对象的介绍

本次测试对象为学习平台鸿蒙APP，该APP基于HarmonyOS5进行开发，主要功能是为学生提供在线课程学习。主要模块包括登录、我的班级、我的课程等。

（2）测试范围与目的

本次测试为常规功能性测试，从用户使用角度进行测试，确保APP功能正常，使用流程通畅。

（3）功能测试用例（如表7-2所示）

表7-2 功能测试用例

功能A描述	用户登录功能	
用例目的	测试通过用户名和密码是否正常登录系统	
前提条件	用户已完成注册	
输入/动作	期望的输出/相应	实际情况
不输入用户名直接点击登录	提示请输入用户名	提示请输入用户名
不输入密码直接点击登录	提示请输入密码	提示请输入密码
输入错误的密码	提示密码不正确	提示密码不正确
输入正确的用户名和密码	提示登录成功，跳转到首页	提示登录成功，跳转到首页

任务二 安全性测试及测试报告编写

一、职业行动

任务一中的黑盒测试旨在检验功能是否满足既定需求，而安全性测试则是针对系统可能潜藏的安全隐患和漏洞进行全面扫描检测，以确保系统能够安全稳定运行。

1. 步骤1：编写安全性测试用例

（1）被测试对象的介绍

学习平台安全性测试。

（2）测试范围与目的

发现缺陷：测试并识别学习平台中是否存在任何安全性漏洞。

（3）安全性测试用例（如表7-3所示）

表 7-3　安全性测试用例

假想目标A	登录功能存在验证码绕开漏洞	
前提条件	登录页面存在验证码，尝试绕开验证码进行登录	
非法入侵手段	是否实现目标	代价—利益分析
再次使用之前正确的图形验证码进行登录		可以利用漏洞完成用户名密码的爆破
使用HTTP客户端工具不传递验证码进行登录		可以利用漏洞完成用户名密码的爆破
假想目标B	文件上传功能存在木马漏洞	
前提条件	系统包含文件上传功能，尝试利用文件上传漏洞	
非法入侵手段	是否实现目标	代价—利益分析
上传木马程序，然后访问该木马文件		利用木马文件获取到计算机信息
假想目标C	文本输入框存在XSS注入漏洞	
前提条件	系统包含文本输入框，用户可以通过文本框录入信息	
非法入侵手段	是否实现目标	代价—利益分析
上传JS代码，进行XSS注入攻击		利用XSS漏洞窃取其他用户的身份信息
假想目标D	文本输入框存在SQL注入漏洞	
前提条件	系统包含文本输入框，用户可以通过文本框录入信息	
非法入侵手段	是否实现目标	代价—利益分析
执行SQL注入代码完成SQL注入		利用SQL注入漏洞窃取数据库的信息
假想目标E	系统存在越权漏洞	
前提条件	使用A登录后，可以查看到B身份的信息	
非法入侵手段	是否实现目标	代价—利益分析
尝试在接口中传入user_id等参数，看看是否获取到其他用户的信息		利用漏洞获取到其他用户的信息

2. 步骤2：安全性测试实施

根据上面的测试用例完成对应的功能测试，并将测试用例表填写完整。

（1）假想目标A：登录功能存在验证码绕开漏洞

① 正确填写手机号码、密码、图形验证码等登录信息，同时记录图形验证码的值。如图7-1所示为验证码界面。

图7-1 验证码界面

② 再次进入登录界面，填写正确的手机号码、密码，同时使用上次记录的图形验证码值进行登录，看看是否还能成功登录。

③ 使用postman请求用户登录接口，参数中只填写正确的手机号码和密码，不填写图形验证码，看看是否能成功登录。

（2）假想目标C：文本输入框存在XSS注入漏洞

① 在课程增加页面的文本框中，填写“认证性”的代码，然后提交。如图7-2所示为增加课程界面。

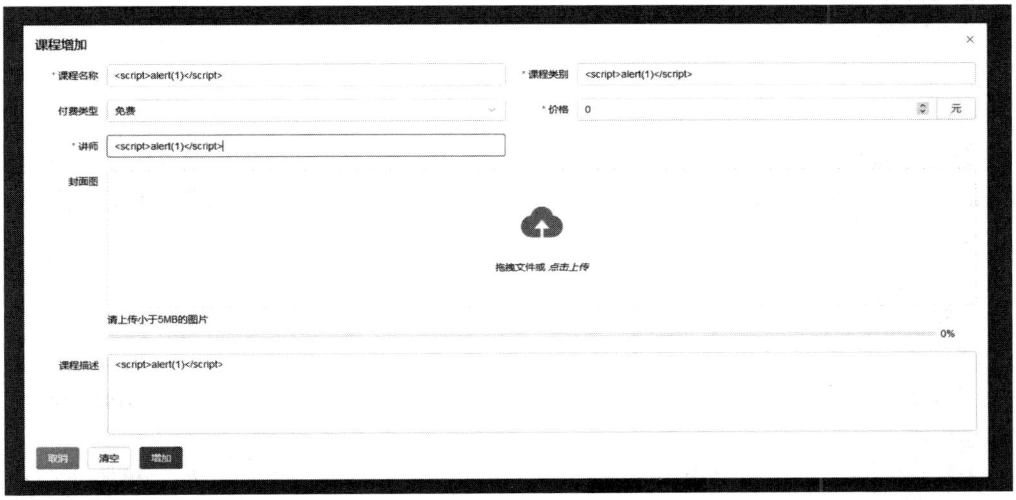

图7-2 增加课程界面

② 提交后，页面没有执行alert(1)弹出窗口，证明页面没有XSS漏洞，如图7-3所示。

图7-3　课程列表界面

（3）假想目标E：页面存在越权漏洞

① 成功登录之后，进入我的班级页面，打开浏览器的F12，查看“网络”，观察调用的查询班级列表的接口（/class/queryUserList），发现并没有上传用户的ID参数，所以有效避免了身份越权的问题。如图7-4所示。

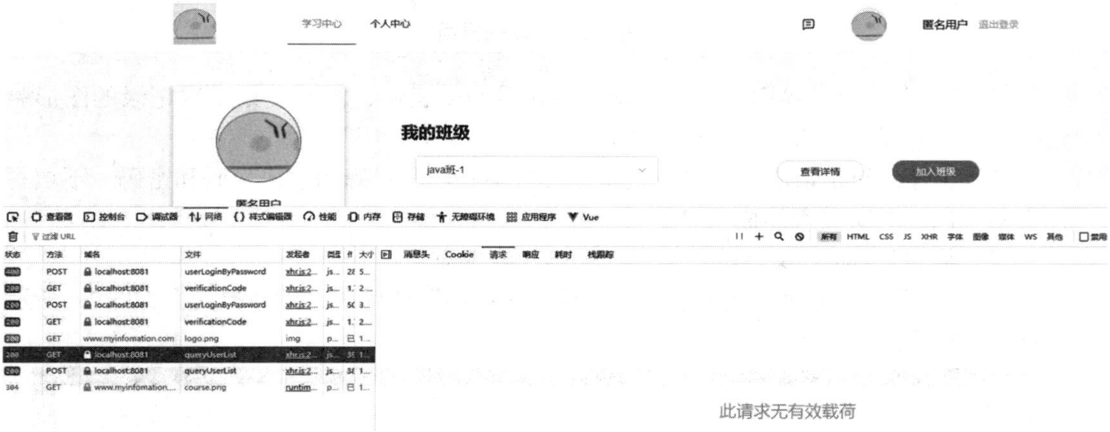

图7-4　我的班级界面

② 为了保险起见，可以尝试用其他用户登录，然后使用POSTMAN请求/class/queryUserList接口，并传递user_id的参数，看看是否会获取到其他用户的班级信息。

二、职业知识

1. 常见的Web安全问题

（1）注入漏洞：包括XSS注入和SQL注入

XSS注入的含义是利用页面漏洞使页面能够执行攻击者上传的JavaScript脚本，从而发起攻击。

最常见的攻击方式是在有输入框的地方填入一段javascript脚本。如果该脚本被成功执行，那么网站就存在XSS注入的漏洞，攻击者可以利用此漏洞获取到其他用户的信息。

XSS注入防范措施：JSP或PHP等模板引擎在生成html时，会将攻击者传入的js脚本代码解析并执行。采用前后端分离技术可以有效避免这一问题，但需注意前端代码应尽量避免使用innerHTML等可以解析HTML代码的方式来设置节点的内容。

SQL注入的含义是利用后台代码漏洞，能够执行攻击者上传的SQL语句，从而导致数据库的所有数据被泄露。最常见的攻击方式是在查询框中填写一段SQL代码，判断是否有注入漏洞，通过利用该漏洞完成对数据库数据的窃取。

SQL注入防范措施：任何拼接SQL的地方都存在SQL注入风险，可以使用预处理方式来执行SQL，实在需要拼接SQL的地方需要做好校验。MyBatis中应该使用“#{参数}”来设置动态参数，而不是使用“${参数}”来拼接SQL。同时PageHelper分页插件在拼接order by条件时进行了参数校验，可以有效地避免SQL注入。

（2）文件上传存在漏洞

利用文件上传功能，将包含木马的文件上传到网站目录中，通过木马程序窃取计算机上的所有信息。防范措施：使用独立的文件服务器或第三方云存储技术，即使被上传了木马也不影响自己的计算机系统。

① 密码暴力破解漏洞：通过暴力枚举的方式，破解出正确的手机号码和密码组合。

防范措施：

密码不宜过于简单，最好对密码长度或复杂性有一定的限制。

错误提示不进行精准提示，无论手机号码还是密码错误，都统一提示手机号码或密码错误。

使用计算机技术中的图灵测试手段，如验证码。这样的登录过程需要人工干预，可避免自动程序爆破密码。

将短时间内请求频繁的IP地址放入黑名单中。

② 验证码绕过漏洞：通常是由于程序员疏忽造成的逻辑漏洞，导致验证码被轻松绕开。以下是一些常见情形。

验证码在前端进行验证或将验证码的值返回前端：这种情况很容易被绕过。虽然设置了验证码，但实际上后端没有进行校验。

验证码可重用：验证码验证成功后仍然可以再次被使用。最简单的方式是无论验证成功与否都让验证码失效。

错误输入达到次数才开启验证码：通常包括基于SESSION、基于IP和基于用户名3种方式来判断错误次数。基于SESSION的方法只要保证一个session内只尝试固定次数即可；基于IP的攻击者可以使用IP池技术来规避；基于用户名的方法是当前最常用的手段，但攻击者可以使用固定密码来猜测用户名。因此，需要多种手段联合防范。

③ 越权漏洞

分为水平越权和垂直越权两种，通常都是由于程序的设计不合理造成的。

水平越权：用户A可以看到用户B的信息。很多新程序员在查询登录用户的信息时，如查询当前用户的班级列表，喜欢将用户ID作为参数进行传递，这是错误的做法。如果将用户ID参数改为其他用户的ID，自然就能获取到其他用户的信息了。正确的做法是不传递ID参数，让后端通过Token等技术校验出当前用户的身份信息。

垂直越权：通常出现在管理端或包含VIP等身份的系统中，最好的做法是在API接口中加上权限校验机制，判断当前登录用户是否有权限使用该功能，同时权限的颗粒度越细越好。

2. 安全性测试用例文档示例

（1）被测试对象的介绍。

（2）测试范围与目的。

（3）安全性测试用例（如表7-4所示）。

表7-4　安全性测试用例文档

<table>
<tr><td>假想目标A</td><td colspan="2">学习平台登录存在弱指令问题</td></tr>
<tr><td>前提条件</td><td colspan="2">已获取到用户名，为获取到密码</td></tr>
<tr><td>非法入侵手段</td><td>是否实现目标</td><td>代价—利益分析</td></tr>
<tr><td>通过常规密码库爆破密码</td><td>通过撞库得出系统密码为88888888，成功登录系统</td><td>极小代价获取用户信息</td></tr>
<tr><td>假想目标B</td><td colspan="2">学习平台存在跨站脚本攻击（XSS）</td></tr>
<tr><td>前提条件</td><td colspan="2">知道学习平台地址</td></tr>
<tr><td>非法入侵手段</td><td>是否实现目标</td><td>代价—利益分析</td></tr>
<tr><td>通过编写恶意Java Script脚本，在平台中有输入框的地方进行尝试执行脚本</td><td>在学习平台中观看我的课程界面，点击纠错按钮输入恶意脚本，成功执行获取了系统及服务器信息</td><td>极小代价获取系统及服务器信息，进而获取用户隐私信息</td></tr>
</table>

任务三　学习平台项目安全加固

一、职业行动

经过专业的工具进行安全性测试之后，针对已经发现的问题需要进行修复。常见的加固方法包括MySQL数据库加固、Redis加固、程序加固等。接下来针对学习平台项目的数据库和程序进行加固。

1. 步骤1：数据库加固

（1）修改密码，避免设置弱密码

修改用户密码。使用root用户登录后，执行以下SQL语句，将密码尽可能地设置复杂。

```
ALTER USER '用户名'@'主机名' IDENTIFIED BY '新密码';
```

（2）删除所有允许从主机登录的用户

查看是否有允许从所有主机登录的用户，将这些用户尽量删除掉。使用以下SQL语句查看当前实例中所有用户。

```
SELECT * FROM mysql.user;
```

查询结果如图7-5所示。

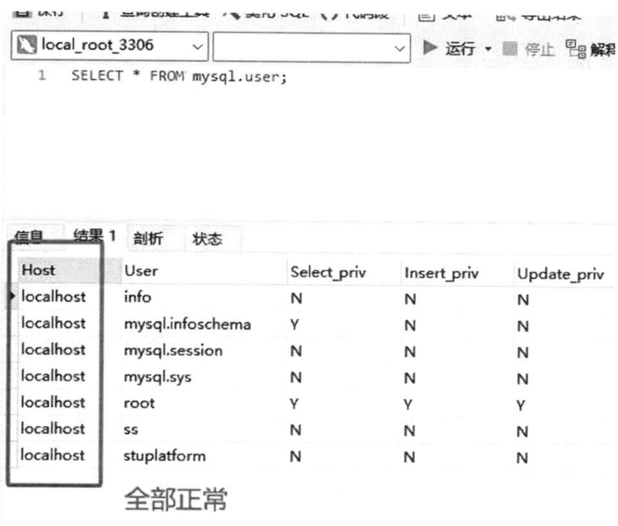

图 7-5　数据库用户表

如果Host的值是%，表示任何主机都可以使用该用户登录当前实例。如果出现这样的用户，可以使用以下SQL语句删除该用户。

```
DROP USER '用户名'@'%';
```

2. 步骤2：Redis加固

（1）安全相关配置

Redis中也经常保存着系统中的机密数据，打开Redis的配置文件，确保有以下几个配置选项。

```
# 设置密码，尽可能复杂一点
requirepass 123456

# 只允许当前主机访问实例
bind 127.0.0.1

# 打开保护模式，客户端需要密码验证后才能进行命令操作
protected-mode yes
```

配置完成后重启Redis服务，让配置生效。

3. 步骤3：程序加固

（1）添加拦截器，避免同一个IP短时间内重复请求

添加stuplatform.interceptor.IpLimitInterceptor.java类：用于拦截短时间内请求次数过多的IP，代码如下。

```
@Component
public class IpLimitInterceptor implements HandlerInterceptor {

    @Autowired
    private RedisTemplate redisTemplate;

    public boolean preHandle(HttpServletRequest request,
```

```
                HttpServletResponse response,
                Object handler) throws Exception {
    String ip = request.getHeader("X-Forwarded-For");
    if (ip != null && ip.length() != 0 && !"unknown".equalsIgnoreCase(ip)) {
        // 多次反向代理后会有多个ip值，第一个ip才是真实ip
        if (ip.indexOf(",") != -1) {
            ip = ip.split(",")[0];
        }
    }
    if (ip == null || ip.length() == 0 || "unknown".equalsIgnoreCase(ip)) {
        ip = request.getHeader("Proxy-Client-IP");
    }
    if (ip == null || ip.length() == 0 || "unknown".equalsIgnoreCase(ip)) {
        ip = request.getHeader("WL-Proxy-Client-IP");
    }
    if (ip == null || ip.length() == 0 || "unknown".equalsIgnoreCase(ip)) {
        ip = request.getHeader("HTTP_CLIENT_IP");
    }
    if (ip == null || ip.length() == 0 || "unknown".equalsIgnoreCase(ip)) {
        ip = request.getHeader("HTTP_X_FORWARDED_FOR");
    }
    if (ip == null || ip.length() == 0 || "unknown".equalsIgnoreCase(ip)) {
        ip = request.getHeader("X-Real-IP");
    }
    if (ip == null || ip.length() == 0 || "unknown".equalsIgnoreCase(ip)) {
        ip = request.getRemoteAddr();
    }
    String ipLimitKey = "limit_ip:" + ip;
    // 判断当前IP是否被限制了
    Object value = redisTemplate.opsForValue().get(ipLimitKey);
    if (value != null) {
        response.getWriter().write("{\"code\":0,\"msg\":\"短时间请求次数过多\"}");
        return false;
    }
    String ipCountKey = "count_ip:" + ip;
    // 获取当前IP的请求次数
    Object count = redisTemplate.opsForValue().get(ipCountKey);
    if (null == count) {
        count = 1;
        redisTemplate.opsForValue().set(ipCountKey, 1, 60, TimeUnit.SECONDS);
    }
    int i = Integer.parseInt(count.toString()) + 1;
    // 一分钟内只能请求120次
    if (i >= 120) {
```

```
            response.getWriter().write("{\"code\":0,\"msg\":\"短时间请求次数过多\"}");
            // 请求次数过多限制5分钟
            redisTemplate.opsForValue().set(ipLimitKey, 1, 5, TimeUnit.MINUTES);
            return false;
        }
        return true;
    }
}
```

（2）登录功能加固→管理员登录功能添加图形验证码

修改 stuplatform_adm 项目的 src/views/LoginView.vue 文件：添加图形验证码，代码如下。

```
<template>
  <section class="main">
    <el-form ref="myFormRef" :model="formData" :rules="rules" label-width="0px" size="large">
      <h2>欢迎使用管理系统</h2>
      // 省略部分代码
      <el-form-item prop="verificationCode">
        <el-input maxlength="4" placeholder="请输入图形验证码" v-model="formData.verificationCode">
          <template #suffix>
            <img :src="verificationCodePath" @click="handleChangeCode(myForm)" class="code-image" />
          </template>
        </el-input>
      </el-form-item>
    </el-form>
  </section>
</template>

<script setup lang="ts">
// 省略部分代码
const verificationCodePath = ref("");


// 定义表单校验规则
const rules = reactive<FormRules>({
  verificationCode: [
    { required: true, message: "请输入验证码", trigger: "blur" },
  ],
});
</script>
```

修改 stuplatform_api 项目的 stuplatform.dto.AdminLoginDTO.java 类：添加获取验证码的相关代码，代码如下。

```
@Data
@NoArgsConstructor
@AllArgsConstructor
```

```
@ToString
public class AdminLoginDTO {

  @NotBlank(message="手机号码不能为空")
  @Pattern(regexp="^1\\d{10}$",message = "手机号码格式不正确")
  private String mobile;

  @NotBlank(message="密码不能为空")
  @Length(min = 32,max = 32,message = "密码必须是md5加密值")
  private String password;

  /**
   * 使用了分组检验：密码登录、获取手机验证码都需要
   */
  @NotBlank(message="uuid不能为空")
  private String uuid;

  /**
   * 使用了分组检验：密码登录、获取手机验证码都需要
   */
  @NotBlank(message="图形验证码不能为空")
  private String verificationCode;

}
```

修改stuplatform.service.impl.LoginServiceImpl.java类：修改adminLogin方法，加上校验验证码相关的代码，代码如下。

```
  public ResultEntity adminLogin(AdminLoginDTO adminLoginDto,HttpServletRequest request) throws
Exception {
    verificationCodeUtils.validateCode(adminLoginDto.getUuid(),
        adminLoginDto.getVerificationCode());
    AdminLoginVO adminLoginVO = adminMapper.login(adminLoginDto);
    if (null == adminLoginVO) {
      throw new ProcessException("电话号码或密码错误");
    }
    List<PermissionListVO> AdminModelVO = adminMapper.queryPermissionList(adminLoginVO.getId
());
    Set<String> permissionSet = new TreeSet<>();
    // 将权限列表中的uri添加到集合中
    AdminModelVO.forEach(v → {
      v.getPermissionList().forEach(v2 → {
        // 一个权限中可以支持多个uri，多个uri使用逗号（,）隔开。
        String[] uris = v2.getUri().split(",");
        Arrays.stream(uris).forEach(uri → {
```

```
                permissionSet.add(uri);
            });
        });
    });
    // 将权限列表和uri集合放到结果对象中
    adminLoginVO.setPermissionList(adminModelVO);
    adminLoginVO.setPermissionSet(permissionSet);

    // 生成tokenMap
    Map<String,Object> tokenMap = jwtUtils.createTokenMap(adminLoginVO.getId(),"ADM");
    String tokenStr = jwtUtils.encodeTokenMap(tokenMap);
    String cacheKey = jwtUtils.generateCacheKey(tokenMap,jwtUtils.getIp(request));

    // token中也需要保存权限列表
    tokenMap.put("permissionSet",permissionSet);
    // 调用redisTemplate，将token的信息保存到缓存中
    redisTemplate.opsForValue().set(cacheKey,tokenMap);

    // 将token返回给前端
    adminLoginVO.setToken(tokenStr);

    return ResultEntity.success("登录成功",adminLoginVO);
}
```

修改代码后，完成测试。页面修改后登录界面如图7-6所示。

图7-6 登录界面

二、职业知识

1. 常见安全加固手段

（1）数据库加固

- 项目的库专属专用，创建独立的用户来操作该库。

- 不要将root用户的密码泄露给任何人。
- 数据库中的用户应避免使用弱密码。
- 生产环境推荐当前实例仅允许本机连接，因此尽量避免创建“用户名@%”这样的用户，以免所有主机都能使用这些用户来登录当前实例。

至此，已经创建了专属用户来操作stuplatfom库，但密码强度需要加强。

（2）Redis加固

绑定固定IP地址使用Redis，设置复杂密码，同时避免使用弱密码。在生产环境中，Redis的实例最好只允许本机连接，并且由于Redis的运算速度非常快，短位数密码很快就会被暴力破解，因此应尽可能将密码位数设置到12位以上且复杂化。

（3）程序加固

- 使用过滤器或拦截器手段，防止单一IP在短时间内高频率访问接口，发现高频率访问的IP可以将其加入临时黑名单中。
- 对所有请求的重要参数进行校验：项目中已经使用了SpringBoot的参数校验功能。
- 注册时应尽量避免用户提交简单密码：可以自己编写一些代码来对密码复杂度进行校验。
- 防范SQL注入：在Mybatis中使用#{}设置动态参数，避免使用${}，对于order by等需要拼接字符串的地方，要做好参数校验工作（PageHelper已经帮我们完成了部分参数校验）。
- 登录功能统一添加图形验证码：目前管理端登录界面尚未添加图形验证码，此处可以进行补充。

学习考评

一、考评项目

根据本项目所学内容，完成对在线学习平台项目的测试及安全加固任务，包括黑盒测试及测试报告编写、安全性测试及测试报告编写、项目安全加固。

二、实施准备

1. 学生准备工作与要求

学生按照教学进度计划，在完成以下所有任务后，可进行相应学习考评的实施。

（1）理解并掌握学习考评需要的相关理论、知识和方法，能应用这些知识进行学习平台项目测试及安全加固。

（2）按时、按质量要求完成相应的任务作业。

（3）按规定独立完成相关软件环境的安装和配置。

（4）在安装环境过程中，能快速借助网络和AI工具解决问题。

2. 教师准备工作与要求

（1）在安排学生实施考评前，应确保学生已经清楚地了解在线学习平台项目开发的技术选型，确保学生已对相关软件的安装和配置做过相关的实操训练。

（2）通过学生课堂问题研讨、作业、实操及其他方式，确认学生已经具备实施学习考评所需要的知识、技能和能力集成，特别是项目功能性测试及报告编写、项目安全性测试及报告编写、项目安全加固相关的知识要点。

（3）对协助教师完成测评的学生进行测评方法和监督方法的培训，确保测评结果的准确性、公平性。

（4）提前准备好相关软件安装包。

（5）准备好测评记录。

三、验证方法与标准

（1）每位测评人员负责对10名学生进行定点、全过程的监督和测评。

（2）详细记录学生在实施考评过程中的相关信息、数据、结果、操作方法、完成时间以及出现错误、事故等情况。

（3）每个学习考评的环境安装和配置、问题解决等操作要求在90 min内完成。时间不够可以申请延长时间，总时长不超过120 min。

（4）考评内容及评分标准如表7-5所示。

表7-5　考评内容及评分标准

序号	评分项	得分条件	评分标准	配分	扣分
1	态度	□1.不作弊,确保环境从零开始安装和配置 □2.不超时,确保在规定时间内完成环境的安装和配置 □3.独立解决问题,不抄袭	未完成其中1项扣5分,总扣分不得超过15分	15	
2	专业技能	□1.能正确完成项目黑盒测试及报告编写 □2.能正确完成项目安全性测试及报告编写 □3.能正确完成登录功能加固 □4.能正确完成数据库加固 □5.能正确完成Redis加固 □6.能正确完成程序加固	未完成其中1项扣10分,总扣分不得超过60分	60	
3	资料、信息查询能力	□1.能正确使用手册查询资料 □2.能正确使用网络查询资料 □3.能正确记录查询资料的出处 □4.能正确记录所需的关键信息 □5.能正确使用AI工具辅助查询	未完成其中1项扣3分,总扣分不得超过15分	15	
4	总结归纳能力	□能将所学知识归纳为思维导图	未完成其中1项扣20分,总扣分不得超过20分	20	
合计				100	

拓展阅读

在当今数字化、信息化的时代，代码安全、数据保护和国家安全不仅是技术层面的重要议题，更是课程思政建设不可忽视的重要内容。将这三者融入课堂，不仅锻炼学生的专业能力，更增强其社会责任感与家国情怀，为新时代高素质人才的成长奠定坚实基础。

第一，代码安全是课程思政的重要支点之一。教师需充分挖掘课程中的思政元素，使学生充分认识到代码安全的重要性。依托实例教学和实际操作，引导学生编写稳健、可靠的程序，主动堵塞漏洞、消弭隐患，在专业精进中涵养敬畏与担当。

第二，数据保护是课程思政的关键环节。随着大数据、云计算等技术的广泛应用，数据安全问题日益凸显。加强对数据保护相关法律法规的宣传教育，引导学生树立正确的数据保护意识。同时，通过讲解数据库安全、数据加密、数据备份与恢复等技术手段，使学生练就保护个人和企业数据的真本领。

第三，国家安全教育居于课程思政的核心位置。通过讲解国家安全的内涵、意义以及面临的复杂威胁，唤醒学生的忧患与使命意识；引导学生关注国家安全态势、投身安全实践，以青年之力筑牢国家安全的数字长城。

项目八
学习平台项目优化及上线部署

一、项目描述

学习平台的功能开发完成后，还需要做好上线前的准备。项目优化是一个复杂且持续的过程，旨在提升软件的质量、性能、用户体验以及开发效率。一般从性能优化、代码优化、用户体验优化、安全性优化、可扩展性与可维护性优化、部署与运维优化这6个方面考虑。上线部署是为了更好地适配业务需求的变化，通常考虑采用云端弹性部署的方式。本项目主要对数据库优化、前端项目优化、Java项目优化进行操作说明，优化完成后采用云服务器进行部署上线。

二、项目要求

根据目前企业级开发的技术要求，在项目正式上线之前，会对项目进行如下一系列优化。

（1）数据库优化。

（2）前端项目优化。

（3）Java项目优化。

（4）云服务器及弹性部署。

三、学习目标

（1）掌握如何对项目进行数据库优化。

（2）掌握如何对前端项目进行优化。

（3）掌握如何对Java项目进行优化。

（4）掌握如何在云服务中进行弹性部署。

四、工作场景

学习平台开发完成后经过功能测试基本已经修复存在的问题，经过安全性测试已经修复可能存在的安全隐患。此时项目已基本达到可发布的状态，但在正式上线前，还需要考虑优化问题，可能存在当数据量过大时数据库运行缓慢等情况。

项目优化主要考虑数据库优化、前端项目优化、Java接口项目优化，本项目将从这几个方面进行优化，然后通过云服务器进行弹性部署上线。

任务一 数据库优化

一、职业行动

数据库优化的方式很多，比如建立索引、读写分离、分库分表，这些一般由专业的数据库工程师进行设计和实施。本任务从数据库添加索引的角度抛砖引玉，提出数据库优化的思路。

1. 步骤1：添加数据库索引

在创建表的时候，为了强调索引的使用，于是将项目中使用到索引的地方，举出几个例子来进行讲解。

使用以下SQL语句分别查看elp_admin和elp_admin_permission表上的索引。

```
-- 查看elp_admin的索引
SHOW INDEX FROM elp_admin;

-- 查看elp_admin_permission的索引
SHOW INDEX FROM elp_admin_permission;
```

查看elp_admin的索引情况，如图8-1所示。

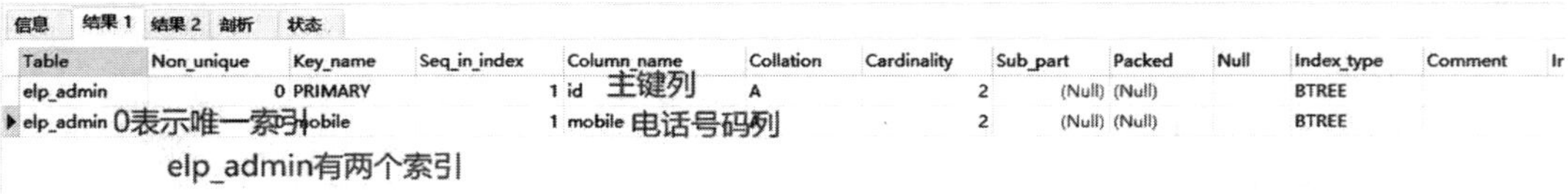

Table	Non_unique	Key_name	Seq_in_index	Column_name	Collation	Cardinality	Sub_part	Packed	Null	Index_type	Comment
elp_admin	0	PRIMARY	1	id	A	2	(Null)	(Null)		BTREE	
elp_admin		mobile	1	mobile		2	(Null)	(Null)		BTREE	

图8-1　查看数据表索引

查看elp_admin_permission的索引情况，如图8-2所示。

Table	Non_unique	Key_name	Seq_in_index	Column_name	Collation	Cardinality	Sub_part	Packed	Null	Index_type	Comment
elp_admin_permission	0	PRIMARY	1	admin_id	A	2	(Null)	(Null)		BTREE	
elp_admin_permission	0	PRIMARY	2	permission_id	A	18	(Null)	(Null)		BTREE	
elp_admin_permission	1	fk_admin_permissi	1	permission_id	A	16	(Null)	(Null)		BTREE	

图8-2　查看权限表索引

分析：

（1）elp_admin的mobile字段上创建了唯一索引，因为用户需要使用电话号码进行登录，经常使用该字段进行查询，所以有必要添加索引。同时，唯一索引也保证了数据的准确性，避免同样的手机号码多次注册。

创建唯一约束时，会自动创建唯一索引。

（2）elp_admin_permission：管理员权限中间表，使用了联合索引由admin_id和permission_id构成。联合索引使用时需要注意，以此例为例：WHERE条件后使用了admin_id = 1索引会生效，如果只使用permission_id = 1那么索引不生效。

创建索引的语句：

```
CREATE [UNIQUE] INDEX 索引名 ON 表名(字段名);
```

使用UNIQUE关键字表示创建唯一索引。

二、职业知识

1. 常见的数据库性能优化措施

（1）合理地使用索引

索引是提高数据库查询效率最简单有效的手段。掌握如何使用索引是数据库优化的必备能力。以下列举了一些索引使用的注意要点。

- 主键索引是最高效的索引，关联查询时尽可能地使用主键索引进行关联。
- 考虑到第1条原因，中间表尽量使用联合主键，而不是自己单独创建主键。需要注意，创建联合主键的顺序时，跳开前面顺位的键而直接使用后面顺位的键时，索引不会生效。
- 对常用于查询的字段，添加索引，比如用户登录的手机号码字段。
- 对比普通索引，尽量使用唯一索引。
- 同一张表的索引不宜过多，否则会影响增删改的效率。原因是索引会占用物理空间，增删改除了对数据的物理空间进行修改外，也会对索引的物理空间进行修改。就好像字典一样，当在字典中增加汉字时，前面的目录（理解为索引）也需要重新编写。
- 尽量使用逻辑删除来代替物理删除，避免索引重新计算。
- MySQL创建外键约束后会自动创建一个索引，但该索引的作用不大，很多开发机构推荐不要创建外键约束，这样修改和删除主表的数据更加方便。同时，使用了外键约束之后，将不能使用分区表。
- 索引使用合理之后，能够满足绝大多数中小项目需求。对于大型项目，可以继续使用以下手段。

（2）使用分区表

当表中的数据量不断增大，查询数据的速度就会变慢，应用程序的性能就会下降，这时就应该考虑对表进行分区。表进行分区后，逻辑上仍然是一张完整的表，只是将数据在物理上存放到多个表空间（即物理文件）上，这样查询数据时，不至于每次都扫描整张表。

如果分区表还不够完整的话，可以继续使用下面的方案进行优化。

（3）配置MySQL的主从复制，进行读写分离

数据库中最大的瓶颈在于读操作上面，写消耗的性能不多，利用读写分离，可以让读请求分流，达到负载均衡的目的。

2. 常见的数据库开发效率优化措施

（1）合理地使用默认值

- 对于创建时间、修改时间等时间字段（DATETIME、TIMESTAMP类型），可以使用CURRENT_TIMESTAMP系统常量来作为默认值，这样在INSERT操作时自动填充当前时间作为值。

● 项目中经常使用状态字段，如：status。也可以设置默认值，这样在INSERT的时候无需手动设置它的值。

● 尽量使用自增长主键，INSERT的时候也可以不设置它的值，提高开发效率。

● 字符串值可以使用“(空字符串)”作为默认值，不容易出错。

（2）合理地使用数据库中的函数

一些简单的字符串处理，完全可以使用数据库的函数。

（3）合理使用约束

唯一约束和非空约束可以简单地进行数据合法性校验，保证程序的健壮性，并且很多情况下可以更加“省事”。虽然推荐在程序中做好数据的合法性校验，但很多开发者直接依靠数据库的约束来进行判断。

任务二 前端项目优化

一、职业行动

Vue前端项目有非常多的优化点，本任务从组件缓存、防抖节流、路由懒加载几个方面进行优化。

1. 步骤1：使用组件缓存

项目内经常使用<keep-alive>组件进行组件缓存来提高运行效率，以下列举一些可以换用的场景。

（1）路由组件使用组件缓存

路由组件的缓存（src/app.vue代码）如下。

```
<template>
 <router-view v-slot="{ Component }">
  <keep-alive>
   <component :is="Component" />
  </keep-alive>
 </router-view>
</template>
```

根据路由规则匹配的组件，在router-view中渲染时，只有第一次会创建组件实例，后续再次匹配相应组件时，程序会直接从内存中取出已创建的实例。

（2）动态组件使用组件缓存

动态组件的缓存（例如stuplatform_adm项目的src/views/CourseView.vue）代码如下。

```
<template>
 <section>
  <!-- 面包屑导航组件 -->
  <bread-crumb :model-value="navData"></bread-crumb>
  <!-- 表格组件 -->
  <table-component ref="tableRef" @show="handleShow"></table-component>
```

```
   <!-- 使用keep-alive搭配动态组件，进行增加、修改组件的缓存 -->
   <keep-alive>
    <component
    :is="getComponent"
    :rowData="rowData"
    @close="handleClose"></component>
   </keep-alive>
  </section>
</template>
```

2. 步骤2：防抖和节流

（1）使用防抖优化代码

防抖最简单的方法是添加一个参数进行判断。以stuplatform_web项目的src/components/login/PasswordForm.vue为例，添加canSubmit参数来判断是否允许提交，代码如下。

```
<script setup lang="ts">
// 是否允许提交：进行防抖判断，避免用户连续点击多次登录按钮
let canSubmit = true;

// 登录
const handleSubmit = (myForm: FormInstance | undefined) => {
 if (!myForm) {
  return;
 }
 // 防止重复提交
 if (!canSubmit) {
  return;
 }
 canSubmit = false;
 myForm.validate((valid) => {
  // 校验失败
  if (!valid) {
   return;
  }
  // 拷贝一个formData，避免修改password后更新表单数据
  const data = { ...formData };
  data.password = Md5.hashStr(data.password);
  request({ url: '/login/userLoginByPassword', data, method: "post" }).then(
   (res) => {
    ……
   }
  ).finally(() => {
   // 无论成功与否，都重新开启提交
   canSubmit = true;
```

```
    })
    // 无论登录成功与否，都需要重新刷新验证码
    handleChangeCode();
  });
};

onActivated(() => {
  handleChangeCode();
  canSubmit = true;
})
</script>
```

（2）使用节流优化代码

节流已在程序中应用。stuplatform_adm项目的src/views/components/class/CourseAllocate.vue文件中使用了该功能。这里可以通过课程的名称来查询课程，以方便将查询出的课程分配到班级中，如图8-3所示为课程分配界面。此处监听了文本框的input事件，用户输入内容时会根据输入去调用API接口进行模糊查询课程列表。为避免用户每输入一个字就立即触发查询，于是采用了节流操作，代码如下。

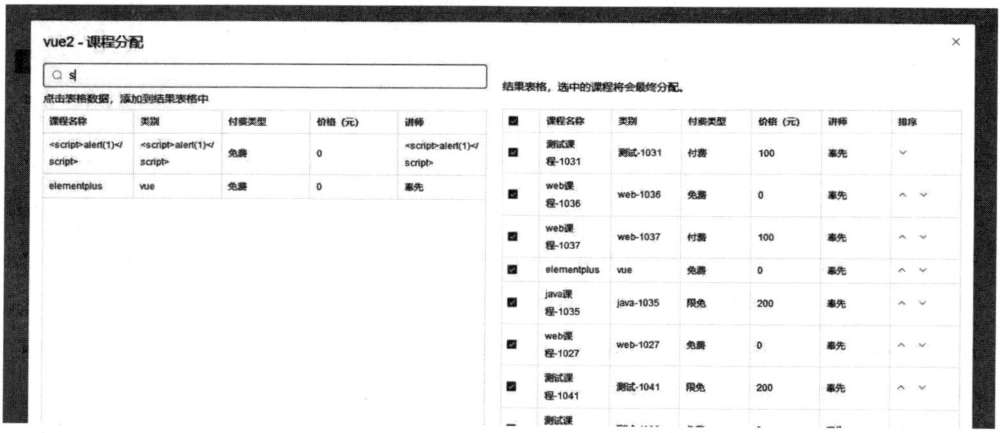

图8-3　课程分配界面

```
let timeoutId: any;
// 搜索方法：输入框内容变化时触发，已做节流操作
const handelInput = (name: string) => {
  if (timeoutId) {
    clearTimeout(timeoutId);
  }
  formData.name = name;
  // 做一个节流
  timeoutId = setTimeout(() => {
    handleQuery（1）;
  }, 1500);
};
```

利用setTimout延时执行，可以完成节流操作。首先判断有没有延时执行的任务，有的情况下取消延时执行的计划，再将当前请求放入延时执行计划中。这样每次输入时都先取消之前的延时计划，再将当前任务放入延时计划中，最终达到节流的目的。

3. 步骤3：使用路由懒加载

项目中的路由都是采用懒加载方式，以避免第一次访问项目时就将所有组件进行加载，从而导致首次访问速度变慢。在stuplatform_web的src/router/index.ts文件中，演示如何验证路由懒加载的完整流程，代码如下。

```
import { createRouter, createWebHistory, RouteRecordRaw } from 'vue-router'

const routes: Array<RouteRecordRaw> = [
  // 注册页面
  {
    path: '/logon',
    name: 'logon',
    component: () => import(/* webpackChunkName: "logon" */ '@/views/LogonView.vue')
  },
  // 登录页面
  {
    path: '/login',
    name: 'login',
    component: () => import(/* webpackChunkName: "login" */ '@/views/LoginView.vue')
  },
  ……
]

const routers = createRouter({
  history: createWebHistory(process.env.BASE_URL),
  routes
})

export default router
```

使用import()函数完成路由懒加载，只有当需要使用该组件时才会加载组件。

二、职业知识

常见的前端项目优化措施

Vue项目优化主要包括代码优化、性能优化和用户体验优化三个方面，主要有以下几种措施。

（1）组件缓存，用<keep-alive>包裹动态组件<component>，动态组件在第一次加载完组件后，会放入内存中，下次再使用时直接从内存中取出。具体包括以下两个方面：避免组件创建时的资源消耗；很多组件在创建时，会通过异步请求加载数据，反复创建组件等同于反复向API请求数据，这样也会加重API端的压力。

（2）避免使用v-html和innerHTML来绑定标签的内容，因为这样会有XSS攻击的风险。

（3）注意防抖与节流操作

防抖：用于避免用户连续发送多次同样的请求，例如：登录时用户如果没有等到服务端的响应，就会再次点击“登录”按钮，造成重复的请求，加重了API负担的同时用户也没有好的体验。

节流：旨在减少客户端请求的次数。例如：联想查询框，用户想输入“汽车”进行查询，但刚输入完“汽”字就提起请求，继续输入“车”字又请求一次。此时，客户端应该给出一定缓冲时间，等待用户完全输入完成后再发送请求。

（4）使用路由懒加载，按需加载组件，以避免在项目启动时将所有组件都进行加载。

（5）优化computed计算属性和watch侦听的逻辑，确保内部不出现复杂的计算过程。

（6）合理使用v-if和v-show

v-if适用于条件性地渲染大块的内容，而v-show更适合频繁切换显示/隐藏的场景。应根据实际需求选择合适的指令。

（7）采用组件化开发方式，尽量对组件进行拆分，以提高组件代码的重用性。

任务三 Java项目优化

一、职业行动

学习平台除了从数据库角度和从前端项目角度进行优化外，还可以从Java接口项目的层面进行优化，以提升项目性能。Java项目性能优化的手段较多，本次任务主要从缓存管理和AOP日志记录两个角度出发进行优化。

1. 步骤1：缓存的使用

（1）添加依赖

使用spring-boot-starter-cache可以方便地在项目中添加缓存管理。修改pom.xml添加缓存管理的依赖，代码如下。

```
<!-- 缓存管理 -->
<dependency>
  <groupId>org.springframework.boot</groupId>
  <artifactId>spring-boot-starter-cache</artifactId>
</dependency>
```

（2）开启缓存功能

修改Main.java，使用@EnableCaching表示开启缓存管理，代码如下。

```
/**
 * 启动类
 * SpringBootApplication注解：配置Spring的扫描包，默认扫描当前包及后代包
 */
@SpringBootApplication
@MapperScan("org.hydrakyoufeng.stuplatform.mapper")
```

```
@EnableCaching
public class Main extends SpringBootServletInitializer {
   public static void main( String[] args ) {
      SpringApplication.run(Main.class,args);
   }
}
```

（3）添加配置类

修改stuplatform.config.RedisConfig.java：配置缓存管理器，代码如下。

```
/**
 * Redis 配置
 * Configuration：表示是一个配置类
 */
@Configuration
public class RedisConfig {

   /**
    * 项目启动时，Spring会调用该方法，将返回的对象放入到IOC容器中
    * 创建一个RedisTemplate对象
    * @param redisConnectionFactory
    * @return
    */
   @Bean
   public RedisTemplate<String, Object> redisTemplate(RedisConnectionFactory redisConnectionFactory) {
      RedisTemplate<String, Object> redisTemplate = new RedisTemplate<>();
      redisTemplate.setConnectionFactory(redisConnectionFactory);
      // 默认情况下是以字节码数组存放到redis，这样可能会导致看不懂，我们需要转换一下
      // 如果就以这种方式进行保存，默认以字节码数组的方式存入redis，存进去的东西看不懂，所
以需要转换一下
      //手动添加序列化的配置
      ObjectMapper objectMapper = new ObjectMapper();
      objectMapper.setVisibility(PropertyAccessor.ALL, JsonAutoDetect.Visibility.ANY);
      objectMapper.enableDefaultTyping(ObjectMapper.DefaultTyping.NON_FINAL);
      //序列化配置
      Jackson2JsonRedisSerializer jackson2JsonRedisSerializer = new Jackson2JsonRedisSerializer(object-
Mapper, Object.class);

      // value 序列化
      redisTemplate.setValueSerializer(jackson2JsonRedisSerializer);
      // key序列化
      redisTemplate.setKeySerializer(new StringRedisSerializer());
      //Hash序列化
```

```
    redisTemplate.setHashKeySerializer(new StringRedisSerializer());
    redisTemplate.setHashValueSerializer(jackson2JsonRedisSerializer);
    redisTemplate.afterPropertiesSet();

    return redisTemplate;
  }

  /**
   * 创建缓存管理对象
   * @param redisConnectionFactory
   * @return
   */
  @Bean
  public CacheManager cacheManager(RedisConnectionFactory redisConnectionFactory){
    //手动添加序列化的配置
    ObjectMapper objectMapper = new ObjectMapper();
    objectMapper.setVisibility(PropertyAccessor.ALL, JsonAutoDetect.Visibility.ANY);
    objectMapper.enableDefaultTyping(ObjectMapper.DefaultTyping.NON_FINAL);
    //序列化配置
    Jackson2JsonRedisSerializer jackson2JsonRedisSerializer = new Jackson2JsonRedisSerializer(object-
Mapper,Object.class);
    RedisCacheConfiguration redisCacheConfiguration = RedisCacheConfiguration.defaultCacheConfig()
        .entryTtl(Duration.ofHours（1）)
        .serializeKeysWith(RedisSerializationContext.SerializationPair.fromSerializer(new StringRedisSe-
rializer()))
          .serializeValuesWith(RedisSerializationContext.SerializationPair.fromSerializer(jackson2JsonRe-
disSerializer))
        .disableCachingNullValues();
    RedisCacheManager redisCacheManager = RedisCacheManager.builder(redisConnectionFactory).
cacheDefaults(redisCacheConfiguration)
        .build();
    return redisCacheManager;
  }
}
```

（4）添加Key生成器

添加stuplatform.generator.CourseKeyGenerator.java：配置缓存的key生成器，代码如下。

```
package org.hydrakyoufeng.stuplatform.generator;

import org.springframework.cache.interceptor.KeyGenerator;
import org.springframework.stereotype.Component;

import java.lang.reflect.Method;
```

```
@Component
public class CourseKeyGenerator implements KeyGenerator {
    @Override
    public Object generate(Object o, Method method, Object... objects) {
        StringBuilder stringBuilder = new StringBuilder("course:list:");
        for (Object obj: objects) {
            stringBuilder.append(obj);
        }
        System.out.println("key:" + stringBuilder.toString());
        return stringBuilder.toString();
    }
}
```

（5）改造逻辑层代码

修改 stuplatform.service.impl.CourseServiceImpl.java：在方法上添加@Cacheable注解表示使用缓存。其中value来指定缓存值的名称，keyGenerator来指定缓存的Key生成器，代码如下。

```
    /**
     * 查询班级中已经分配的课程列表（不分页）
     *
     * @param classId
     * @return
     * @throws Exception
     */
    @Override
    @Cacheable(value = "course:inList",keyGenerator = "courseKeyGenerator")
    public ResultEntity queryListInClass(Integer classId) throws Exception {
        return ResultEntity.success("查询成功", courseMapper.queryListInClass(classId));
    }

    /**
     * 查询班级中未分配的课程列表（分页查询）
     *
     * @param courseListDTO
     * @return
     * @throws Exception
     */
    @Override
    @Cacheable(value = "course:notInList",keyGenerator = "courseKeyGenerator")
    public ResultEntity queryListNotInClass(CourseListDTO courseListDTO) throws Exception {
        log.info("courseListDTO.getPageSize() = " + courseListDTO.getPageSize());
```

```
    PageHelper.startPage(courseListDTO.getCurrentPage(),
            courseListDTO.getPageSize(),
            "c.update_time desc");
    PageInfo pageInfo = new PageInfo(courseMapper.queryListNotInClass(courseListDTO));
    return ResultEntity.success("查询成功", pageInfo);
}


@Override
@Cacheable(value = "course:list",keyGenerator = "courseKeyGenerator")
public ResultEntity queryList(CourseListDTO courseListDTO) {
    log.info("courseListDTO = " + courseListDTO);
    // 开启分页
    PageHelper.startPage(courseListDTO.getCurrentPage(),
            courseListDTO.getPageSize(),
            "c.update_time desc");
    PageInfo pageInfo = new PageInfo(courseMapper.queryList(courseListDTO));
    return ResultEntity.success("查询成功", pageInfo);
}
```

（6）测试缓存功能是否生效

通过测试，相同的查询条件下，第一次从数据库中查询数据，第二次则直接从缓存中获取数据。

示意图：使用java条件查询课程列表，界面如图8-4所示。

图8-4　课程列表界面

示意图：从日志中显示通过SELECT语句查询了数据。如图8-5所示。

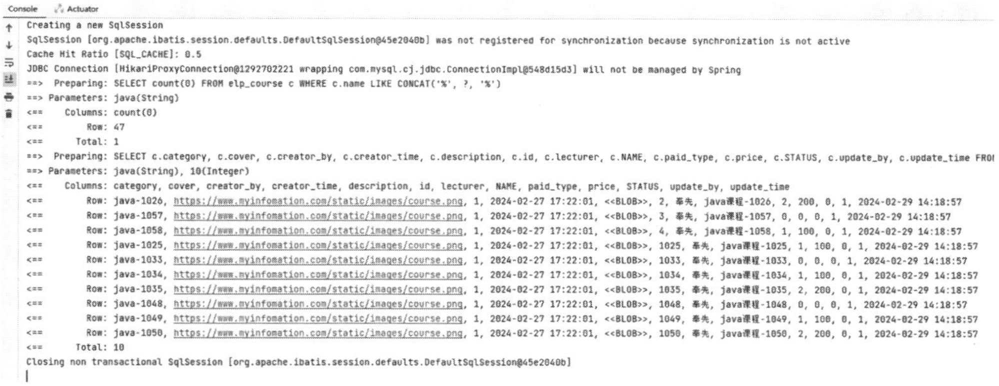

```
Console    Actuator
Creating a new SqlSession
SqlSession [org.apache.ibatis.session.defaults.DefaultSqlSession@45e2040b] was not registered for synchronization because synchronization is not active
Cache Hit Ratio [SQL_CACHE]: 0.5
JDBC Connection [HikariProxyConnection@1292702221 wrapping com.mysql.cj.jdbc.ConnectionImpl@548d15d3] will not be managed by Spring
==>  Preparing: SELECT count(0) FROM elp_course c WHERE c.name LIKE CONCAT('%', ?, '%')
==> Parameters: java(String)
<==    Columns: count(0)
<==        Row: 47
<==      Total: 1
==>  Preparing: SELECT c.category, c.cover, c.creator_by, c.creator_time, c.description, c.id, c.lecturer, c.NAME, c.paid_type, c.price, c.STATUS, c.update_by, c.update_time FRO
==> Parameters: java(String), 10(Integer)
<==    Columns: category, cover, creator_by, creator_time, description, id, lecturer, NAME, paid_type, price, STATUS, update_by, update_time
<==        Row: java-1026, https://www.myinfomation.com/static/images/course.png, 1, 2024-02-27 17:22:01, <<BLOB>>, 2, 奉先, java课程-1026, 2, 200, 0, 1, 2024-02-29 14:18:57
<==        Row: java-1057, https://www.myinfomation.com/static/images/course.png, 1, 2024-02-27 17:22:01, <<BLOB>>, 3, 奉先, java课程-1057, 0, 0, 0, 1, 2024-02-29 14:18:57
<==        Row: java-1058, https://www.myinfomation.com/static/images/course.png, 1, 2024-02-27 17:22:01, <<BLOB>>, 4, 奉先, java课程-1058, 1, 100, 0, 1, 2024-02-29 14:18:57
<==        Row: java-1025, https://www.myinfomation.com/static/images/course.png, 1, 2024-02-27 17:22:01, <<BLOB>>, 1025, 奉先, java课程-1025, 1, 100, 0, 1, 2024-02-29 14:18:57
<==        Row: java-1033, https://www.myinfomation.com/static/images/course.png, 1, 2024-02-27 17:22:01, <<BLOB>>, 1033, 奉先, java课程-1033, 0, 0, 0, 1, 2024-02-29 14:18:57
<==        Row: java-1034, https://www.myinfomation.com/static/images/course.png, 1, 2024-02-27 17:22:01, <<BLOB>>, 1034, 奉先, java课程-1034, 1, 100, 0, 1, 2024-02-29 14:18:57
<==        Row: java-1035, https://www.myinfomation.com/static/images/course.png, 1, 2024-02-27 17:22:01, <<BLOB>>, 1035, 奉先, java课程-1035, 2, 200, 0, 1, 2024-02-29 14:18:57
<==        Row: java-1048, https://www.myinfomation.com/static/images/course.png, 1, 2024-02-27 17:22:01, <<BLOB>>, 1048, 奉先, java课程-1048, 0, 0, 0, 1, 2024-02-29 14:18:57
<==        Row: java-1049, https://www.myinfomation.com/static/images/course.png, 1, 2024-02-27 17:22:01, <<BLOB>>, 1049, 奉先, java课程-1049, 1, 100, 0, 1, 2024-02-29 14:18:57
<==        Row: java-1050, https://www.myinfomation.com/static/images/course.png, 1, 2024-02-27 17:22:01, <<BLOB>>, 1050, 奉先, java课程-1050, 2, 200, 0, 1, 2024-02-29 14:18:57
<==      Total: 10
Closing non transactional SqlSession [org.apache.ibatis.session.defaults.DefaultSqlSession@45e2040b]
```

图 8-5　通过 SELECT 语句查询数据

再次在前端使用java条件查询课程列表。

示意图：相同条件查询时，没有SELECT语句的日志，表示没有从数据库中查询数据。

```
Cache Hit Ratio [SQL_CACHE]: 0.5
JDBC Connection [HikariProxyConnection@1292702221 wrapping com.mysql.cj.jdbc.ConnectionImpl@548d15d3] will not be managed by Spring
==>  Preparing: SELECT count(0) FROM elp_course c WHERE c.name LIKE CONCAT('%', ?, '%')
==> Parameters: java(String)
<==    Columns: count(0)
<==        Row: 47
<==      Total: 1
==>  Preparing: SELECT c.category, c.cover, c.creator_by, c.creator_time, c.description, c.id, c.lecturer, c.NAME, c.paid_type, c.price, c.STATUS, c.update_by, c
==> Parameters: java(String), 10(Integer)
<==    Columns: category, cover, creator_by, creator_time, description, id, lecturer, NAME, paid_type, price, STATUS, update_by, update_time
<==        Row: java-1026, https://www.myinfomation.com/static/images/course.png, 1, 2024-02-27 17:22:01, <<BLOB>>, 2, 奉先, java课程-1026, 2, 200, 0, 1, 2024-02-
<==        Row: java-1057, https://www.myinfomation.com/static/images/course.png, 1, 2024-02-27 17:22:01, <<BLOB>>, 3, 奉先, java课程-1057, 0, 0, 0, 1, 2024-02-29
<==        Row: java-1058, https://www.myinfomation.com/static/images/course.png, 1, 2024-02-27 17:22:01, <<BLOB>>, 4, 奉先, java课程-1058, 1, 100, 0, 1, 2024-02-
<==        Row: java-1025, https://www.myinfomation.com/static/images/course.png, 1, 2024-02-27 17:22:01, <<BLOB>>, 1025, 奉先, java课程-1025, 1, 100, 0, 1, 2024-
<==        Row: java-1033, https://www.myinfomation.com/static/images/course.png, 1, 2024-02-27 17:22:01, <<BLOB>>, 1033, 奉先, java课程-1033, 0, 0, 0, 1, 2024-02
<==        Row: java-1034, https://www.myinfomation.com/static/images/course.png, 1, 2024-02-27 17:22:01, <<BLOB>>, 1034, 奉先, java课程-1034, 1, 100, 0, 1, 2024-
<==        Row: java-1035, https://www.myinfomation.com/static/images/course.png, 1, 2024-02-27 17:22:01, <<BLOB>>, 1035, 奉先, java课程-1035, 2, 200, 0, 1, 2024-
<==        Row: java-1048, https://www.myinfomation.com/static/images/course.png, 1, 2024-02-27 17:22:01, <<BLOB>>, 1048, 奉先, java课程-1048, 0, 0, 0, 1, 2024-02
<==        Row: java-1049, https://www.myinfomation.com/static/images/course.png, 1, 2024-02-27 17:22:01, <<BLOB>>, 1049, 奉先, java课程-1049, 1, 100, 0, 1, 2024-
<==        Row: java-1050, https://www.myinfomation.com/static/images/course.png, 1, 2024-02-27 17:22:01, <<BLOB>>, 1050, 奉先, java课程-1050, 2, 200, 0, 1, 2024-
<==      Total: 10
Closing non transactional SqlSession [org.apache.ibatis.session.defaults.DefaultSqlSession@45e2040b]
2024-03-22T11:29:37.730+08:00  INFO 24448 --- [nio-8084-exec-3] o.h.s.interceptor.PermissionInterceptor  : 拦截器: /course/queryList
key:course:list:CourseListDTO(name=java, paid_type=null, creator_time_begin=null, creator_time_end=null, class_id=null)
```

图 8-6　没有通过 SELECT 语句查询数据

2. 步骤2：AOP日志的使用

合理地进行日志打印，可以方便地通过日志迅速排查出问题所在。在项目中，可以使用AOP来进行日志打印。

执行Service方法时，打印参数。

正常结束Service时打印返回结果。

Service发生异常，打印错误消息。

（1）添加依赖

修改pom.xml添加aop的依赖，代码如下。

```
<!-- aop 切面编程 -->
<dependency>
   <groupId>org.springframework.boot</groupId>
   <artifactId>spring-boot-starter-aop</artifactId>
</dependency>
```

（2）配置切面

增加stuplatform.config.ServiceLogAspectConfig.java文件：配置AOP的切面，代码如下。

```
@Slf4j
@Aspect
@Configuration
public class ServiceLogAspectConfig {

  @Value("${server.port}")
  private String port;

  @Pointcut("execution(* org.hydrakyoufeng.stuplatform.service.impl.*.*(..))")
  public void serviceLog() {

  }

  /**
   * 环绕通知
   * @param proceedingJoinPoint
   * @return
   * @throws Throwable
   */
  @Around("serviceLog()")
  public Object doAroundService(ProceedingJoinPoint proceedingJoinPoint) throws Throwable {
    try {
      Instant instStart = Instant.now();
      Object object = proceedingJoinPoint.proceed();
      Signature signature = proceedingJoinPoint.getSignature();
      Instant instEnd = Instant.now();
      long timeDifference = Duration.between(instStart, instEnd).toMillis();
      BigDecimal divideUnsigned = BigDecimal.valueOf(timeDifference)
          .divide(BigDecimal.valueOf(1000L), new MathContext（2）);

      log.info("------------------start {} 端口 {} -----------------", Thread.currentThread().getName(),port);
      log.info("执行class_method={}, args={}",
          signature.getDeclaringTypeName() + "." + signature.getName(), proceedingJoinPoint.getArgs());
      log.info("{}请求耗时={}秒", Thread.currentThread().getName(), divideUnsigned);
      if (object != null) {
        log.info("返回值={}", object);
      }
      log.info("------------------{} end-----------------", Thread.currentThread().getName());
      return object;
```

```
    } catch (Throwable throwable) {
      log.error("发现异常：class_method={}, args={}, 异常信息:{}", proceedingJoinPoint
                .getSignature().getDeclaringTypeName() + "." + proceedingJoinPoint.getSignature().get-
Name(),
            proceedingJoinPoint.getArgs(), throwable);
      throw throwable;
    }
  }
}
```

（3）测试是否打印日志

其余代码不需要做任何的修改，就能够自动打印Service层的日志。方便进行错误的排查。尝试调用任意一个接口，看看日志是否正确打印。调用如图8-7所示course/queryList接口的日志打印截图。

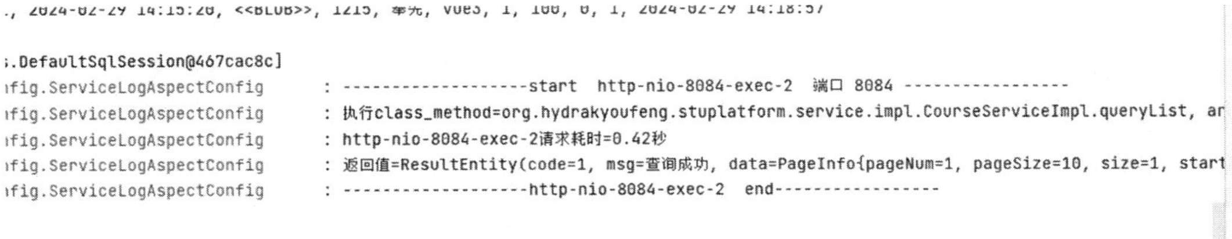

图8-7 course/querylist接口的日志打印截图

二、职业知识

1. JAVA项目优化

Java项目优化主要包括代码优化、内存优化和性能优化三个方面。

（1）代码优化

避免频繁的对象创建和销毁：通过对象池、缓存或重用现有对象等方式来减少对象创建的次数。在循环和经常调用的方法中避免创建新对象，使用基本数据类型或数组来代替对象的使用。

字符串处理优化：使用StringBuilder替代直接使用+操作符进行字符串拼接，以减少内存分配和垃圾回收的开销。

减少方法调用：避免过多的方法调用，通过内联关键方法、减少不必要的方法调用以及合并重复的方法来优化性能。

局部变量代替全局变量：在方法内部，使用局部变量替代全局变量，因为局部变量的访问速度更快。

合理使用final修饰符：带有final修饰符的类和方法不可被派生和覆盖，这有助于编译器进行内联优化，提高性能。

异常处理优化：只在必要的地方抛出和捕获异常，避免滥用异常处理机制，因为异常的抛出和捕获是较为昂贵的操作。

循环和条件语句优化：避免过深或过复杂的循环和条件语句，以减轻CPU的计算负担。

（2）内存优化

堆内存调优：根据应用程序的实际需求调整堆内存大小，避免过小导致频繁垃圾回收，或过大造成资源浪费。

使用弱引用和软引用：通过Java提供的弱引用（WeakReference）和软引用（SoftReference）来管理对象的生命周期，让垃圾回收器更加灵活地回收不再使用的对象。

避免内存泄露：确保无用的对象能够正常被垃圾回收器回收，防止发生内存泄露。

选择合适的数据结构：不同的数据结构对内存的占用情况和性能表现有所不同，应根据具体场景和需求来选择合适的数据结构。

垃圾回收器调优：根据应用程序的特点和需求，调整垃圾回收器的参数及策略，优化其性能和效果。

（3）性能优化

减少锁的竞争：使用细粒度锁或非阻塞算法减少锁的争用，如使用ConcurrentHashMap替代Hashtable来提高并发性能。

合理使用并发工具：利用Java并发包提供的工具类，如CountDownLatch、Semaphore等，实现并发控制和限流。

2. 利用工具优化代码

云计算：利用云计算的弹性伸缩和按需付费特性，根据应用需求灵活扩展和优化应用结构。

现代开发工具：使用现代的集成开发环境（IDE）如VS Code或IntelliJ IDEA，它们提供了更好的用户界面、强大的调试工具和广泛的插件生态系统，可以提高开发效率和代码质量。

代码分析和优化工具：使用代码分析工具（如静态代码分析工具）来检测潜在的性能问题，使用性能剖析器来识别性能瓶颈，并据此进行优化。

任务四 部署学习平台到云服务器

一、职业行动

学习平台经过前期的测试和优化，项目已满足运营需求，可以将项目正式发布运营。本任务采用云服务器将学习平台进行打包部署。

由于学习平台采用前后端分离的模式，因此需要将前端项目和Java后端接口分别打包和部署。

1. 步骤1：学习平台Java接口打包及测试

将学习平台Java接口项目打包并测试运行。

（1）使用maven打包Java项目

打包Java的maven项目需要使用maven的打包命令，通常有两种方式：

① 在项目根目录中，使用mvn package命令进行打包。使用命令打包如图8-8所示。

```
PS E:\workspace-jc\stuplatform_api> mvn package
[INFO] Scanning for projects...
[INFO]
[INFO] -----------------< org.hydrakyoufeng:stuplatform_api >------------------
[INFO] Building stuplatform_api 1.0-SNAPSHOT
[INFO] --------------------------------[ jar ]---------------------------------
[INFO]
[INFO]
[INFO] --- spring-boot-maven-plugin:3.0.2:repackage (repackage) @ stuplatform_api ---
[INFO] Replacing main artifact with repackaged archive
[INFO] ------------------------------------------------------------------------
[INFO] BUILD SUCCESS
[INFO] ------------------------------------------------------------------------
[INFO] Total time:  1.744 s
[INFO] Finished at: 2024-03-22T15:01:07+08:00
[INFO] ------------------------------------------------------------------------
PS E:\workspace-jc\stuplatform_api>
```

图 8-8　打包命令界面

② 使用IDEA的打包按钮，如图8-9所示。

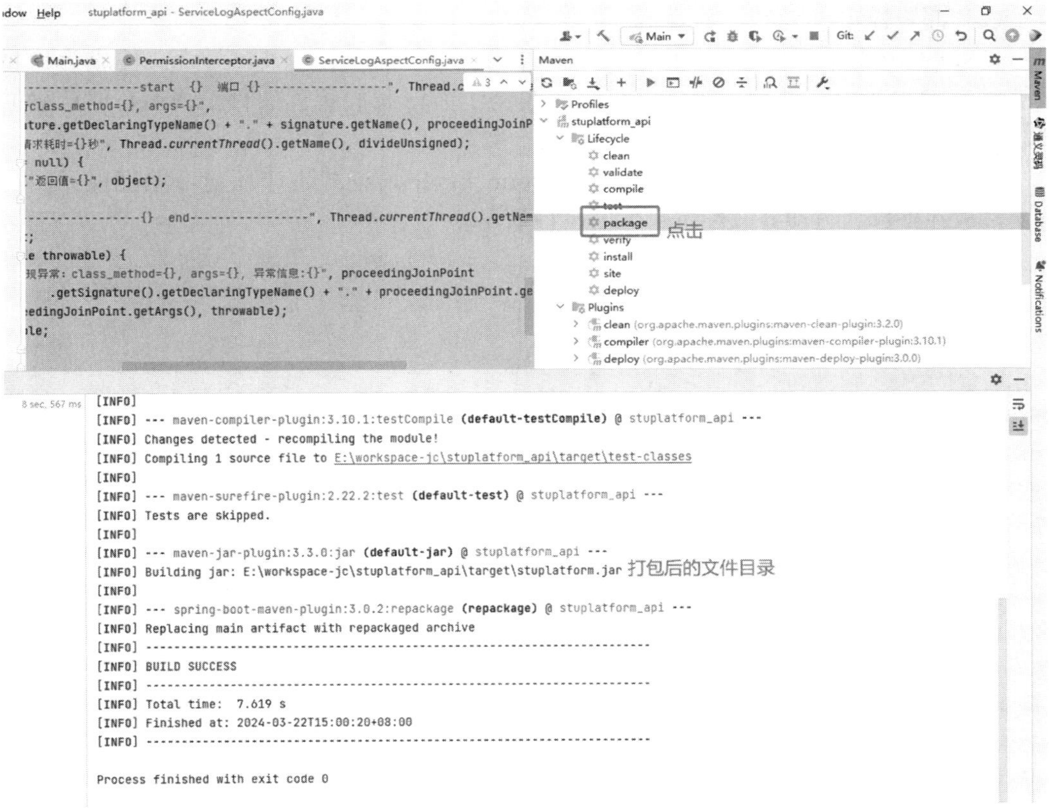

图 8-9　命令打包界面

无论使用哪种方式，都会在项目根目录下/target中生成打包后的jar文件，如图8-10所示。

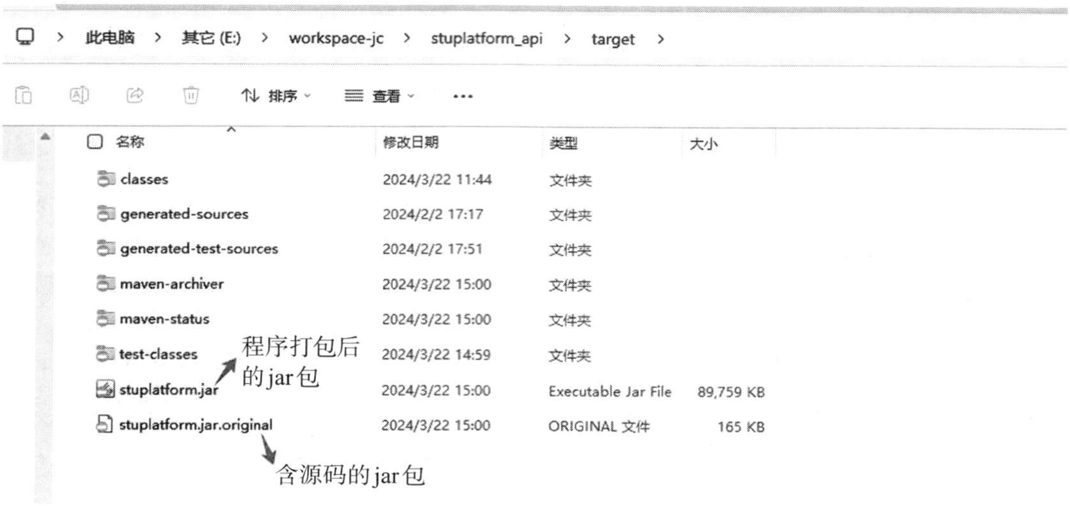

图 8-10　打包结果

（2）部署程序

将stuplatform.jar拷贝到一个空文件夹中，如F:/stuplatform_bin，该文件成为项目部署的文件根目录。选择一个空文件夹，是为了方便我们管理项目正式运行时产生的日志文件。

将application.yml拷贝一个到F:/stuplatform_bin中，正式生产环境习惯把项目的配置文件放在外部，方便修改配置，如图8-11所示。

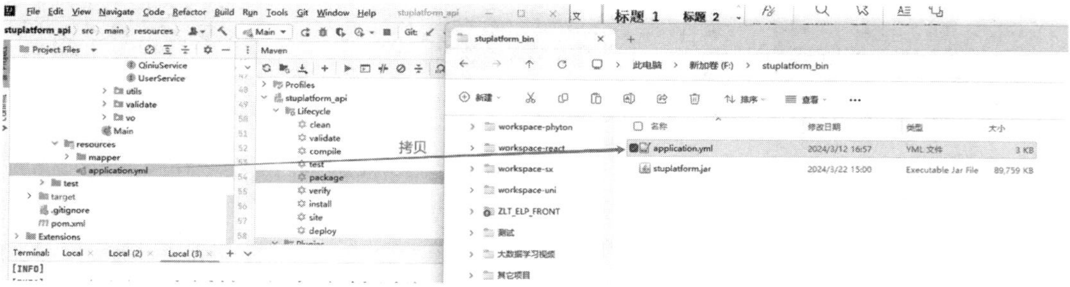

图 8-11　拷贝打包文件

在F:/stuplatform_bin中添加一个startup.bat文件，然后使用记事本打开startup.bat添加以下内容，编写调用java.exe启动jar包的命令，并指定配置文件。

```
java -jar stuplatform.jar --spring.config.location=application.yml
```

（3）启动程序

双击startup.bat文件启动程序，如图8-12所示。

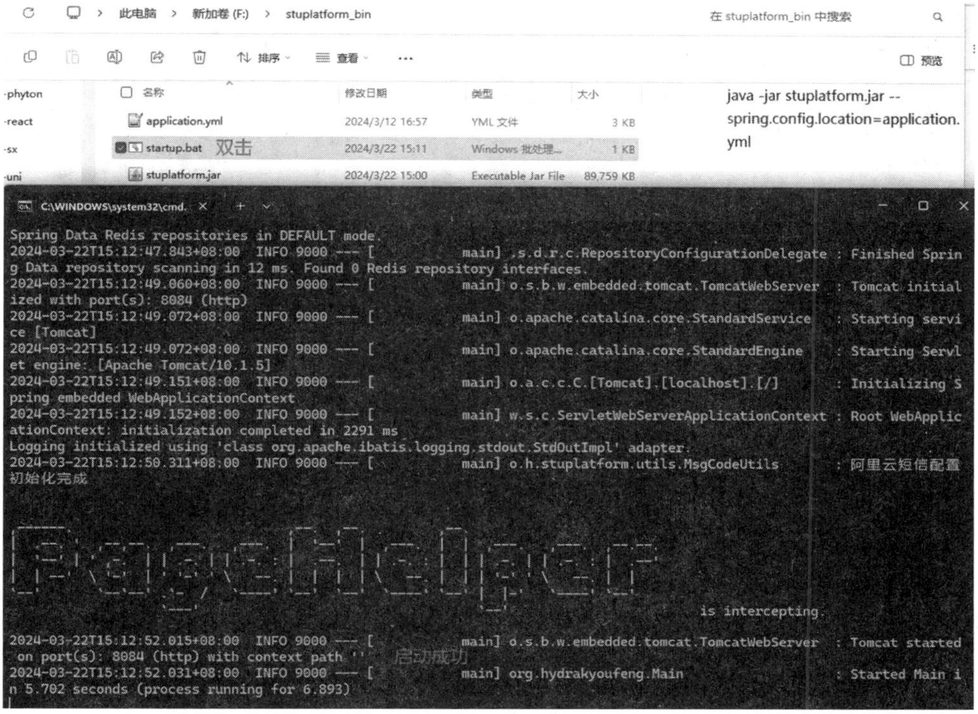

图8-12　程序运行后控制台界面

（4）测试程序是否启动成功

打开前端网站，测试功能是否正常，如图8-13所示。

图8-13　登录界面

控制台上也打印出了信息，证明Java项目打包成功。如图8-14所示。

图8-14　打印信息

2. 步骤2：学习平台用户端和管理端打包

学习平台用户端和管理端是前端项目，需要下载nginx并完成反向代理的配置。

（1）在官网下载nginx

nginx是现在最常用的WEB服务器容器，现在vue打包的项目通常都会选择nginx作为容器来运行。进入nginx下载页面https://nginx.org/en/download.html，选择windows的稳定版进行下载。界面如图8-15所示。

图8-15　nginx下载界面

（2）解压并配置nginx

下载完成后进行解压：笔者解压到F:盘根目录，F:/nginx-1.25.1是笔者的nginx根目录，如图8-16所示。

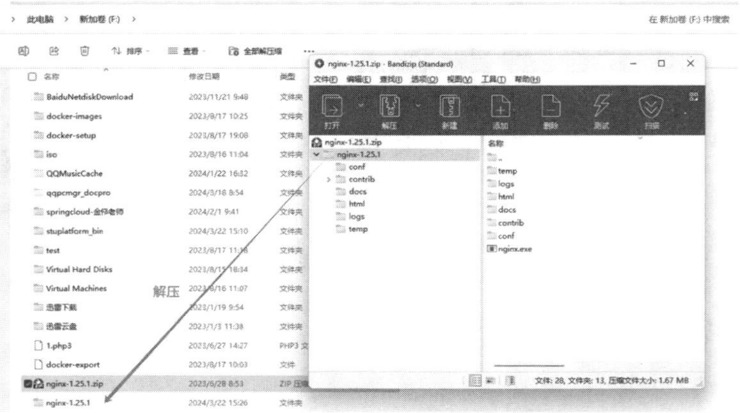

图8-16　nginx解压

用记事本等文本编辑器打开F:/nginx-1.25.1/conf/nginx.conf配置文件，进行配置。

主要进行以下配置：

● 配置网站的根路径：稍后会将前端项目打包后的文件放到以下目录中：F:/nginx-1.25.1/html/stuplatform

● 对vue项目进行特殊配置，避免刷新页面出错。

● 配置反向代理：解决前端请求后端API跨域问题。实际上在开发Vue-CLI项目时，也配置了一个开发服务器的反向代理，这里配置了不需要修改任何代码就可以完成无缝衔接的功能，代码如下。

```
#user  nobody;
worker_processes  1;
#pid        logs/nginx.pid;
events {
    worker_connections  1024;
}
http {
    include       mime.types;
    default_type  application/octet-stream;
    #access_log  logs/access.log  main;
    sendfile        on;
    keepalive_timeout  65;
    #gzip  on;
      # 网站根路径
      root html;

    server {
          # 服务端口号
      listen       80;
      server_name  localhost;
        # vue前端项目首页，vue项目需要配置一个try_files指令以避免刷新页面出错
          location /stuplatform_web/ {
                try_files $uri $uri/ /stuplatform_web/index.html;
          }

          # vue管理端项目首页，vue项目需要配置一个try_files指令以避免刷新页面出错
          location /stuplatform_adm/ {
                try_files $uri $uri/ /stuplatform_adm/index.html;
          }

          # 配置网站首页
      location / {
        index  stuplatform_web/index.html;
```

```
    }

        # 配置反向代理：/api/开头的请求会代理到本机8084的端口上
        location /api/ {
                proxy_pass http://127.0.0.1:8084/;
                # 存放用户的真实ip
                proxy_set_header Host $host;
                proxy_set_header X-real-ip $remote_addr;
                proxy_set_header X-Forwarded-For $proxy_add_x_forwarded_for;
        }

    #error_page  404              /404.html;

    # redirect server error pages to the static page /50x.html
    #
    error_page   500 502 503 504  /50x.html;
    location = /50x.html {
      root   html;
    }
  }
}
```

（3）打包用户端和管理端Vue项目

修改Vue-CLI项目的vue.config.js文件，进行打包配置。创建stuplatform_web项目的vue.config.js文件，代码如下。

```
const { defineConfig } = require("@vue/cli-service");
module.exports = defineConfig({
  // 打包后页面的访问路径，如果直接是站点根目录配置“./”（默认值），如果是二级目录配置“/目录名/”
  publicPath: '/stuplatform_web/',
  // 打包后的文件保存目录，默认为dist，表示在开发目录下的dist文件夹中
  outputDir: 'F:\\nginx-1.25.1\\html\\stuplatform_web',
  transpileDependencies: true,
  // 打包后是否生成js.map文件（默认为true，生产环境推荐使用false）
  productionSourceMap: false,
  chainWebpack: config => {
    config.plugin("html").tap(args => {
    args[0].title = "学习平台"
    return args;
    })
  },
  // 将前端ip改为8081与管理端相区分
```

```
  devServer: {
    port: 8081,
    client: {
      // 配置错误遮罩层，避免未处理axios的rejected状态而弹出错误遮罩层
      overlay: {
        warnings: false,
        errors: true,
        runtimeErrors: false,
      }
    },
    // 配置开发代理服务器
    proxy: {
      '/api': {
        target: 'http://127.0.0.1:8084',
        // 允许跨域
        changeOrigin: true,
        ws: false, // 如果要代理 websockets，配置这个参数
        secure: false, // 如果是https接口，需要配置这个参数
        pathRewrite: {
          '^/api': ''
        }
      }
    },
  }
});
stuplatform_stu项目的vue.config.js文件：
const { defineConfig } = require("@vue/cli-service");
module.exports = defineConfig({
  // 打包后页面的访问路径：如果直接是站点根目录，那么配置为“./”（默认值）；如果是二级目录，那么配置为“/目录名/”
  publicPath: '/stuplatform_adm/',
  // 打包后的文件保存目录，默认为dist，表示在开发目录下的dist文件夹中
  outputDir: 'F:\\nginx-1.25.1\\html\\stuplatform_adm',
  transpileDependencies: true,
  // 打包后是否生成js.map文件（默认为true，生产环境推荐使用false）
  productionSourceMap: false,
  chainWebpack: config => {
    config.plugin("html").tap(args => {
    args[0].title = "学习平台-管理端"
    return args;
    })
  },
```

```
// 将前端 ip 改为 8081 与管理端相区分
devServer: {
  port: 8081,
  client: {
    // 配置错误遮罩，避免未处理 axios 的 rejected 状态而弹出错误遮罩
    overlay: {
      warnings: false,
      errors: true,
      runtimeErrors: false,
    }
  },
  // 配置开发代理
  proxy: {
    '/api': {
      target: 'http://127.0.0.1:8084',
      // 允许跨域
      changeOrigin: true,
      ws: false, // 如果要代理 websockets，配置这个参数
      secure: false, // 如果是 https 接口，需要配置这个参数
      pathRewrite: {
        '^/api': ''
      }
    }
  },
}
});
```

使用“命令提示符程序”分别在 stuplatform_web 和 stuplatform_user 的根目录下执行以下命令，进行项目打包。

```
npm run build
```

这里直接将文件打包到 nginx 的运行目录中，省去了复制文件的麻烦。如图 8-17 所示为程序打包文件。

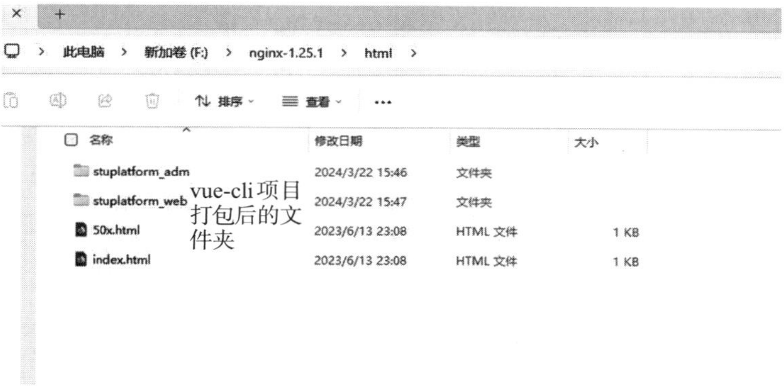

图 8-17　程序打包文件

可以打开stuplatform_web查看内容，如图8-18所示。

图 8-18　打包后文件内容

（4）启动nginx并测试页面是否正常显示

使用“命令提示符程序”进入nginx根目录（F:/nginx-1.25.1），执行以下命令启动nginx，如图8-19所示。

```
start nginx
```

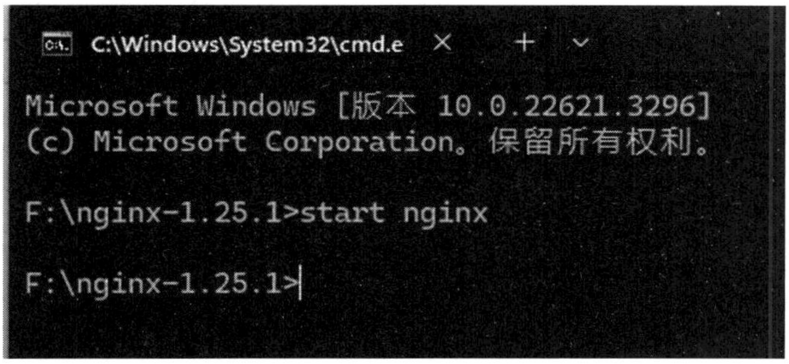

图 8-19　启动Nginx

使用浏览器访问以下地址，如图8-20所示。

```
http://127.0.0.1
```

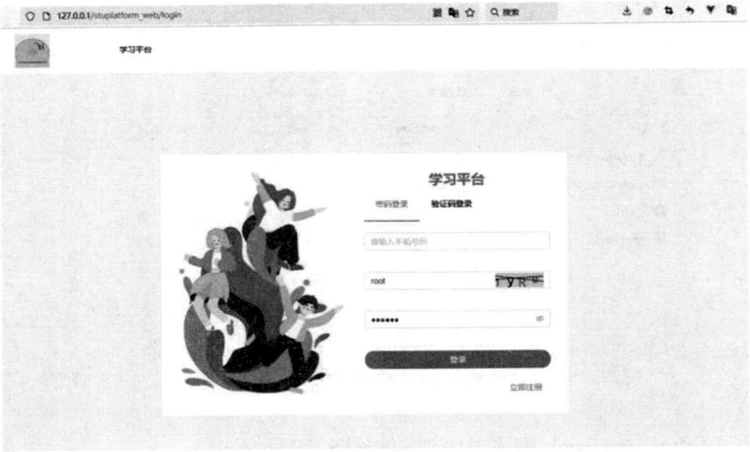

图8-20　登录界面

网站正常访问。至此，我们前后端项目都完成了发布。

nginx的常用命令如下：

start nginx：启动nginx。

nginx -s reload：重新加载配置文件。

nginx -s stop：快速关闭nginx，不保存相关信息直接结束。

nginx -s quit：平稳关闭nginx，保存相关信息后再关闭web程序。

注意：在Windows中使用nginx的关闭命令有时无法成功关闭nginx。如果测试配置文件的修改效果时发现没有任何反应，那么可以在任务管理器中查看nginx的进程是否因未停止而导致的。

3. 步骤3：准备云服务器

打开阿里云的控制面板，选择“轻量应用服务器”，如图8-21所示。

图8-21　阿里云控制台界面

点击“创建服务器”，如图8-22所示。

图 8-22 阿里云控制台创建服务器

选择实例的配置后点击购买：操作系统方面，可以根据自己的喜好选择Windows或Linux系统。Windows系统上安装软件和运行程序流程前面已经讲解，这里选择CentOS的Linux系统，如图8-23所示。

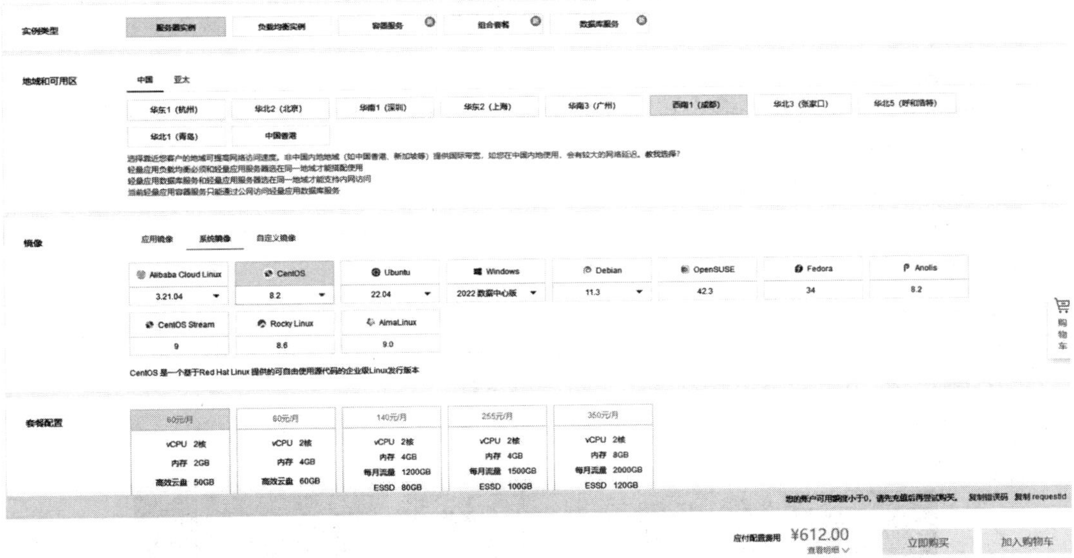

图 8-23 选择服务器操作系统

购买完成后，回到“轻量级应用服务器”首页，可以看到购买的实例，如图8-24所示。

图8-24　服务器实例

4. 步骤4：安装宝塔面板

Linux的操作都是基于命令行的，在生产环境中使用不方便。现在很多开发机构都会选择一个面板程序来操作Linux系统。面板程序相当于一个快速建站工具，使用该程序可以很容易地完成项目的部署工作。

宝塔面板是常用的面板程序之一，安装宝塔面板需要在Linux的命令终端上执行相应命令。

使用SSH程序通过公网IP访问云服务，有以下两种方法可以使用。

方法一：点击“远程连接”。阿里云提供了一个基于网页版的终端程序。

方法二：使用“命令提示符程序”执行以下命令。

```
ssh root@121.196.153.128
```

然后输入密码，如图8-25所示。

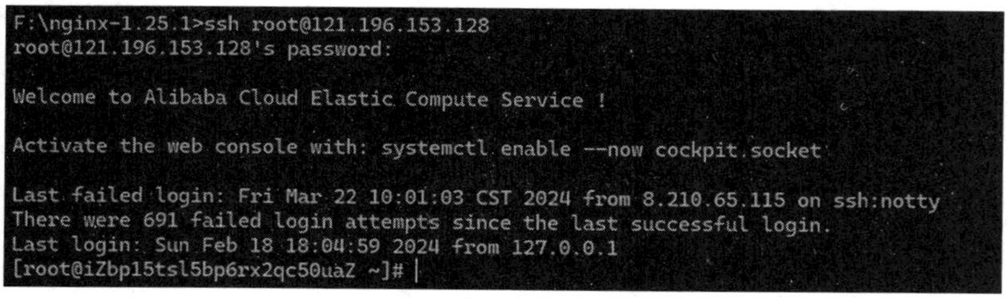

图8-25　登录服务器

备注：Windows 10及以上系统的CMD内置了PowerShell可以直接使用SSH命令；如果是其他系统需要安装SSH的客户端程序。

访问宝塔面板的下载安装页面（https://www.bt.cn/new/download.html），讲述了如何安装宝塔面板，如图8-26所示。

图8-26　宝塔面板安装命令

找到相应的操作系统版本（笔者云服务器的系统是CentOS），点击“复制”按钮，将代码粘贴到SSH终端内，稍后会自动完成安装。

安装完成后，系统会给出访问宝塔面板首页的HTTP地址。使用浏览器访问该地址便可以进入宝塔面板的首页，通过宝塔面板首页可以直观、简单地管理云服务的Linux系统。

宝塔面板首页示意图如图8-27所示。

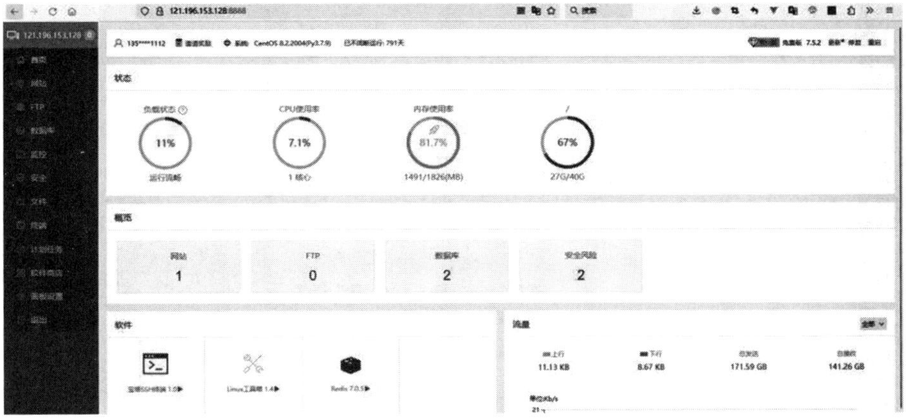

图8-27　宝塔面板首页

5. 步骤5：利用宝塔面板部署项目

（1）借助宝塔面板安装JDK

除了JDK以外，其余的所有软件都可以通过宝塔面板的软件商店直接进行安装，因此需首先安装JDK。

在Oracle的官方下载站点，下载适用于Linux的JDK（注意选择JDK17的版本）：https://www.oracle.com/java/technologies/downloads/。如图8-28所示。

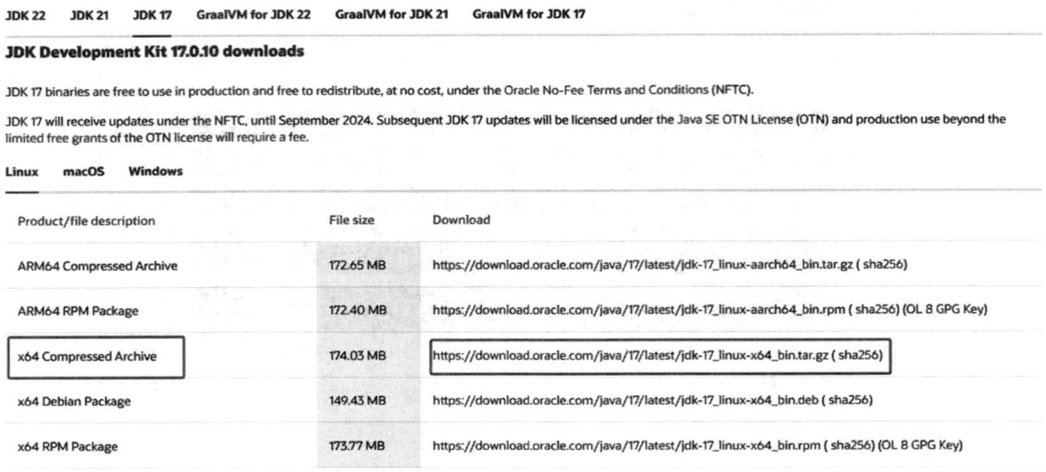

图 8-28　下载JDK

下载完成后，利用宝塔的文件管理功能，将下载的文件上传到“/usr/java”目录中，如图8-29所示。

图 8-29　宝塔面板创建Java项目界面

点击“上传”按钮，将下载的文件上传到指定目录中，如图8-30所示。

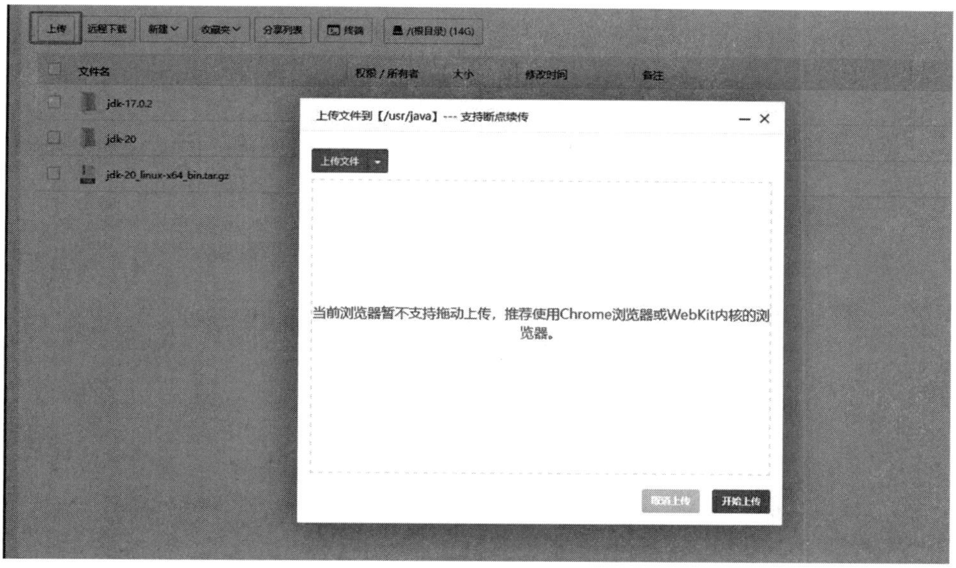

图8-30　通过宝塔面板上传文件的界面

上传后进行解压操作：右键点击需要解压的文件，在弹出的窗口中选择“解压”选项，其界面如图8-31所示。

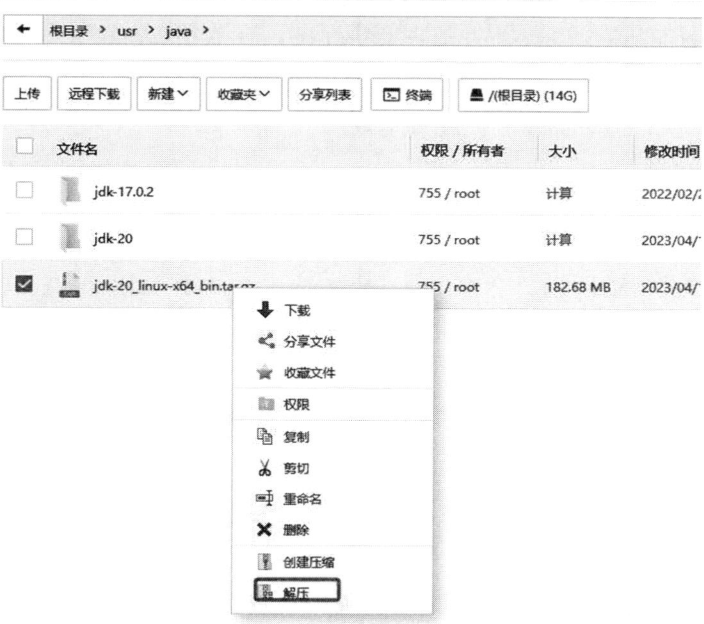

图8-31　解压文件的操作界面

使用宝塔面板的文件管理功能，进入/etc/目录，然后双击profile文件进行编辑，如图8-32所示。

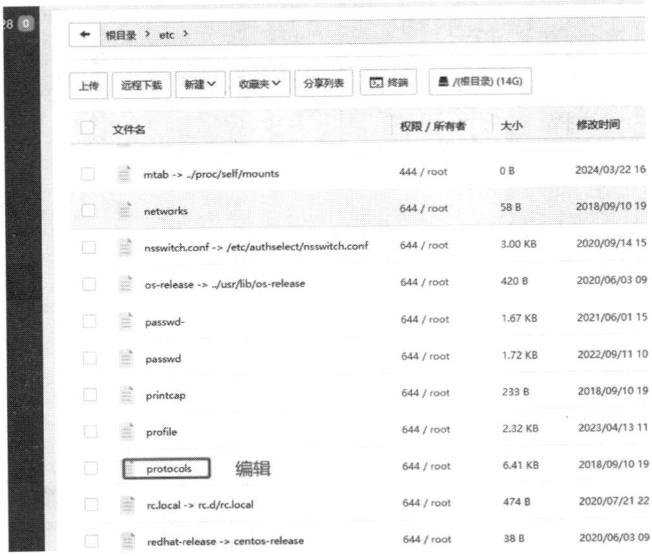

图 8-32　编辑文件

在文件最下方添加以下内容：

export JAVA_HOME=/usr/java/jdk-17.0.2

export CLASSPATH=$:CLASSPATH:$JAVA_HOME/lib/

export PATH=$PATH:$JAVA_HOME/bin:$JAVA_HOME/jre/bin

修改完成后点击“保存”按钮，然后关闭编辑器。

打开终端，执行以下命令，使配置生效。

```
source /etc/profile
```

（2）使用宝塔面板软件商城安装和配置MySQL

余下的MySQL、Nginx、Redis都可以通过软件商店进行安装。这里简单讲解软件商店的用法，如图8-33所示。

图 8-33　宝塔面板中安装MySQL的界面

安装完成MySQL后，可以在数据库面板处直接配置用户和密码，其界面如图8-34所示。

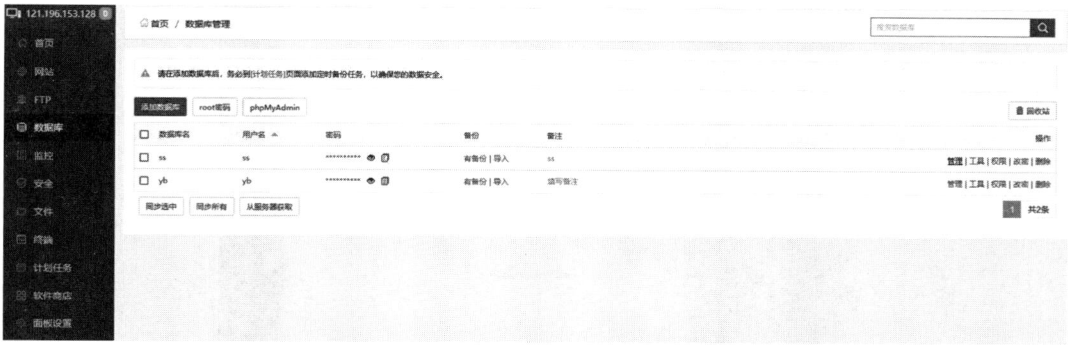

图8-34 宝塔面板中查看MySQL数据库的界面

点击“管理”按钮，可以使用宝塔面板自带的phpMyAdmin工具对数据库进行管理。

（3）使用宝塔面板软件添加站点并部署前端项目

安装完Nginx后，可以在网站面板中添加新的站点，如图8-35所示。

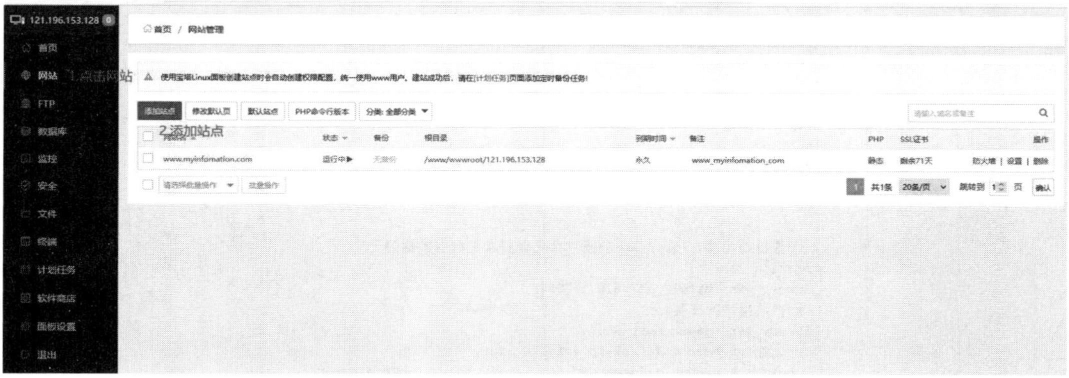

图8-35 宝塔中添加站点

点击“添加站点”，填写站点的信息，如图8-36所示。

图8-36 宝塔中设置站点信息

创建完成后，可以对站点进行配置，如图8-37所示。

图8-37　宝塔中配置站点

nginx配置的方式之前已经讲过，将之前在本地Windows配置的信息直接粘贴进去即可。具体操作如图8-38所示。

```
# vue管理端项目首页，vue项目需要配置一个try_files避免刷新页面出错
location /stuplatform_adm/ {
  try_files $uri $uri/ /stuplatform_adm/index.html;
}

# 配置网站首页
location / {
  index  stuplatform_web/index.html;
}


# 配置反向代理：/api/开头的请求会代理到本机8084的端口上
location /api/ {
  proxy_pass http://127.0.0.1:8084/;
  # 存放用户的真实ip
  proxy_set_header Host $host;
  proxy_set_header X-real-ip $remote_addr;
  proxy_set_header X-Forwarded-For $proxy_add_x_forwarded_for;
}
```

图8-38　nginx配置方式

注意：反向代理配置的IP一定是本机IP，即127.0.0.1，不要误用成公网IP。

点击根目录，进入Nginx的站点根目录（等同于之前在Windows上的nginx的html目录），如图8-39所示。

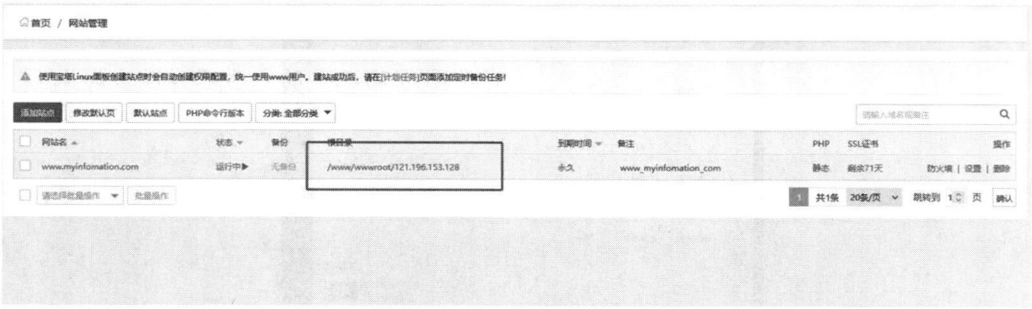

图8-39　nginx目录

点击“上传”，将stuplatform_web和stuplatform_adm打包后的目录上传到网站根目录中，如图8-40所示。

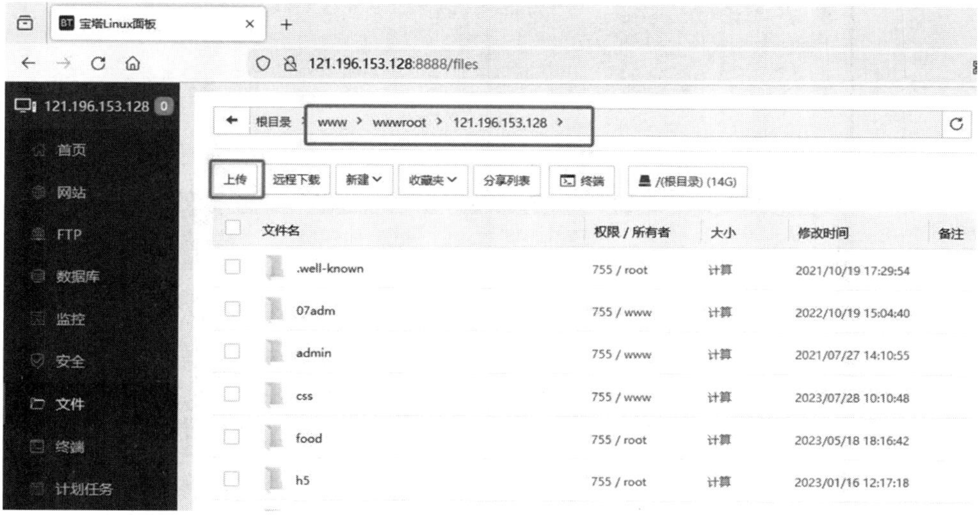

图8-40　上传文件

文件上传后的目录如图8-41所示。

图8-41　文件上传后的目录

（4）使用宝塔面板软件商店安装Redis

在软件商店里面可以通过搜索Redis，一键安装Redis数据库。安装完Redis后，点击“设置”，可以对Redis进行配置，如图8-42所示。

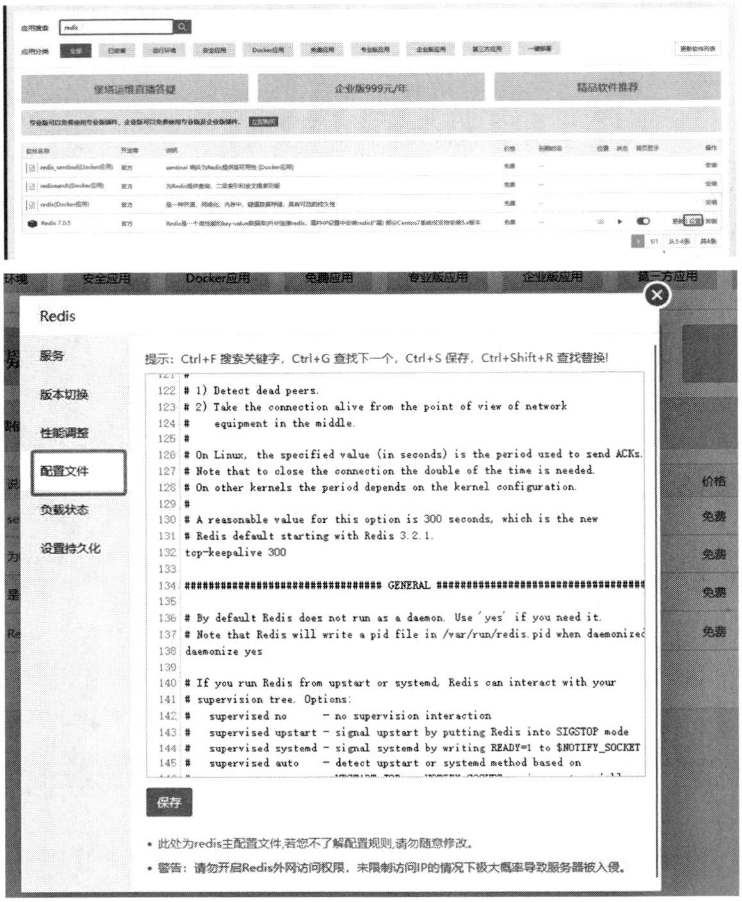

图8-42　安装Redis界面

（5）使用宝塔面板部署Java项目

使用宝塔面板的文件管理功能，将stuplatform.jar和application.yml上传到/www/wwwroot/stuplatformApi文件夹中，如图8-43所示。

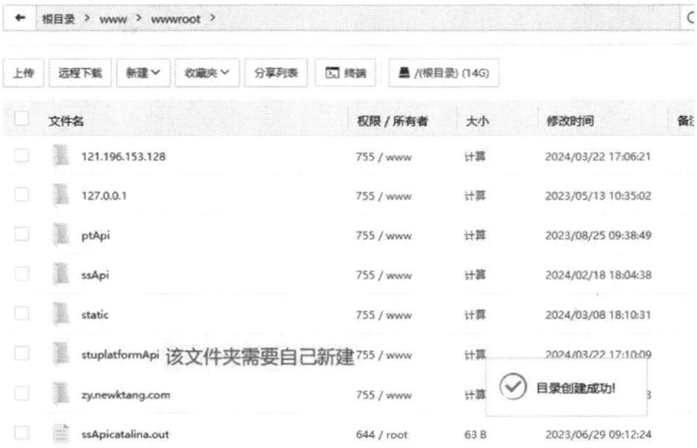

图8-43　上传Java项目后的目录结构

在stuplatformApi文件夹中新建restart.sh文件，点击“编辑”，添加以下内容。

```
PID=$(jps | grep stuplatform.jar | awk '{print $1}')
if [ -n "$PID" ]; then
  echo "Stopping JAVA program..."
  kill -9 $PID
  echo "JAVA program stopped."
else
  echo "No JAVA program is currently running."
fi

# 重新启动JAVA程序
echo "Starting JAVA program..."
nohup java -jar stuplatform.jar --spring.config.location=application.yml > catalina.out 2>&1 &
echo "JAVA program started."
```

该文件用于启动或重启stuplatform.jar文件。

打开终端，执行以下命令，启动JAVA程序，如图8-44所示。

```
./restart.sh
```

```
Last login: Fri Mar 22 17:18:16 2024 from 127.0.0.1
[root@iZbp15tsl5bp6rx2qc50uaZ ~]# cd /www/wwwroot/stuplatformApi
[root@iZbp15tsl5bp6rx2qc50uaZ stuplatformApi]# ./restart.sh
```

图8-44　启动JAVA程序

执行后，可以使用JPS命令查看启动的JAVA程序的状态，如图8-45所示。

```
[root@iZbp15tsl5bp6rx2qc50uaZ stuplatformApi]# jps
1029437 stuplatform.jar
1029496 Jps
1522446 ss.jar
[root@iZbp15tsl5bp6rx2qc50uaZ stuplatformApi]#
```

图8-45　查看启动的JAVA程序的状态

（6）测试项目是否部署成功

使用浏览器，访问公网IP，查看是否成功访问到项目的主页，如图8-46所示。

图8-46　首页

6. 步骤6：负载均衡与弹性部署

当站点的访问量上去之后，API服务端将成为项目的一大瓶颈，仅在一台计算机上部署一个API程序（单机实例），将无法应对海量的访问请求，于是可以将单机部署改为多机部署。将程序部署到多台计算机上面进行负载均衡，这样就可以对应用进行横向的扩展。

对于小型的项目，可以采用nginx的反向代理+负载均衡来完成应用的横向扩展。

对于大型的项目，可以将SpringBoot的单点架构拆分为SpringCloud的微服务架构。

这里以一台计算机为例，部署多个API实例，讲解如何使用nginx完成负载均衡的配置。

（1）配置nginx的反向代理加负载均衡

修改F:/nginx-1.25.1/conf/nginx.conf文件，代码如下。

```
#user  nobody;
worker_processes  1;
events {
    worker_connections  1024;
}

http {
    include       mime.types;
    default_type  application/octet-stream;
    sendfile        on;
    keepalive_timeout  65;
        # 网站根路径
        root html;

        #配置负载均衡
        upstream api {
                server localhost:8084 weight=5;
                server localhost:8085 weight=5;
        }

    server {
                # 服务端口号
        listen       80;
        server_name  localhost;
                # vue前端项目首页，vue项目需要配置一个try_files指令以避免刷新页面出错
                location /stuplatform_web/ {
                        try_files $uri $uri/ /stuplatform_web/index.html;
                }

                # vue管理端项目首页，vue项目需要配置一个try_files指令以避免刷新页面出错
                location /stuplatform_adm/ {
                        try_files $uri $uri/ /stuplatform_adm/index.html;
```

```
            }

            # 配置网站首页
        location / {
          index  stuplatform_web/index.html;
        }

            #访问以api开头的地址，进行反向代理且实现负载均衡
            location /api/ {
                    # 存放用户的真实ip
                    proxy_set_header Host $host;
                    proxy_set_header X-real-ip $remote_addr;
                    proxy_set_header X-Forwarded-For $proxy_add_x_forwarded_for;
                    proxy_pass http://api/;
            }
        error_page   500 502 503 504  /50x.html;
        location = /50x.html {
          root   html;
        }
    }
}
```

修改完配置后使用nginx -s reload重新加载配置文件。

（2）在两个端口上运行两个API实例

在F:/stuplatform_bin文件夹中创建startup-cluster.bat文件，使用文本编辑器打开它，添加以下内容。

```
@echo off

set JAR_PATH=stuplatform.jar

set CONFIG_PATH=application.yml

set PORT1=8084

set PORT2=8085

echo Starting stuplatform.jar on port %PORT1% in a new console...

start "stuplatform_port_%PORT1%" cmd /k java -jar -Dserver.port=%PORT1% %JAR_PATH% --spring.
config.location=%CONFIG_PATH%

echo Starting stuplatform.jar on port %PORT2% in a new console...

start "stuplatform_port_%PORT2%" cmd /k java -jar -Dserver.port=%PORT2% %JAR_PATH% --spring.
```

```
config.location=%CONFIG_PATH%

echo Both instances have been started in separate consoles.
```

以上批处理文件用于运行两次stuplatform.jar文件，一次指定的端口号是8084，另一次指定的端口号是8085，每次都打开新的命令窗口进行运行。

双击start-cluster.bat，可运行两个API实例，如图8-47所示。

图8-47　运行多个API实例

（3）测试负载均衡是否生效

多次使用浏览器访问首页：http://127.0.0.1/stuplatform_web/login。

从控制台的日志中可以看到，两个API实例轮流处理了前端的请求，如图8-48所示。

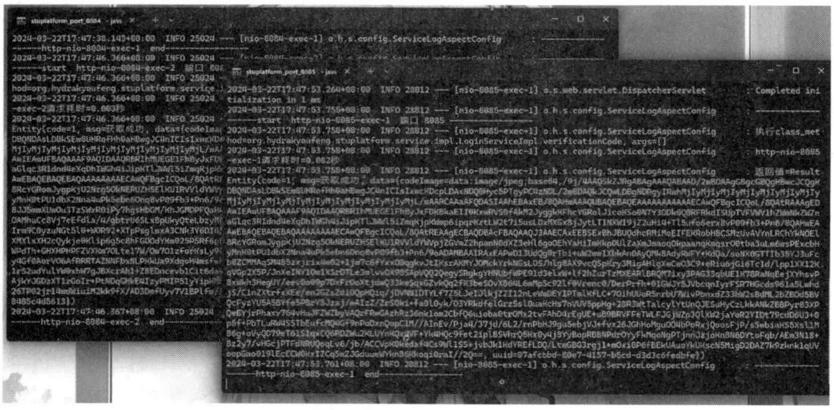

图8-48　负载均衡测试结果

二、职业知识

项目发布及云服务的使用

项目开发完成后，就需要进行打包发布了。打包完成后，可以在计算机上运行已经打包的程序以提供服务。虽然此时能够提供服务，但受网络环境的限制，互联网上的其他计算机无法通过互联网来访问本机，因此当前计算机也无法面向互联网提供服务。

为了让我们的计算机能够向互联网提供服务，通常有以下三种解决方案。

（1）向宽带服务提供商（电信、移动、联通等）申请公网IP：价格较高，一般只有企业用户能够承受，且审核的手续比较麻烦。

（2）使用内网穿透服务：网上有很多此类服务的提供商，但免费权限通常只能用于测试，如果要满足正常生产需求，往往价格也相对较高。

（3）向云服务商租用云服务器：云服务器即部署在互联网上的计算机，租用后即可自动获得公网IP。相对而言，此方式是性价比最高的方式，可以根据业务需求选择性地定制云服务器。

本项目将使用阿里云的云服务器来进行上线部署，生产环境中可以根据实际情况选择其他云服务提供商来购买云服务。

学习考评

一、考评项目

根据本项目所学内容，完成在线学习平台项目优化及上线部署进行考评，包括数据库优化、前端项目优化、Java项目优化、云服务优化及弹性部署。

二、实施准备

1. 学生准备工作与要求

学生按照教学进度计划，在完成以下所有任务后，可进行相应学习考评的实施。

（1）理解并掌握学习考评需要的相关理论、知识和方法，能应用这些知识进行学习平台项目测试及安全加固。

（2）按时、按质量要求完成相应的任务作业。

（3）按规定独立完成相关软件环境的安装和配置。

（4）在安装环境过程中，能快速借助网络和AI工具解决问题。

2. 教师准备工作与要求

（1）在安排学生实施考评前，应确保学生已经清楚地了解在线学习平台项目开发的技术选型，确保学生已对相关软件的安装和配置做过相关的实操训练。

（2）通过学生课堂问题研讨、作业、实操及其他方式，确认学生已经具备实施学习考评所需要的知识、技能和能力集成，特别是关于与项目优化、项目部署上线相关的知识要点。

（3）对协助教师完成测评的学生进行测评方法和监督方法的培训，以确保测评结果的准确性、公平性。

（4）提前准备好相关软件安装包。

（5）准备好测评记录。

三、验证方法与标准

（1）每位测评人员负责对10名学生进行定点、全过程的监督和测评。

（2）详细记录学生在实施学习考评过程中的相关信息、数据、结果、操作方法、完成时间以及出现错误、事故等情况。

（3）每个学习考评的环境安装和配置、问题解决等操作要求在90 min内完成。时间不够可以申请延长时间，总时长不超过120 min。

（4）考评内容及评分标准如表8-1所示。

表8-1　考评内容及评分标准

序号	评分项	得分条件	评分标准	配分	扣分
1	态度	□1.不作弊，确保环境从零开始安装和配置 □2.不超时，确保在规定时间内完成环境的安装和配置 □3.独立解决问题，不抄袭	未完成其中1项扣5分，总扣分不得超过15分	15	
2	专业技能	□1.能正确完成对数据库进行优化 □2.能正确完成对前端项目的进行优化 □3.能正确完成对Java项目的优化 □4.能正确在Windows环境中完成项目的部署 □5.能正确在云服务器的Linux系统中完成项目的弹性部署	未完成其中1项扣10分，总扣分不得超过50分	50	
3	资料、信息查询能力	□1.能正确使用手册查询资料 □2.能正确使用网络查询资料 □3.能正确记录查询资料出处 □4.能正确记录所需的关键信息 □5.能正确使用AI工具辅助查询	未完成其中1项扣4分，总扣分不得超过20分	20	
4	总结归纳能力	□1.能将所学知识归纳为思维导图	未完成其中1项扣15分，总扣分不得超过15分	15	
合计				100	

拓展阅读

企业“上云”是指企业利用云计算技术，将业务、数据等迁移到云端，以实现更高效、灵活和安全的运营。阿里云作为国内领先的云计算服务提供商，为企业提供了全方位的云服务解决方案，助力企业实现数字化转型。企业上云不仅可以降低成本、提高效率，还可以帮助企业更好地应对市场变化，提升核心竞争力。

国内云厂商主要有阿里云、华为云、腾讯云等，他们不仅提供了强大的云计算技术和服务，还积极参与社会各个领域的数字化进程中，为社会的发展作出了积极贡献。同时，云厂商还注重自身的技术创新和研发，不断推出新的产品和服务，满足市场的不断变化和企业的多元化需求。

参 考 文 献

[1] 塞若（Sierra，K.）. 贝茨（Bates，B.） [M]. 杨尊一译. 张然改编. 北京：中国电力出版社，2007.

[2] 吴世忠，郭涛，董国伟，张普含等. 软件漏洞分析技术[M]. 北京：科学出版社，2014.

[3] 钟晨鸣，徐少培. Web前端黑客技术揭秘[M]. 北京：电子工业出版社，2013.

[4] 王珊，杜小勇，陈红. 数据库系统概论 [M]. 6版. 北京：高等教育出版社，2023.

[5] 姬婧，郑铮. Vue.js前端开发入门与实践[M]. 北京：清华大学出版社，2023.

[6] 施瓦茨（Schwartz，B.），扎伊采夫（Zaitsev，P.），特卡琴科（Tkachenko，V.），等. 高性能MySQL [M]. 3版. 宁海元，等译. 北京：电子工业出版社，2013.

[7] Vue 开发者官网[EB/OL]. [2025-09-08]. https://cn.vuejs.org/.

[8] 鸿蒙开发者官网[EB/OL]. [2025-09-08]. https://developer.huawei.com/consumer /cn/doc/.